本书由贵州省教育厅青年科技人才成长项目（项目编号：黔教合KY字[2022]098号，黔教合KY字[2018]421号）和黔南州理论物理重点实验室（项目编号：黔南科合[2021]13号）资助出版

伽玛射线暴

的分类和起源研究

骆娟娟 / 著

华中师范大学出版社

新出图证(鄂)字 10 号

图书在版编目(CIP)数据

伽玛射线暴的分类和起源研究/骆娟娟著.—武汉:华中师范大学出版社,2024.10.
ISBN 978-7-5769-0722-3
Ⅰ.P14
中国国家版本馆 CIP 数据核字第 2024B4V732 号

伽玛射线暴的分类和起源研究

责任编辑:刘满元	**责任校对**:王 炜	**封面设计**:罗明波	
编 辑 室:高教分社	**电 话**:027-67867364		
出版发行:华中师范大学出版社	**社 址**:湖北省武汉市珞喻路 152 号		
邮 编:430079	**销售电话**:027-67861549(发行部)		
网 址:http://press.ccnu.edu.cn	**电子信箱**:press@mail.ccnu.edu.cn		
印 刷:武汉中远印务有限公司	**督 印**:刘 敏		
开 本:787mm×1092mm 1/16	**印 张**:10.25	**字 数**:250 千字	
版 次:2025 年 5 月第 1 版	**印 次**:2025 年 5 月第 1 次印刷		
定 价:69.00 元			

欢迎上网查询、购书

序

伽玛射线暴(gamma ray burst,GRB)作为宇宙中最剧烈的高能爆发现象之一,自20世纪60年代以来,一直是天体物理学领域最具挑战性和吸引力的研究方向之一。单个伽玛射线暴瞬时释放的能量可达太阳一生辐射总和的千万倍以上,它与恒星的形成、黑洞的诞生、引力波事件等极端天体物理过程密切相关,被视为探索宇宙极端物理环境的"探针"。经过几十年的研究,伽玛射线暴的分类标准及其物理起源问题仍存在诸多争议,成为当前高能天体物理领域亟待解决的科学问题之一。

本书共分为四章,第一章分别介绍了伽玛射线暴的概念及主要探测卫星、伽玛射线暴的观测特性和分类标准、伽玛射线暴在统计研究中的应用、伽玛射线暴的相关理论等内容。本书的主要内容集中在第二章、第三章和第四章,第二章从能量分类角度研究伽玛射线暴的分类情况,第三章从时标、光谱分类角度研究伽玛射线暴的分类情况,第四章从长暴、短暴的物理起源角度研究伽玛射线暴的物理起源。根据这几个方向的最新研究动态,作者收集了大量最新卫星数据开展研究,对每一个研究方向都从多个维度去辩证分析,希望给读者呈现出最优的结果和结论。

骆娟娟老师的这部专著,是她近十年来在伽玛射线暴领域的系统性研究的结晶。作者对这一前沿课题进行了全面深入的探讨,不仅广泛梳理了国际学术界在GRB分类与物理起源方面的经典理论与最新进展,更结合自身的研究实践,提出了独到的见解。本书的特色在于,作者并未局限于单一的研究视角,而是从能量分布、时标特征、光谱性质等多维度展开分析,并借助Swift、Fermi等国际先进卫星的观测数据,对长暴与短暴的分类和物理起源进行了细致的统计研究与理论建模。这种多角度、多层次的研究方法,不仅体现了作者严谨的学术态度,也为读者提供了更为全面的认知框架。

值得一提的是,本书还特别关注了中国在该领域的贡献,尤其是"中国天眼"(FAST)在快速射电暴、脉冲星等研究中的突破性成果。作为世界上最大的单口径射电望远镜,FAST的投入使用为伽玛射线暴及其余辉的多波段联合观测提供了前所未有的机遇。作者在书中也展望了未来利用FAST数据进一步深化GRB研究的可能性,体现了其敏锐的科学前瞻性。

作为骆娟娟老师的同行,我深知她在科研道路上的勤奋与执着。她不仅具备扎实的理论功底,更在数据处理、数值模拟等实践环节展现出卓越的能力。本书的每一章节都凝聚了她的心血,既有对前人成果的总结与反思,也有基于独立研究的创新性结论。无论是初学者还是专业研究者,都能从中获得启发。

最后，我希望本书的出版能够推动国内伽玛射线暴研究的进一步发展，并激励更多年轻学者投身于这一充满魅力的领域。科学探索永无止境，而本书无疑为GRB研究提供了新的起点。相信在不久的将来，随着观测技术的进步和理论模型的完善，人类对伽玛射线暴这一宇宙谜题的理解必将迈上新的台阶。

张立云

2024年9月

目　录

第一章　伽玛射线暴的理论简述

1.1　伽玛射线暴的成因及探测卫星

1.1.1　伽玛射线暴的成因

伽玛射线暴,又名为伽玛暴(Gamma-Ray Burst,简称GRB),它是宇宙中一种剧烈而短暂的高能电磁辐射现象。剧烈爆发体现在短时性和高能性上,伽玛暴爆发持续时间的典型值在0.01s～1 000s之间,爆发时释放的单个光子能量集中在0.1MeV～100MeV之间,有些高能光子的能量甚至能够达到吉电子伏特(GeV)级别。伽玛暴的发现伴随着偶然性,它是美国军方的Vela卫星偶然检测地面上的核试验发现的。研究人员分析发现这些伽玛射线爆发现象不是来自地球或者太阳,而是来自宇宙空间。该结论一经公布,立即引起了广泛的关注。图1-1-1展示的是Vela卫星图,1969年它首次记录到了宇宙中的伽玛射线暴现象。

图1-1-1　Vela卫星在轨工作图(取自网站 http://heasarc.gsfc.nasa.gov)

1.1.2　在轨与不在轨的探测卫星

自从伽玛暴被发现以后,人们对其探测与研究一直没有停止。伽玛暴的探测依赖于空间卫星及其搭载的探测器。随着科学技术的不断发展,越来越多的空间探测卫星发射升空，观测到的伽玛暴数量也与日俱增。目前在轨工作的探测卫星包括 Swift 卫星、Fermi 卫星、Chandra 卫星、XMM-Newton 卫星、INTEGRAL 卫星等，早期发射的已经停止工作的探测卫星包括 Vela 卫星、Suzaku 卫星、BeppoSAX 卫星、HETE-2 卫星、CGRO（Compton Gamma Ray Observatory）卫星等。本书第二章、第三章和第四章主要采用了 Swift 卫星、Fermi 卫星和 CGRO 卫星的伽玛暴观测数据。下面选取部分在轨探测卫星和不在轨探测卫星进行简要介绍。

1. 早期发射的停止工作的伽玛射线暴探测卫星

Vela 卫星由美国空军和美国原子能委员会联合制造并由军方使用，主要用于探测 X 射线和 γ 射线，它首次探测到了伽玛射线暴的存在。另外 Vela 卫星与 ANS 卫星还共同发现了 X 射线暴。Vela 卫星衍生出一系列的 Vela 子卫星，包括 Vela-5A、Vela-5B、Vela-6A、Vela-6B 卫星，其中，Vela-5A、Vela-5B 卫星于 1969 年发射，Vela-6A、Vela-6B 卫星于 1970 年发射，每颗子卫星的设计寿命都为 1 年，每颗子卫星都由 1 台 X 射线望远镜和 6 台 γ 射线望远镜组成。

CGRO 卫星是 NASA（美国国家航空航天局）发射的第二个大型天文探测卫星。该卫星于 1991 年 4 月 5 日发射升空，于 2000 年 6 月 4 日坠入太平洋，其卫星发射器总质重达 17 吨，是亚特兰蒂斯号航天飞机有史以来有效载荷最重的卫星。

CGRO 卫星由 NASA 研制，人们为了纪念亚瑟·霍利·康普顿的杰出贡献，又把 CGRO 卫星命名为康普顿伽玛射线天文台。CGRO 卫星共有四台观测望远镜，分别为：突发和瞬态源实验望远镜（BATSE）、定向闪烁光谱仪实验望远镜（OSSE）、成像康普顿望远镜（COMPTEL）和高能伽玛射线实验望远镜（EGRET）。CGRO 卫星可观测的能段范围是 20keV～30GeV，每台望远镜的灵敏度与起初建造时相比都提高了 10 倍以上。图 1-1-2 展示了 CGRO 卫星，可以看到其巨大的太阳能电池板以及各种探测仪器。

图 1-1-2　CGRO 卫星图（取自网站 https://heasarc.gsfc.nasa.gov/docs/cgro/cgro.html）

HETE-2 卫星又叫做高能暂态 X 射线探测卫星，在 2000 年 10 月 9 日发射升空，并工作至 2008 年 3 月结束使命。该卫星由美国、日本、法国和意大利联合制造。HETE-2 卫星在探测伽玛暴时首先计算暴的位置，然后对暴进行持续的跟踪探测，最后把伽玛暴的探测信息传给地面观测站，地面观察员接到信号后开始对 GRB 进行详细研究。

HETE-2 卫星主要用于探测和定位伽玛暴，它可以在软 X 射线能段、中等 X 射线能段和 γ 射线能段同时对伽玛暴进行观测。HETE-2 卫星共有三台观测望远镜，其中两台工作在 X 波段，分别是 WXM(宽视场 X 射线监测仪)和 SXC(软 X 射线照相机)，一台工作在 γ 波段，即 FREGATE(伽玛摄像望远镜)。HETE-2 卫星可观测的能段范围是 0.5keV～400keV。

2. 在轨的伽玛射线暴探测卫星

Swift 卫星于 2004 年 11 月 20 日升空，2005 年 4 月开始观测。Swift 卫星上搭载着三个不同观测能段的望远镜：BAT 望远镜、XRT 望远镜和 UVOT 望远镜，图 1-1-3 显示的是 Swift 卫星搭载着三台望远镜的示意图。

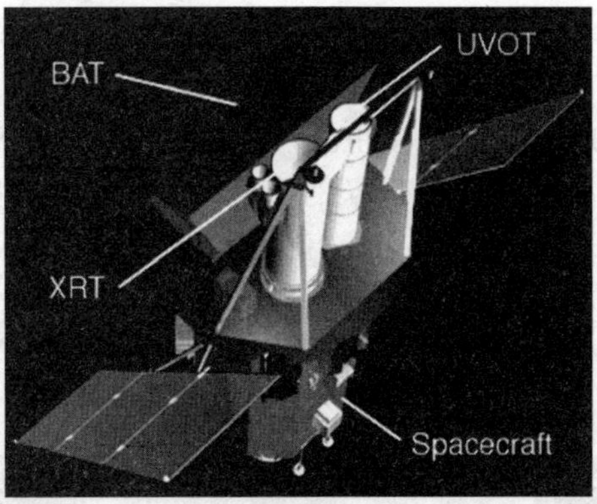

图 1-1-3　Swift 卫星搭载的 BAT、XRT、UVOT 望远镜示意图
(取自网站 https://heasarc.gsfc.nasa.gov/docs/heasarc/missions/Swift.html)

BAT 望远镜的观测能段在 15keV～150keV 之间，它采用随机编码光圈，望远镜的灵敏度(望远镜被触发的最低光子能流)大约是 10^{-8} erg · cm^{-2} · s^{-1}，分辨率(望远镜被触发的最低光子能量)约为 7keV，有效面积是 5 240cm^2。XRT 望远镜的观测能段在 0.2keV～10keV 之间，望远镜采用 E2V 和 CCD-22 材质，望远镜的灵敏度为 2×10^{-14} erg · cm^{-2} · s^{-1}，有效面积为 110cm^2。UVOT 望远镜的观测波长在 170nm～600nm 之间，望远镜的光圈直径达 30cm，望远镜的灵敏度是对应白光在 1 000s 内的星等为 B=24m(m 表示星等)。

Swift 卫星是由 NASA 主导、意大利和英国共同参与完成的空间探测设备，Swift 卫星数据可供美国、英国、意大利等国家使用。自 Swift 卫星开始启用，科学家们有工具去仔细检查这些前所未有的天文源并逐步揭开伽玛暴的神秘面纱。Swift 卫星可以通过 BAT 望远镜定位伽玛暴的空间位置，通过 XRT 望远镜捕获伽玛暴 X 射线余辉，通过 UVOT 望远镜捕获光学余辉。自 Swift 发射后的第一个四年，BAT 望远镜已经观察到了几百个暴，平均每年可观测到 90 个暴，并通过 XRT 和 UVOT 望远镜开展对单个暴余辉的全面分析。

Swift 卫星致力于探索伽玛暴的物理起源，但到目前为止该问题衍生出的一系列问题还一直困扰着科学家们。随着研究的深入，伽玛暴高能天体物理现象令越来越多的科学家着迷。目前研究发现伽玛暴在空间的分布是各向同性的，也就是说探测到的来自宇宙空间各个方向的伽玛暴的数量大致相等，因此伽玛暴不太可能起源于银河系内。根据伽玛暴瞬时辐射阶段以及后续余辉的观测与计算，目前研究者提出了两种物理起源解释伽玛暴现象。一种认为大质量的恒星坍缩会导致伽玛暴现象，大质量恒星在演化末期在引力的作用下迅速坍缩并在其核心附近产生大质量黑洞或中子星，在吸积坍缩的过程中产生了伽玛暴。另一种认为在两颗中子星的碰撞或者中子星与黑洞的碰撞过程中会产生伽玛暴现象。

Fermi 卫星是由法国、德国、意大利、日本、瑞典和美国的学术机构共同研制的天体物理观测卫星。Fermi 卫星最初被命名为 Gamma-ray Large Area Space Telescope（伽玛射线大面积太空望远镜），后来以物理学家恩里科·费米的名字重新命名，以纪念他对伽玛射线天文学研究的杰出贡献。物理学家恩里科·费米于 1938 年获得诺贝尔物理学奖，于 1942 年建造了人类第一座核反应堆并进行实验研究，他是最早提出逆康普顿散射、非热韧致辐射以及质子碰撞能够产生伽玛射线的科学家。

Fermi 卫星于美国东部时间 2008 年 6 月 11 日在佛罗里达州卡纳维拉尔角空军基地肯尼迪航天中心发射升空，经过几个月的检测与仪器调试，于 2008 年 8 月 11 日开始工作并至今在轨运行。Fermi 卫星环绕地球的轨道高度为海拔 550 千米，倾角为 28.5 度，每天可以探测到 1～2 个伽玛暴。相比 Swift 卫星，Fermi 卫星具有更宽的观测能段和更高的定位精度，可以更加精准地获取伽玛暴的空间位置。Fermi 卫星搭载了两个望远镜：GBM 望远镜（Gamma-ray Burst Monitor，伽玛暴监视器）和 LAT 望远镜（Large Area Telescope，大视场望远镜）。GBM 望远镜的观测能段在 8keV～40MeV 之间，LAT 望远镜的观测能段在 30MeV～300Gev 之间。图 1-1-4 显示的是 Fermi 卫星搭载的 GBM、LAT 望远镜示意图。

图 1-1-4 Fermi 卫星搭载的 GBM、LAT 望远镜示意图

（取自网站 https://heasarc.gsfc.nasa.gov/docs/heasarc/missions/fermi.html）

Fermi 卫星具有强大的空间探测能力，它可以开展对宇宙源的伽玛射线光子研究并实时获取其电磁波段的运行数据，可以最大限度地提高科学回报率和国际合作水平。其 LAT 望远镜的观测视野在任何时候都会覆盖大约 20%的天空，且 LAT 在测量模式下可以连续扫描天空，这与之前的高能探测卫星相比有着质的飞跃。Fermi 卫星主要用于研究高能伽玛射线，为伽玛射线天体物理学和多频/多信使天体粒子物理学研究开辟了新视野。

INTEGRAL（The International Gamma-Ray Astrophysics Laboratory，国际伽玛射线天体物理实验室）也称为 INTEGRAL 卫星，它是欧州航空局研制，美国、俄罗斯、捷克、波兰参与合作的一颗伽玛暴探测卫星，作为 CGRO 的后继卫星，至今在轨运行，运行高度距离地面约 9 000 千米至 15.5 万千米。该卫星整体观测能段在 3keV～10MeV 之间，也负责光学 V 波段的观测，因此该卫星可实现对 γ 波段、X 射线波段和光学波段的观测。图 1-1-5 显示的是 INTEGRAL 卫星的在轨工作图。

图 1-1-5　INTEGRAL 卫星在轨工作图

（取自网站 https://heasarc.gsfc.nasa.gov/docs/integral/integral.html）

INTEGRAL 卫星可以生成软伽玛射线波段的完整天空图，并能够对伽玛射线进行高光谱的空间观测。其有效载荷包括三台望远镜：伽玛射线光谱仪望远镜、伽玛射线成像仪望远镜和 X 射线检测仪望远镜。伽玛射线光谱仪望远镜工作能段在 20keV～8MeV 之间，有效面积 500cm^2，空间分辨率 2°。伽玛射线成像仪望远镜观测能段在 15keV～10MeV 之间，有效面积 2 600cm^2，空间分辨率 12′。X 射线监测仪望远镜有效面积 500cm^2，空间分辨率 3′。

1.2　伽玛射线暴的特征与分类

1.2.1　分布特征

1. 天球坐标系下的分布

Murakami 等人（1988）根据 Ginga 卫星巡天收集的数据，发现一些伽玛暴能谱中存在约几十 keV 的回旋吸收线，另外有科学家在伽玛暴的能谱中发现了几百 keV 的射线，这些典型的能量值分别与电子在强中子星磁场中回旋吸收时的能量以及正负电子对碰撞湮灭产生的能量等级相似，因此科学家认为伽玛暴起源于银河系。然而，随着 CGRO 卫星的升空，探测到的伽玛暴样本数量越来越多。Kommers 等人（2000）使用 CGRO 卫星探测数据在相对较大的样本条件下研究伽玛暴的空间分布。据图 1-2-1（a）观察，黑色的加粗实线表示 GRB 的实际观测峰值流量 P 的累积分布，它偏离了轴线 $N \propto P^{-3/2}$ 关系。点划线 D1 模型表示 GRB 的形成率恒定。细实线取自 Madau 等人（1998）的 D2 模型，表示 GRB 的形成率可以用恒星形成率描述。虚线取自 Hughes 等人（1998）的 D3 模型，表示

GRB 的形成率可以用射电活动星系核的形成率描述。当 $P>10\text{ph}\cdot\text{cm}^{-2}\cdot\text{s}^{-1}$ 时，D1、D2、D3 模型的预测值明显偏离实际观测值。当 $P<0.1\text{ph}\cdot\text{cm}^{-2}\cdot\text{s}^{-1}$ 时，D1 模型预测值偏高，D2、D3 模型预测值与实际观测值吻合度较高。因此，这间接证明了 GRB 是宇宙学起源而非银河系内起源。如图 1-2-1(a)所示，加粗的黑色实线表示观测数值，细点线表示理论计算值（$N\propto P^{-3/2}$），可以清楚地看到观测值与理论值的偏离很严重。图 1-2-1(b)是 CGRO 卫星于 1999 年利用 BATSE 望远镜收集的 2 704 个波长不同的伽玛暴的空间分布图。图中每个暴都用一个黑点来表示，每个暴的颜色深浅表示它所对应的能流（Fluence）。据图观察，这 2 704 个暴在天球坐标系下的空间分布是均匀的、高度各向同性的，而不是只分布在银道面上，这与 Murakami 等人（1988）得出的伽玛暴可能起源于银河系的结论大相径庭。因此，伽玛暴并非起源于银河系，而是在宇宙空间中任何一个地方都可能发生。

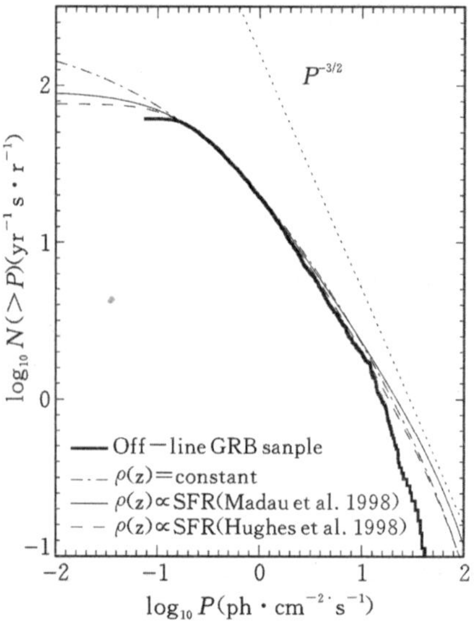

图 1-2-1(a)　伽玛暴数量 N 与流量 P 的关系（取自文章 Kommers et al. ,2000）

注：图中虚线表示假设伽玛暴是银河系起源时理论计算得到的 R 和 P 的关系曲线，加黑粗实线是观测到的 N 与 P 之间的关系曲线，其他线是对观测曲线的最优拟合线。

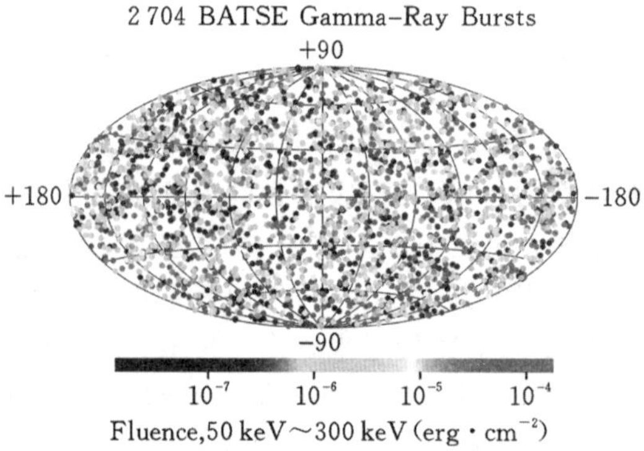

图 1-2-1(b)　BATSE 目录记录的 2 704 个波长不同的伽玛暴的空间分布图

（取自网站 http://www. batse. msfc. nasa. gov/batse）

2. 持续时间的分布

持续时间 T_{90} 是记录伽玛暴在瞬时辐射爆发过程中产生整个暴 5%～95% 的流量的时间间隔(Mazets et al.,1981;Kouveliotou et al.,1993;Koshut et al.,1995),它几乎代表了某个暴在其瞬时爆发阶段的时间。Ghisellini 等人(2001)使用了完整的 BATSE 4B 目录数据对伽玛暴的持续时间 T_{90} 做了统计分布直方图,如图 1-2-2 所示。他们发现伽玛暴的持续时间 T_{90} 呈双峰分布(Paczyński 1998; King, Olsson & Davies 2007; Bystricky, Mészáros & Řípa 2012;Řípa et al.,2009;Zitouni et al.,2015,2018;Ohmori et al.,2016;Zhang et al.,2016;Kulkarni & Desai 2017;Kwong & Nadarajah 2018),双峰大约在 $T_{90}=2$s 左右能够最优分割,左侧峰包含的伽玛暴数量较少,右侧峰包含的伽玛暴数量较多。

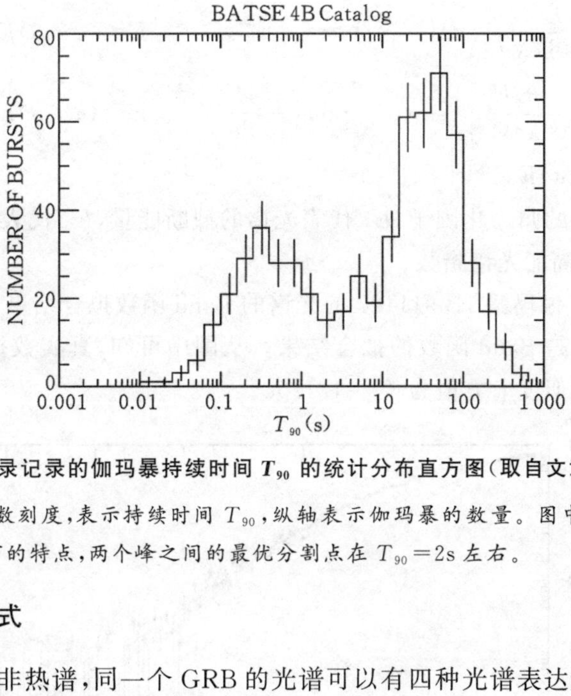

图 1-2-2　BATSE 4B 目录记录的伽玛暴持续时间 T_{90} 的统计分布直方图(取自文章 Ghisellini et al.,2001)

注:图中横轴是对数刻度,表示持续时间 T_{90},纵轴表示伽玛暴的数量。图中清晰地显示出伽玛暴持续时间 T_{90} 双峰分布的特点,两个峰之间的最优分割点在 $T_{90}=2$s 左右。

3. 光谱表达形式

GRB 的光谱是非热谱,同一个 GRB 的光谱可以有四种光谱表达形式。

第一种表达形式:原始光子计数光谱 $C(E)$,单位 cts · s^{-1} · keV^{-1}。$C(E)$ 是获得 GRB 光谱的最原始谱,即将检测到的光子数按照单位时间单位能量间隔来计数。但探测器通常在不同的能量间隔中具有不同的灵敏度,因此光子计数谱受探测器响应函数影响较大,光谱容易失真。

第二种表达形式:光子数目光谱 $N(E)$,单位 photons · cm^{-2} · s^{-1} · keV^{-1}。$N(E)$ 是通过原始光子计数光谱 $C(E)$ 提取得到的。在提取光子数目光谱之前,人们需要校正仪器响应函数,使得地球上的观测者可以真实地获得特定的光子通量。$N(E)\mathrm{d}E$ 表示在 $\mathrm{d}E$ 能量间隔中含有的光子数目。在 X 射线和 γ 射线天文学中,光子被分别计数,因此光子数目光谱是最容易获得的。

第三种表达形式:特定的 flux 密度光谱 F_ν,单位 erg · cm^{-2} · s^{-1} · Hz^{-1},也可表示

为 $EN(E)$，单位 $\mathrm{erg \cdot cm^{-2} \cdot s^{-1} \cdot keV^{-1}}$。这种光谱通常用于红外/光学/紫外天文学中，当单个光子没有被直接计数的情况下，每单位频率（单位能量）的光子能量谱就被测量并显示。$F_\nu d\nu$（$EN(E)dE$）表示在 $d\nu$（dE）间隔内的光子能量。

第四种表达形式：能量光谱 νF_ν 或 $E^2N(E)$，单位 $\mathrm{erg \cdot cm^{-2} \cdot s^{-1}}$，也叫做光谱能量分布(Spectrum Energy Distribution，SED)。通过提取这样的光谱，人们可以立即看到GRB在频率或能量上的分布，这样的频谱具有理论意义。

4. 光子数目光谱 $N(E)$ 的几种拟合模型

(1)Band 模型拟合

Band 等人(1993a，1993b)发现 GRB 的光谱可以采用截断的幂律形式进行平滑的光谱拟合，称为 Band 函数。Band 函数的表达式：

$$N(E)=\begin{cases} A\left(\dfrac{E}{100\mathrm{keV}}\right)^{\alpha}\exp\left(-\dfrac{E}{E_c}\right) & E<(\alpha-\beta)E_c \\ A\left[\dfrac{(\alpha-\beta)E_c}{100\mathrm{keV}}\right]^{\alpha-\beta}\exp(\beta-\alpha)\left(\dfrac{E}{100\mathrm{keV}}\right)^{\beta} & E\geqslant(\alpha-\beta)E_c \end{cases} \tag{1-1}$$

其中：$E_p=(2+\alpha)E_c$。

上式中，A 代表光谱的归一化因子，E_c 代表光谱的截断能量，E_p 代表峰值能量，α 代表低能光谱指数，β 代表高能光谱指数。

图 1-2-3 显示了伽玛暴 1B 911127 的光谱的 Band 函数拟合结果，黑色圆点表示真实的数据点，黑色实线是 Band 函数的拟合结果。从图中可知，真实数据点与 Band 函数吻合得很好，其拟合相似度卡方值为 $\chi^2=121.58$。

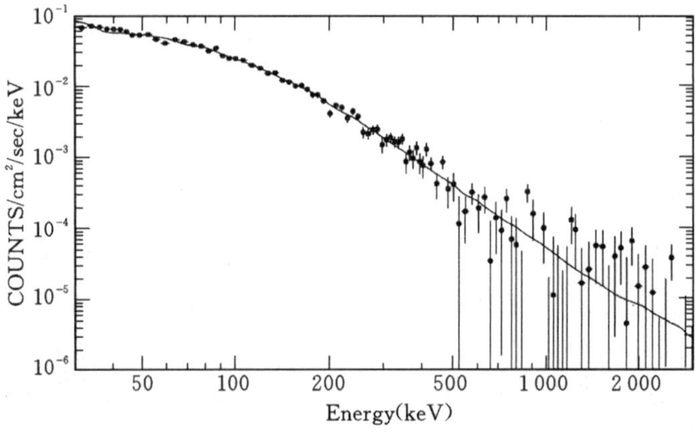

图 1-2-3 BATSE 1B 911127 拟合光谱与真实能量分布特征关系

(取自文章 Band et al. ，1993a，1993b)

随后，Band 等人对 BATSE 暴的能谱进行了 Band 拟合分析，并分别对低能光谱指数 α、高能光谱指数 β、截断能量 E_c 做了统计分布直方图，如图 1-2-4 所示。图 1-2-4(a)显示的是低能光谱指数 α 的统计分布直方图，低能光谱指数集中分布在 $\alpha=-1.1$ 附近；图 1-2-4(b)显示的是截断能量 E_c 的统计分布直方图，截断能量集中分布在 $E_c=0.3\mathrm{MeV}$

附近；图 1-2-4(c)展示了高能光谱指数 β 的统计分布直方图，高能光谱指数集中分布在 $\beta=-2.25$ 附近。该工作的意义是，在做相应伽玛暴科学计算时，如果一个伽玛暴的 Band 光谱拟合参数未知，可取平均值替代。

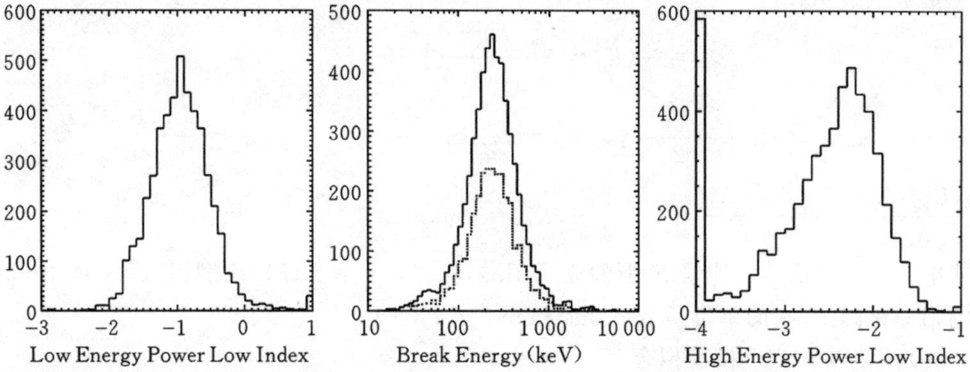

图 1-2-4(a) 利用 Band 函数拟合的低能光谱指数 α 的统计分布直方图；图 1-2-4(b) 利用 Band 函数拟合的截断能量 E_c 的统计分布直方图；图 1-2-4(c) 利用 Band 函数拟合的高能光谱指数 β 的统计分布直方图(取自文章 Preece R. D. et al.，2000)

(2)Cut-off Power Law(CPL)模型拟合

如果一个探测器的能量波段不够宽或一个 GRB 不够亮，GRB 的光谱可以采用 Cut-off Power Law 函数拟合，Cut-off Power Law 函数的表达式：

$$N(E)=\mathrm{A}\left(\frac{E}{100\mathrm{keV}}\right)^{\alpha}\exp\left(-\frac{E}{E_c}\right) \tag{1-2}$$

其中：$E_p=(2+\alpha)E_c$。

上式中 $N(E)$ 表征给定能量 E 下的光子 flux，α 是 CPL 模型指数，A 是 100keV 下的归一化因子，它的单位是 photons · cm^{-2} · s^{-1} · keV^{-1}。

(3)Power Law(PL)模型拟合

如果一个探测器的能量波段很窄或一个 GRB 很暗(例如：一个接近 Swift/BAT 探测器阈值的暴)，GRB 的光谱可以采用 Power Law 函数拟合。Power Law 函数的表达式：

$$N(E)=\mathrm{A}\left(\frac{E}{100\mathrm{keV}}\right)^{-\Gamma} \tag{1-3}$$

上式中 $N(E)$ 表征给定能量 E 下的光子 flux，Γ 是 PL 模型指数，A 是 100keV 下的归一化因子，它的单位是 photons · cm^{-2} · s^{-1} · keV^{-1}。

(4)Compton 模型拟合

Compton 函数的表达式：

$$N(E)=\mathrm{A}\left(\frac{E}{100\mathrm{keV}}\right)^{\alpha}\exp\left(\frac{(2+\alpha)E}{E_{\mathrm{peak}}}\right) \tag{1-4}$$

上式中 $N(E)$ 表征给定能量 E 下的光子 flux，α 是 Compton 模型指数，A 是 100keV 下的归一化因子，它的单位是 photons · cm^{-2} · s^{-1} · keV^{-1}。

(5)Smoothly Broken Power Law(SBPL)模型拟合

当一个伽玛暴的光谱不能采用 PL 模型、CPL 模型、Band 模型、Compton 模型拟合时,我们可以使用 Smoothly Broken Power Law 函数拟合。Smoothly Broken Power Law 函数的表达式:

$$N(E)=\mathrm{A}\left(\frac{E}{100\mathrm{keV}}\right)^{b}10^{(a-a_{\mathrm{piv}})} \tag{1-5}$$

其中:$a=m\Lambda\ln\left(\frac{\mathrm{e}^{q}+\mathrm{e}^{-q}}{2}\right)$, $a_{\mathrm{piv}}=m\Lambda\ln\left(\frac{\mathrm{e}^{q_{\mathrm{piv}}}+\mathrm{e}^{-q_{\mathrm{piv}}}}{2}\right)$, $q=\frac{\log(E/E_{\mathrm{b}})}{\Lambda}$, $q_{\mathrm{piv}}=\frac{\log(E_{\mathrm{piv}}/E_{\mathrm{b}})}{\Lambda}$, $m=\frac{\lambda_2-\lambda_1}{2}$, $b=\frac{\lambda_1+\lambda_2}{2}$, $E_{\mathrm{piv}}=100\mathrm{keV}$。

上式中 $N(E)$表征给定能量 E 下的光子 flux,λ_1,λ_2,γ 是 SBPL 模型指数,A 是 100keV 下的归一化因子,它的单位是 photons · cm^{-2} · s^{-1} · keV^{-1}。

(6)Log Parabolic 模型拟合

Log Parabolic 函数的表达式:

$$N(E)=\mathrm{A}\left(\frac{E}{E_c}\right)^{-a-b\log(E/E_c)} \tag{1-6}$$

其中:$E_{\mathrm{p}}=(2+\alpha)E_c$。

上式中 $N(E)$表征给定能量 E 下的光子 flux,a,b 是 Log Parabolic 模型指数,A 是归一化因子,它的单位是 photons · cm^{-2} · s^{-1} · keV^{-1}。

1.2.2 模型特征

伽玛暴中心能源产生的主流模型可能是黑洞加吸积盘模型,也可能是高速旋转高度磁化的中子星模型,还可能是中子星向黑洞或奇异星的相变过程模型。其中,在观测上、时标上、空间尺度上和能量标度上契合度最高的是黑洞加吸积盘模型。这种模型证实伽玛暴可能来源于大质量的恒星塌缩后的产物,也可能来源于中子星与中子星合并后的产物,还可能来源于中子星与黑洞合并后的产物。

1. 大质量恒星坍缩模型

Woosely(1993)和 Paczyński 等人(1998)提出了大质量恒星坍缩模型。随后 MacFadyen & Woosley (1999)基于该模型进行了相关的数值模拟计算,模拟计算结果证实了大质量恒星坍缩模型的可行性。

关于 Woosely(1993)的坍缩星模型具体介绍如下:假设一个恒星的质量为 10~15 倍太阳质量($\mathrm{M}_\odot$),其核心半径为 3×10^{10} cm($m=10\mathrm{M}_\odot\sim15\mathrm{M}_\odot$, $R=3\times10^{10}$ cm),随着其核心核合成的进行,中心的氦核最终核聚变为铁核,由于中心铁核停止聚变,辐射压降低,铁核在引力的作用下向核心内部塌缩,并吸积周围介质,每秒钟可吸积半个太阳质量,而偏离自转轴上的物质吸积较慢。长时间的内部吸积造成核心内部大面积向中心塌缩,当中心铁核的质量大约为 1.5~2.3 倍太阳质量($m=1.5\mathrm{M}_\odot\sim2.3\mathrm{M}_\odot$)时,中心铁核在引力的作用下瓦解并瞬间塌缩,引力能瞬间释放,进而不断释放出热的中微子。随着伽玛暴中心吸积物质的迅速增加，中心物质质量越来越大，引力越来越强，最终中心形成了恒星级质量的黑洞。恒星级的黑洞继续向内吸积物质，但此时的黑洞吸积率不再那么迅速，随着时间的增加吸积率在逐渐减小，快速绕轴转动的物质在赤道面上形成一个吸积盘，吸积盘的质量在 0.1～1 倍太阳质量（$m=0.1M_{\odot}\sim M_{\odot}$）。形成吸积盘后，盘上物质继续吸积物质，导致吸积盘的转速变慢，部分物质被黏附到盘面上后角动量变小，最终掉落到黑洞内部，其他物质没有黏附到盘面上，向着四面八方辐射中微子。对于吸积率达 0.05～0.5 倍太阳质量（$m=0.05M_{\odot}\sim0.5M_{\odot}$）的物质，可释放的中微子光度达 10^{52} erg，因此 Woosely 的理论模型会导致重子污染很严重。

Paczyński 等人(1998)也提出了一个坍缩星模型，Paczyński 模型图像与 Woosely 模型图像十分相似。他认为伽玛暴的前身星是演化到晚期的大质量恒星，该大质量恒星坍缩所形成的恒星级黑洞质量为 10 倍太阳质量（$m=10M_{\odot}$），当恒星级黑洞的旋转能量 $E_{\text{rot,max}}\approx5\times10^{54}\,\text{erg}M_{\text{BH}}/10M_{\odot}$ 时，引力能得到释放，不断产生中微子辐射，最终内核是恒星级黑洞，外核是吸积盘。

MacFadyen 等人(2001)的数值模拟计算也表明：在铁核直接坍缩成黑洞的过程中，能量主要以正反中微子的碰撞得到释放，释放时标短，释放能量少，因此重子污染较严重。如果坍缩星模型在满足中子星和物质回流形成恒星级黑洞的过程中，物质回流时标长，能量释放多，重子污染不严重，产生的能量就能成功实现伽玛暴的爆发。

2. 双中子星合并模型

Yungelson & Zwart(1998)提出双中子星合并模型，其基本图像如图 1-2-5 所示。在图 1-2-5 中，假设两个原恒星之间没有物质交流，经大约 3Myr（兆年）时间后演化为 A（左星）、B（右星）两个 OB 型的主序星，在这个过程中氢逐渐聚变为氦。经过大约 10^4 yr（年）演化时间以后，较大质量的 A 星先进入红巨星阶段，并使其物质充满洛希瓣，A 为主星，B 为伴星。再经过 2×10^5 yr 时间以后，A 星内部的氢完全耗尽，并进入氦富有的燃烧阶段，B 星演化慢，仍处于氢燃烧阶段。此后，A、B 星之间由于引力的相互作用，A 星把大量的物质传递给 B 星直到 A 星不再把物质传输给 B 星。再经过 2×10^5 yr 时间演化后，A 星的氦核也渐渐燃烧殆尽，A 星开始进入碳、氮、氧循环，并最终发生超新星爆炸，向外抛射大量物质，只留下核心内部的高速旋转的中子星或黑洞。随后 B 星的氢燃烧耗尽，并开始氦元素的燃烧，这时 B 星的外层也开始膨胀，B 星以星风的形式损失质量，而 A 星吸积物质。由于 A 星只留下了核心内部高速旋转的中子星或黑洞，在 A 星不断吸积的作用下，所吸积的物质在 A 星周围形成一个吸积盘，这个过程不断进行并伴随着 X 射线辐射。随着 A 星的不断吸积，B 星的质量逐渐减小，在 B 星的氦核燃烧殆尽以后，它也开始了碳、氮、氧的循环反应，进而引发超新星爆炸，最终 B 星也成为一个高速旋转的中子星或黑洞。随着进一步的演化，A 星与 B 星的最终产物中子星—中子星或者中子星—黑洞最终合并到一起，在合并碰撞的过程中引发伽玛射线暴，同时产生引力波辐射。经过估算，碰撞合并过程中释放的能量达 10^{53} erg。目前的理论计算和实际观测表明，双中子星的合并过程只能产生短暴（Eichler et al.，1989；Nakar 2007；Tanvir et al.，2013；Abbott et al.，2017；Goldstein et al.，2017；Paczyński 1991；Narayan et al.，1992），双子星合并产生长暴的事件是极其偶然的(Kluźniak & Ruderman 1998;Rosswog et al. ,2003)。

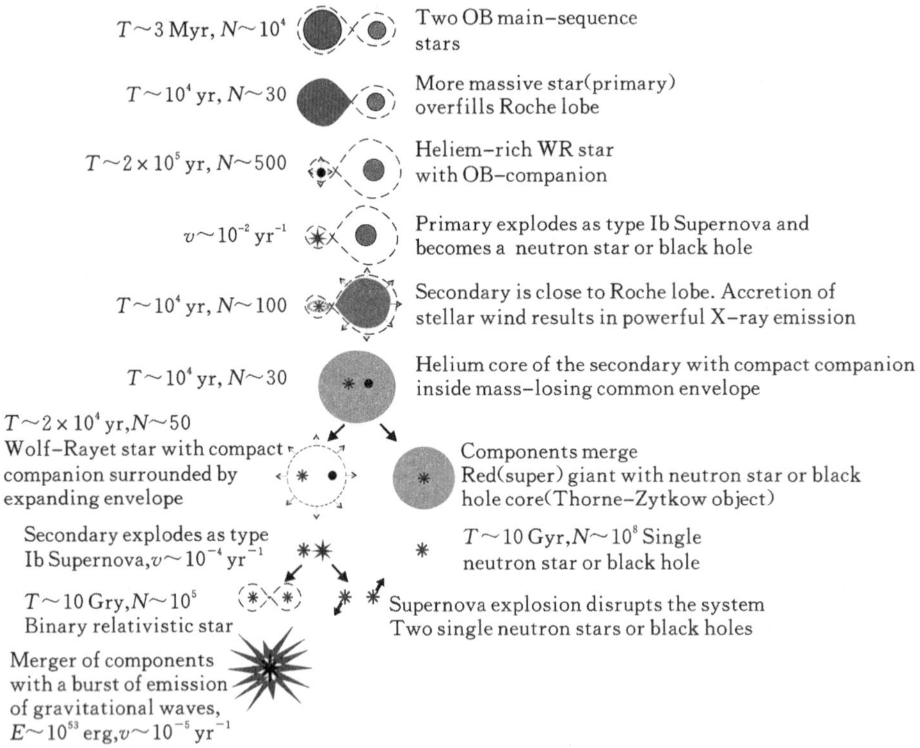

图 1-2-5 双中子星演化促使伽玛暴的产生(Yungelson & Zwart,1998)

双中子星在银河系中大量存在,大约每两颗恒星中就会存在一对双中子星,双中子星合并的概率为 $10^6 \sim 10^7$yr,与爆发持续时间较短的伽玛暴出现的概率几乎吻合。虽然早在 20 世纪 80 年代双中子星的演化模型就已提出,但没有引起天文学家的足够重视,因此也未将其应用到伽玛射线暴的研究中。随着伽玛暴观测数据的不断增多,双中子星合并模型开始受到重视。

3. 磁星模型

Usov(1992)提出,伽玛射线暴可能起源于一个刚刚诞生的毫秒级脉冲星,脉冲星的磁场强度 B 高达 10^{15}Gs,辐射光度 L 达 $10^{52}\mathrm{erg \cdot s^{-1}}$,脉冲星的磁偶极辐射的辐射光度 $L_{\mathrm{mg}} \approx 4 \times 10^{51}\mathrm{erg \cdot s^{-1}} \cdot \mathrm{B}_{16}^{2} \cdot \mathrm{P}_{\mathrm{ms}}^{-4} \cdot \mathrm{R}_{\mathrm{s},6}^{6}$。磁星模型的优点是它很好地满足了伽玛射暴在 γ 波段的偏振特性(Coburn & Boggs,2003)、伽玛暴激波的磁化性(Zhang & Cheng,2003;Kumar & Panaitescu,2003),以及伽玛暴表面的强磁场性(Kouveliotou et al. ,1998)。

4. 超中子星模型

Vietri & Stella(1998)曾提出伽玛暴可能起源于一颗超大质量的中子星的假设,并给出了该中子星的一些参数:质量 M 达 3~3.5 倍太阳质量,半径 R 为 11km ~18km,自转角速度 ω 达 8 000r/s~12 000r/s。超中子星模型假设中子星内部不断地高速旋转,星体向内收缩，产生内外不稳定的吸积，并在某一临界条件下发生一个向内的爆发，其核心处形成黑洞，在中子星到黑洞的演变过程中产生伽玛暴现象。

1.2.3　分类特征

伽玛暴的分类主要有以下几种：根据物理特性分类、根据光谱类型分类、根据寄主星系分类、根据爆发持续时间分类。研究伽玛暴的余辉辐射，按持续时间分类是最受关注的一种。根据 Kouveliotou 等人(1993)的分类标准，一般认为 $T_{90}>2\text{s}$ 的是长暴，$T_{90}<2\text{s}$ 的是短暴，并且认为长暴的物理起源为大质量的恒星坍缩(Woosley et al.，1993)，短暴起源于中子星—中子星合并(Eichler et al.，1989；Nakar，2007；Tanvir et al.，2013；Abbott et al.，2017；Goldstein et al.，2017；Paczyński，1991；Narayan et al.，1992)或者中子星—黑洞合并(Eichler et al.，1989；Nakar，2007；Zhang et al.，2009)。

图 1-2-2 已经显示了 BATSE 4B 目录数据中伽玛暴持续时间 T_{90} 单变量的统计分布直方图。Kulkarni(2000)根据 BATSE 和 SAX 卫星记录的几千个数据，绘制了探测到的伽玛暴数据的持续时间 T_{90} 和谱硬度 HR 在二维平面的分布情况。在图 1-2-6 中，BATSE 卫星探测到的伽玛暴数据使用菱形空方框表示，SAX 卫星探测到的伽玛暴数据用实心正方形表示，从总体上看，伽玛暴的持续时间 T_{90} 在 1ms～1 000s 之间，跨度达 6 个数量级，伽玛暴的谱硬度 HR(天文学中的谱硬度定义为不同能段的流量之比，即 $HR=S_{100\text{keV}-300\text{keV}}/S_{50\text{keV}-100\text{keV}}$)变化范围也较大。如图 1-2-6 所示，图中左边部分伽玛暴的谱硬度数值较大(偏硬)，右边伽玛暴的谱硬度数值较小(偏软)，并且这两部分伽玛暴可以较好地使用 $T_{90}=2\text{s}$ 作为分界(Eichler et al.，1989；Kouveliotou et al.，1993；Fynbo et al.，2006；Kann et al.，2011；Bromberg et al.，2013；Tarnopolski，2015a，2015b，2015c，2016a，2016b，2016c)，即 $T_{90}<2\text{s}$ 的暴谱硬度大，$T_{90}>2\text{s}$ 的暴谱硬度小(Dezalay et al.，1996)。另外还可以看出：短暴的持续时间短，暴的个数少，长暴的持续时间长，暴的个数多；长暴的谱硬度整体上偏软，短暴的谱硬度整体上偏硬。第三章将详细讨论伽玛暴在 T_{90} 单个维度以及在 T_{90} 和谱硬度 HR 两个维度上的分类。

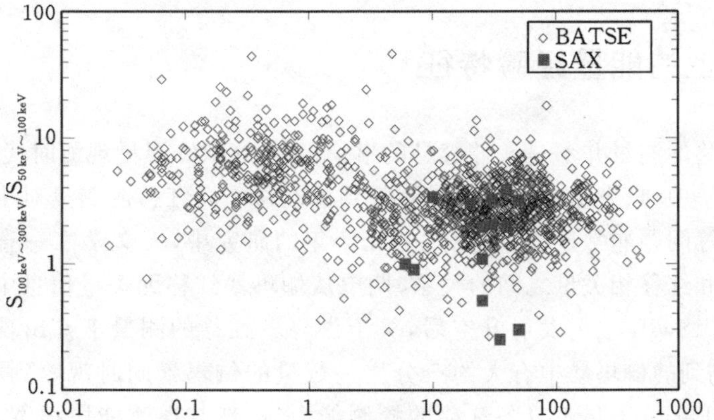

图 1-2-6　BATSE 卫星与 SAX 卫星联合观测的持续时间 T_{90} 与谱硬度 HR 的关系图

(取自文章 Kulkarni et al.，2000)

以上使用 T_{90} 和谱硬度 HR 对伽玛暴进行长短暴分类的方法并不一定准确。例如，如果长暴起源于大质量的恒星坍缩，依据理论研究，原则上长暴的发现必然会伴随着超新星的发现，但实际上有些长暴的余辉中并没有任何超新星存在的迹象。例如，GRB 060614 和 GRB 060505 就是这样。GRB 060614 是一个特殊的长暴，可能与短暴有着相同的物理起源，即它们来自致密星的合并(Kluźniak & Ruderman，1998；Rossowg et al.，2003)。如图 1-2-7(a)展示了 GRB 060505 光学余辉与超新星 SN 1998bw、SN 2002ap、SN 2006aj 的对比。图 1-2-7(b)展示了 GRB 060614 光学余辉与超新星 SN 1998bw、SN 2002ap、SN 2006aj 的对比，图中 GRB 060505 和 GRB 060614 的余辉数据用实心黑点表示，SN 1998bw 的观测数据用“+”表示，SN2002ap 的观测数据用“×”表示，SN2006aj 的观测数据用“◇”表示。

分析可知，长暴并不一定来自于大质量的恒星坍缩，短暴也不一定来自双致密星的合并，部分长暴可能来自于双致密星的合并，部分短暴是否来自于大质量的恒星坍缩仍是一个值得探讨的问题。

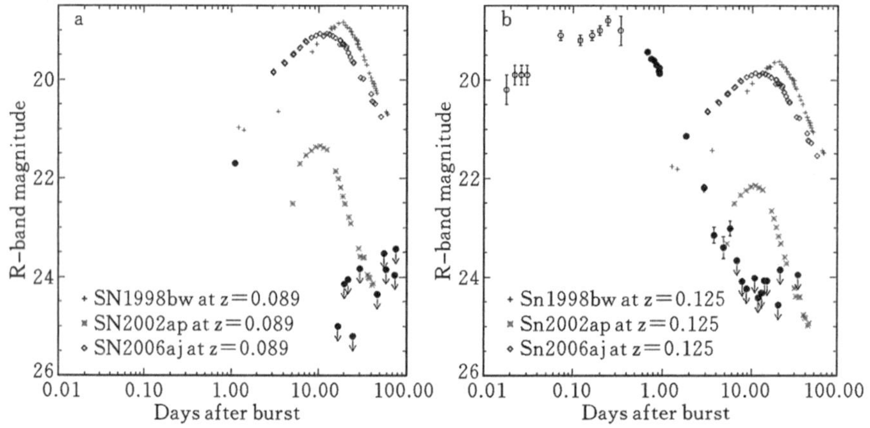

(a) (b)

图 1-2-7(a) GRB 060505 与超新星的对比；图 1-2-7(b) GRB 060614 与超新星的对比

(取自文章 Kluźniak & Ruderman，1998；Rossowg et al.，2003)

1.2.4 典型的能量经验特征

伽玛暴红移的测量并不是一件容易的事情。在 CGRO 卫星观测时代，在数千个已经探测到的伽玛暴中，只有十几个伽玛暴测量到了红移。而红移的测量对了解伽玛暴的起源、特性、演化等问题非常重要，因此过去几十年的研究中，天文学家一直试图找出伽玛暴红移无关量和红移相关量之间的关系，期望从伽玛暴红移无关量信息中获取更多的红移相关量信息。Swift 卫星发射升空后，关于伽玛暴红移的测量工作出现了转机。目前 Swift 卫星探测到的伽玛暴中有大约三分之一数量的伽玛暴同时观测到了红移，遗憾的是后来发射的 Fermi 卫星不具备红移的探测能力，虽然其探测能段很宽，探测灵敏度也极高。一个自然的想法是能否通过已知的红移样本，把伽玛暴与红移无关的量、红移相关的量建立起可靠的关系，然后使用这些关系推测那些没有观测到红移的伽玛暴的红移值,这里称之为伪红移。例如可以通过一些经验关系计算 Fermi 卫星探测到的海量伽玛暴的伪红移,以更好地开展有关伽玛暴的相关研究工作。目前已有多个经验关系被提出,具体如下。

(1)Fenimore & Ramirez-Ruiz 等人(2000)提出了光变时标 V_{ar}、时延 τ 和光度 L_γ 之间的关系。图 1-2-8 显示的是不同能段的光度 L_γ 与光变时标 V_{ar} 之间的关系,其关系满足:$L_\gamma/\mathrm{d}\Omega=5.9\times10^{60}V_{ar}^{5.8}\,\mathrm{erg\cdot s^{-1}}$ 或 $L_\gamma/\mathrm{d}\Omega=2.4\times10^{54}V_{ar}^{2.2}\,\mathrm{erg\cdot s^{-1}}$。图 1-2-9 显示的是光度 L_γ 与 CCF13 时延 τ 之间的关系,其关系满足:$L_{51}\approx1.3\times(\tau/0.01\mathrm{s})\mathrm{erg\cdot s^{-1}}$,这里 L_{51} 表示真实光度除以 $10^{51}\,\mathrm{erg\cdot s^{-1}}$ 以后的值,τ 表示 CCF13 时延(Fenimore & Ramirez-Ruiz, 2000)。图 1-2-9(a)显示的是光度 L_γ 与 CCF13 时延 τ 在光度范围 $10^{51}\,\mathrm{erg\cdot s^{-1}}$ 到 $10^{54}\,\mathrm{erg\cdot s^{-1}}$ 之间的关系。图 1-2-9(b)显示的是光度 L_γ 与 CCF31 时延 τ 在光度范围 $10^{46}\,\mathrm{erg\cdot s^{-1}}$ 到 $10^{54}\,\mathrm{erg\cdot s^{-1}}$ 之间的关系。

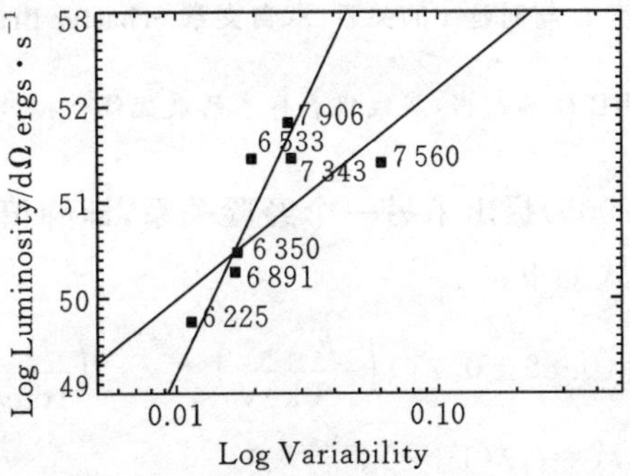

图 1-2-8　不同能段的光度 L_γ 与光变时标 V_{ar} 的关系(取自文章 Fenimore & Ramirez-Ruiz et al.,2000)

注:黑色方块代表 GRB 样本数据,实线代表样本的最优线性拟合。

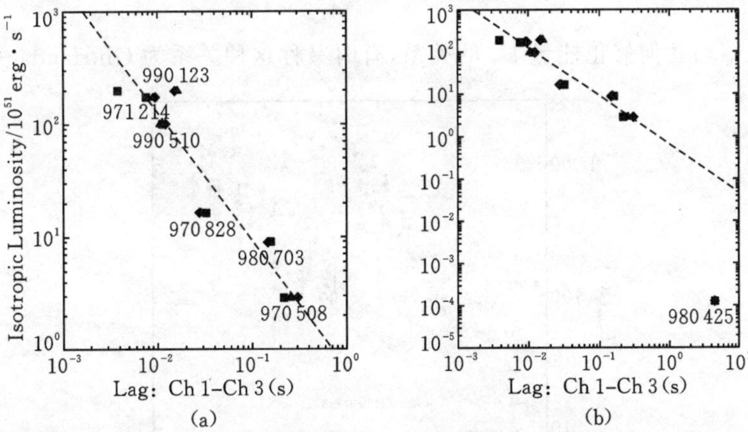

图 1-2-9(a)　光度 L_γ 与 CCF13 时延 τ 之间的关系,光度范围在 $10^{51}\,\mathrm{erg\cdot s^{-1}}$ 到 $10^{54}\,\mathrm{erg\cdot s^{-1}}$ 之间;
图 1-2-9(b)　光度 L_γ 与 CCF13 时延 τ 之间的关系,光度范围在 $10^{46}\,\mathrm{erg\cdot s^{-1}}$ 到 $10^{54}\,\mathrm{erg\cdot s^{-1}}$ 之间

注:黑色方块代表 GRB 样本数据,划线代表样本的最优线性拟合。

Schaefer Bradley E(2007)使用更多的伽玛暴样本重新拟合了光度 L 与时延 τ 之间的关系,他们得到的新的经验关系是:$\log L=52.54-1.21\log\left[\frac{\tau_{RT}(1+z)^{-1}}{0.1\ \mathrm{s}}\right]$。图 1-2-10 显

示了新得到的光度 L 与时延 τ 之间的关系。

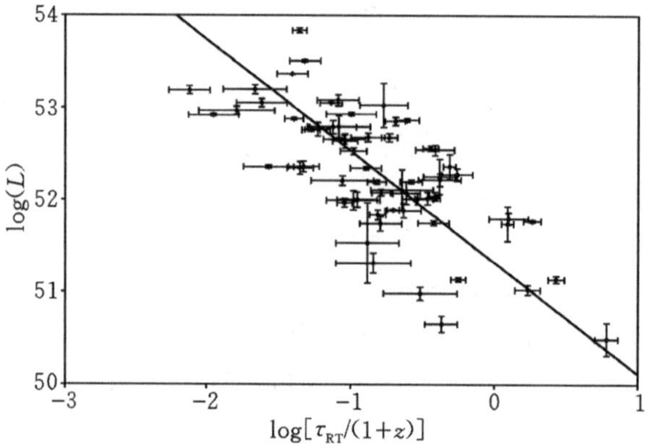

图 1-2-10　光度 L 与时延 τ 的关系(取自文章 Schaefer Bradley E.,2007)

注:带误差的黑点代表 GRB 样本数据,实线代表样本的最优线性拟合。

(2)Liang & Zhang(2005)提出了另一个经验关系,即峰值能量 E_{peak} 与光变曲线拐折时间 t_b 的关系,其表达式如下:

$$\frac{E_{\gamma,iso}}{10^{52}\mathrm{keV}}=(0.85\pm0.21)\left(\frac{E'_{peak}}{100\mathrm{keV}}\right)^{1.94\pm0.17}\left(\frac{t'_b}{1\mathrm{day}}\right)^{-1.24\pm0.23}$$

式中,$E'_{peak}=E_{peak}(1+z)$,$t'_b=t_b/(1+z)$。

(3)Ghirlanda 等人(2004)和 Ghisellini & Lazzati(2004)提出了几何修正能量 E_γ 与峰值能量 E_{peak} 之间的经验关系:$E_{peak}=267.0\left(\frac{E_\gamma}{4.3\times10^{50}\,\mathrm{erg}}\right)^{0.706\pm0.047}$,图 1-2-11 显示了峰值能量 E_{peak} 与几何修正能量 E_γ 的关系,有时又称这种关系为 Ghirlanda 关系。

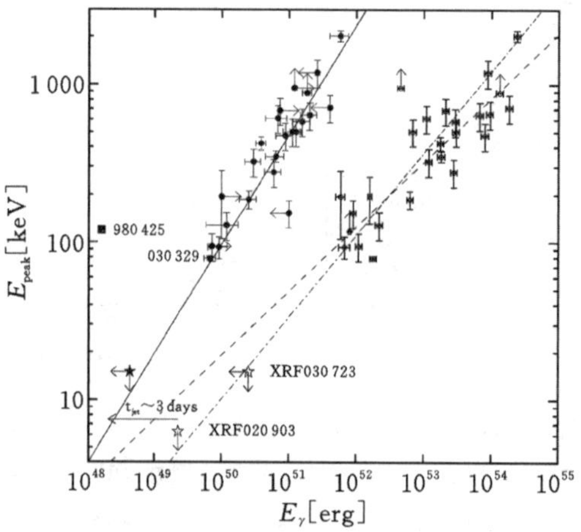

图 1-2-11　峰值能量 E_{peak} 与几何修正能量 E_γ 的关系(取自文章 Ghirlanda et al.,2004)

注:黑色圆点代表 GRB 的数据样本,实线代表样本的 Ghirlanda 线性拟合,划线和点划线代表样本的 Amati 线性拟合。

Schaefer Bradley E(2007) 更新了几何修正能量 E_γ 与峰值能量 E_{peak} 之间的关系，他们得到表达式：$\log E_\gamma = 50.57 + 1.63\log\left[\frac{E_{peak}(1+z)}{300\ \mathrm{keV}}\right]$。图 1-2-12 显示了更新以后的几何修正能量 E_γ 与峰值能量 E_{peak} 之间的关系。

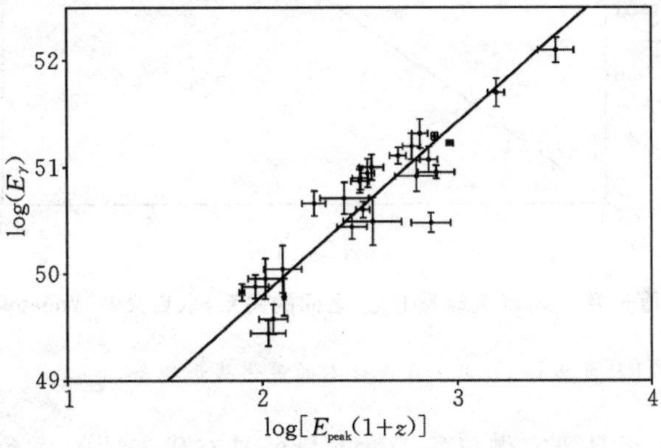

图 1-2-12　几何修正能量 E_γ 与峰值能量 E_{peak} 之间的关系（取自文章 Schaefer Bradley E.，2007）

注：黑色圆点代表 GRB 数据样本，实线代表样本的最优线性拟合。

(4) Amati 等人(2002)提出了各向同性能量 E_{iso} 与峰值能量 E_{peak} 之间的关系：$E_{peak} \propto E_{iso}^{0.52\pm0.06}$。图 1-2-13 显示的是峰值能量 E_{peak} 与各向同性能量 E_{iso} 之间的关系，一般称这种经验关系为 Amati 关系。

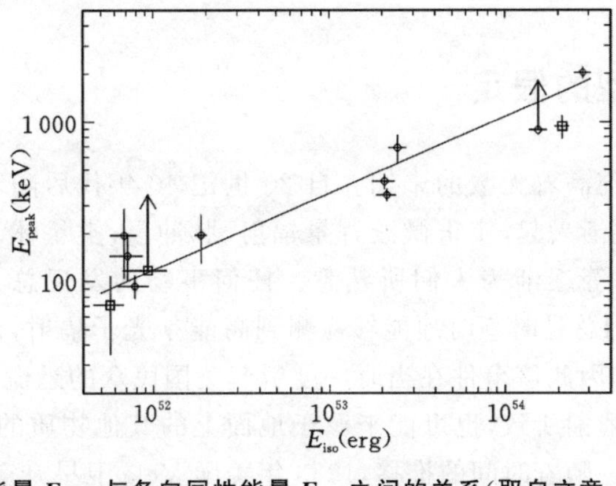

图 1-2-13　峰值能量 E_{peak} 与各向同性能量 E_{iso} 之间的关系（取自文章 Amati et al.，2002）

注：空心圆点代表 GRB 数据样本，实线代表样本的最优线性拟合。

(5) Yonetoku 等人(2004)提出了峰值光度 L 与峰值能量 E_{peak} 之间的经验关系，表达式为：$\log L = 52.21 + 1.68\log\left[\frac{E_{peak}(1+z)}{300\mathrm{keV}}\right]$。图 1-2-14 显示的是峰值光度 L 与峰值能量 E_{peak} 之间的关系，一般又称这种关系为 Yonetoku 关系。

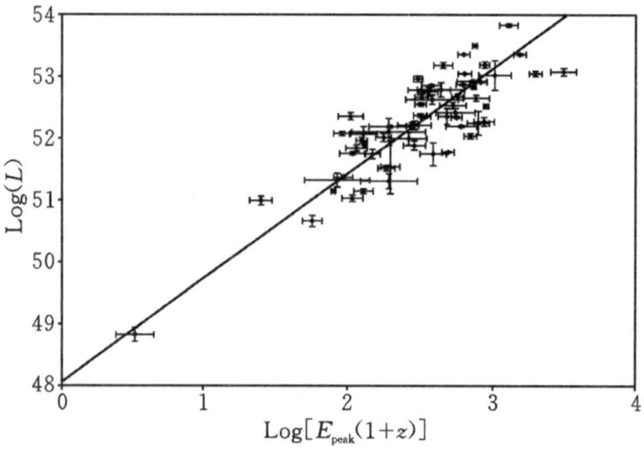

图 1-2-14 峰值光度 L 与峰值能量 E_{peak} 之间的关系(取自文章 Yonetoku et al. ,2004)

注:黑色圆点代表 GRB 数据样本,实线代表样本的最优线形拟合。

上述几个经验关系是研究伽玛暴爆发能量的具有代表性的关系,其中应用最多、最广的是 Amati 关系、Ghirlanda 关系和 Yonetoku 关系,虽然这三个关系的弥散度都较大,但在伽玛暴宇宙学演化研究方面,这三个关系都在广泛应用。本书后面的章节对使用这三种关系以实现对伽玛暴的分类研究作了介绍。

1.3 伽玛射线暴余辉的相关理论

1.3.1 标准模型的假定

宇宙空间中总是充满着无数的未知。自 20 世纪 40 年代后随着信息技术的不断发展,天文学科也开始逐渐兴起,宇宙微波背景辐射、脉冲星、类星体、星际有机分子、引力波、黑洞、伽玛射线暴等逐渐为人们所熟悉。任何事物的发现总是有前提的,20 世纪 60 年代初,天文学家们总是时不时地能够检测到高能 γ 光子辐射,而 γ 光子会对人体产生很多不可控的伤害,因此该事件在当时一度引起美国民众的恐慌。他们推测 γ 光子可能是地面上的核试验泄漏所致,也可能来源于地面上的其他物质的 γ 光子辐射,但是最终也没找到源头所在。随着时间的推移,1963 年美国 Vela 卫星升空了,它主要用于监测地面核试验。Vela 卫星收集到了大量 γ 光子数据,并确定这些 γ 光子不是来源于地面,也不是来源于太阳,而是来自宇宙深处,并且伴随着一种天文现象,这种天文现象可以在短时间内释放大量的 γ 光子,后来被称为伽玛射线暴。之后 Konus 卫星升空后也对宇宙空间的 γ 光子进行了探测,其探测结果进一步证实了宇宙中存在伽玛暴这一天文现象。

伽玛暴一经发现便立即引起了人们的探索兴趣。伽玛暴爆发时在极短的时间内所爆发的能量是惊人的,人们非常好奇它的能量是如何产生的。经过大量的观测与研究分析,天文学家提出了两种伽玛暴外流体的加速模型:火球加速模型和 Poynting 流的磁重联加速模型。

1. 火球加速模型

一般认为伽玛暴及其余辉可以使用火球加速模型很好地解释。以火球加速模型的演化过程为例，伽玛暴爆发后外流物质加速膨胀，从瞬时辐射阶段到余辉辐射阶段的大致图像如图 1-3-1 所示。在 $t=0$ 时，火球加速模型开始演化，以一定的角度向外喷射外流物质，外流物质最初的爆发半径 R 大约为 10^6 cm，爆发产生的均值能量 E 大约为 10^{51} erg ～10^{54} erg。在 $t=100$s 时，外流物质加速运动到 $R=3\times10^{12}$ cm 处，并演化为一个个相互独立的相对论阶段的壳层，壳层与周围环境物质相互作用，产生早期的光学闪，壳层向外膨胀的过程中其速度逐渐变慢，进入所谓的滑翔（coasting）阶段。从火球开始爆发到壳层的滑翔阶段称为伽玛暴的“暴前”。在 $t=3\ 000$s 时，最初的壳层半径膨胀到 10^{14} cm，由于壳层与介质的相互作用，外壳层的速度慢，内壳层的速度快，内壳层逐渐追上了外壳层，内、外壳层发生碰撞，产生内激波，并辐射出大量的 γ 射线，伽玛暴主暴产生。在 $t=10^6$ s 后，内部的壳层经过一段时间后的碰撞并合，伽玛暴外流物质形成一个具有相对论速度的物质主导的壳层，壳层的半径为 $R=3\times10^{16}$ cm，该壳层不断扫积星际介质（星风），产生外激波，外激波对应的辐射过程是伽玛暴的余辉辐射阶段，进而产生 X 射线余辉、光学余辉以及射电余辉。

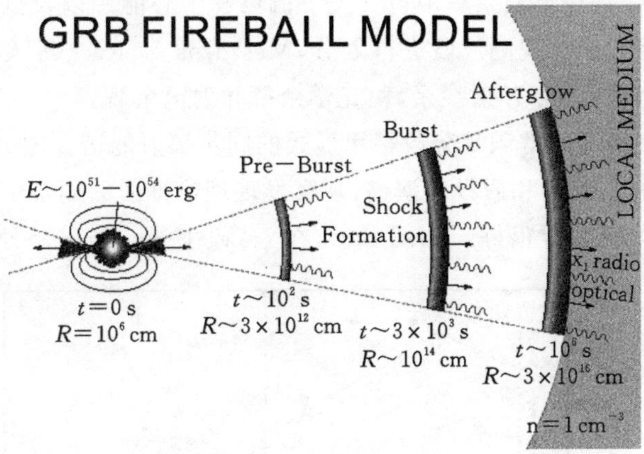

图 1-3-1　火球加速模型（取自文章 Ghisellini et al.，2001）

2. Poynting 流的磁重联加速模型

研究表明，Poynting 流的磁重联也可能引起外流体的加速。该模型指出：在极端天体物理环境中，磁重联和 Poynting 流可能驱动高能喷流的形成。

1.3.2　余辉的起源

Paczyński & Rhoads 等人（1993）曾在理论上预言过伽玛暴余辉存在的可能性，Compton

卫星在观测伽玛暴 GRB 940217 时，也记录到了“第一次余辉”的存在，但是当时并没有引起重视。真正促使伽玛暴余辉辐射被发现的事件是 GRB 970228 在爆发 8 小时后被 SAX 卫星观测到其 X 射线余辉辐射，数小时后被 Costa 等人(1997)观测到光学对应体。余辉的发现对伽玛暴的探索具有里程碑的意义，为测定伽玛暴的红移提供了依据，也为验证伽玛暴的宇宙学起源提供了有力证据。

伽玛暴产生后其外流物质会向外加速运动，经过一段时间后会演化为一个个相互独立的相对论阶段的壳层，距离暴点中心越近的壳层运动速度越大，距离暴点中心越远的壳层运动速度越小，最后速度大的壳层与速度小的壳层不断发生碰撞，从而在壳层内形成内激波，内激波对应的辐射过程就是伽玛暴的瞬时辐射过程(prompt emission)。内部的壳层经过一段时间的碰撞并合后，伽玛暴外流物质产生一个具有相对论速度的物质主导的壳层，该壳层与环境物质摩擦形成外激波，外激波对应的辐射过程是伽玛暴的余辉辐射过程(afterglow)。余辉辐射现象持续时间较长，从几个小时到几年不等，余辉观测表现在 X 射线波段、光学波段和射电波段。

1.3.3 余辉的分类

余辉可以按照不同的方式进行分类。按照余辉发生的时间可分为极早期余辉和后期余辉，并且一般认为极早期余辉中包含关于伽玛暴中心能源以及伽玛暴爆发环境的一些线索。余辉还可以依据观测波段进行划分，Mészáros & Rees 等人(1997)根据余辉观测波段的不同，将余辉分为 X 射线余辉、光学余辉和射电余辉。

伽玛暴的余辉辐射通常满足分段幂律形式的同步辐射能谱。图 1-3-2 显示的是 GRB 970508 余辉阶段的观测谱和假设推演谱，观察发现理论推演的同步辐射谱和伽玛暴的多波段余辉观测数据吻合得很好。如图所示，在 $\nu<\nu_m$ 阶段，伽玛暴处于快速辐射阶段，

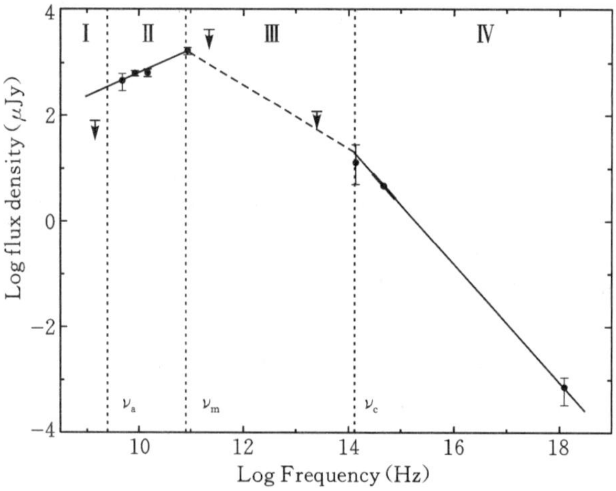

图 1-3-2 GRB 970508 余辉阶段的观测谱和假设推演谱比较(Galama et al., 1998)

注：黑色圆点代表观测数据，实线和划线表示不同阶段理论推演出的拟合谱。

分段幂律的同步辐射谱满足：$F_\nu = F_{\nu,\max} \times \left(\frac{\nu}{\nu_m}\right)^{1/3}$；在 $\nu_m < \nu < \nu_c$ 阶段，光谱呈现幂律下降趋势，分段幂律的同步辐射谱满足：$F_\nu = F_{\nu,\max} \times \left(\frac{\nu}{\nu_m}\right)^{-(q-1)/2}$；在 $\nu > \nu_c$ 以后，下降趋势更陡峭，分段幂律的同步辐射谱满足：$F_\nu = F_{\nu,\max} \times \left(\frac{\nu_c}{\nu_m}\right)^{-(q-1)/2} \left(\frac{\nu}{\nu_c}\right)^{-p/2}$。

1. 按时标分类

(1)极早期余辉

极早期余辉的产生是伽玛暴的外流物质与星际介质作用的结果，即外流物质在膨胀过程中不断与星际介质发生相互作用，并产生一对正反激波，这对正反激波所产生的辐射就是极早期余辉。在光学波段探测到极早期余辉的伽玛暴有 GRB 061126、GRB 060111B、GRB 050904、GRB 050401 等。

(2)后期余辉

伽玛暴的极早期余辉会产生一对正反激波，反向激波一旦扫过火球就不再存在。极早期的余辉结束，后期余辉开始，正向激波一直向外传播并持续不断地加热周围的星际介质，直至最后进入深度的非相对论阶段。这段长期持续、低能段、多波段的辐射过程称为后期余辉。

2. 按波段分类

(1)X 射线余辉

Swift 望远镜实现最成功的观测任务是对伽玛暴的 X 射线的观测。图 1-3-3 显示的是伽玛暴爆发后的 6～8 小时内 X 射线余辉随时间衰减的情况。X 射线余辉主要由五个阶段组成：Ⅰ阶段、Ⅱ阶段、Ⅲ阶段、Ⅳ阶段、Ⅴ阶段。Ⅰ阶段：快速衰减阶段，流量随时间衰减比为 $F \propto t^{-3} \sim t^{-5}$，持续时间 100s～1 000s，这个阶段详细展示了伽玛暴瞬时辐射向余辉辐射的过渡过程。Ⅱ阶段：缓慢衰减阶段，流量随时间衰减比为 $F \propto t^{-0.5}$，持续时间 1 000s～10 000s。Ⅲ阶段：正常衰减阶段，流量随时间衰减比为 $F \propto t^{-1.2}$(满足标准的相对论性冲击波模型)，持续时间为 10^4s～10^5s。Ⅳ阶段：喷流拐折后的快速衰减阶段，流量随着时间的衰减比为 $F \propto t^{-2.3}$，这可能与伽玛暴外流体物质的喷流形式有关(这种情况不常见)。Ⅴ阶段：X 射线耀发阶段，在Ⅱ阶段和Ⅲ阶段的本底 X 射线余辉辐射中还可能出现 X 射线耀发，耀发中流量会随时间出现先快速上升后快速衰减的现象，伽玛暴的长暴和短暴中大约有一半以上的 X 射线余辉出现过 X 射线耀发现象。一般而言，观测上有时并不能完整地显示出这五个阶段，有可能是三个阶段、四个阶段或者五个阶段。

(2)光学余辉

早在 Swift 望远镜发射之前，人们就已经利用其他望远镜观测到了一些伽玛暴的光学余辉，光学余辉不仅包括光学波段的余辉，还包括紫外波段的余辉和红外波段的余辉。图 1-3-4 显示了伽玛暴 GRB 990123 的视星等和流量随时间的变化关系。据图 1-3-4 中的大图可知,GRB 990123 暴后 22 秒,光学亮度先是快速上升,随后快速衰减,涵盖了爆发阶段到余辉阶段的过渡,反应了 GRB 的能量提供来源从内部的能量耗散到外部的激波主导的转变。图 1-3-4 中的小图显示了大图中前三个光学观测点的流量随时间的变化,这三个光学观测点分别对应于大图中的 22 秒、47 秒、72 秒,且流量随时间的变化曲线呈多峰结构,这符合 GRB 的典型脉冲特征。

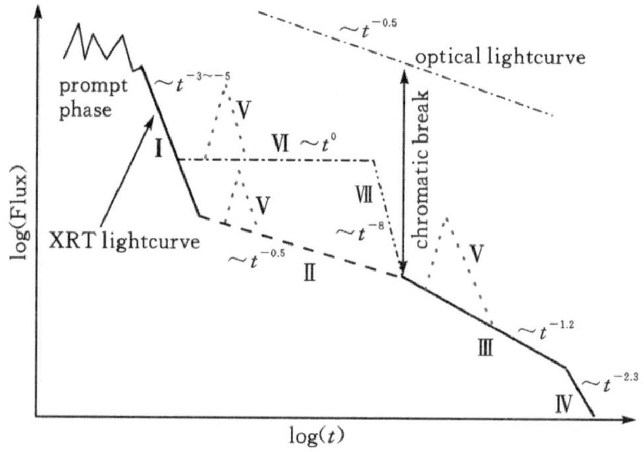

图 1-3-3 伽玛暴 X 射线余辉随时间的衰减情况(取自文章 Zhang et al., 2006a)

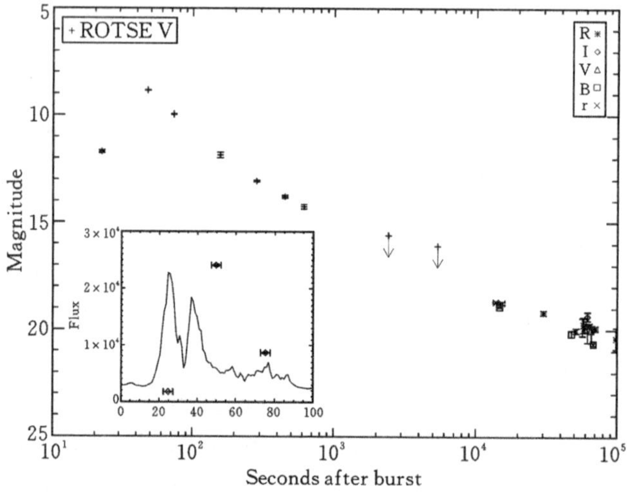

图 1-3-4 伽玛暴 GRB 990123 光学余辉的视星等和流量随时间的变化情况

(取自文章 Akerlof et al., 1999)

伽玛暴的光学余辉形态不一,Panaitesu & Vestrand(2008)通过对大样本的伽玛暴的光学余辉统计分析后发现,光学余辉可以划分为三种形态,如图 1-3-5 所示。图 1-3-5(a)、图 1-3-5(b)显示的是先上升后衰减的光学余辉,图 1-3-5(c)显示的是快速衰减的光学余辉,图 1-3-5(d)显示的是先有光变平台后衰减的光学余辉。

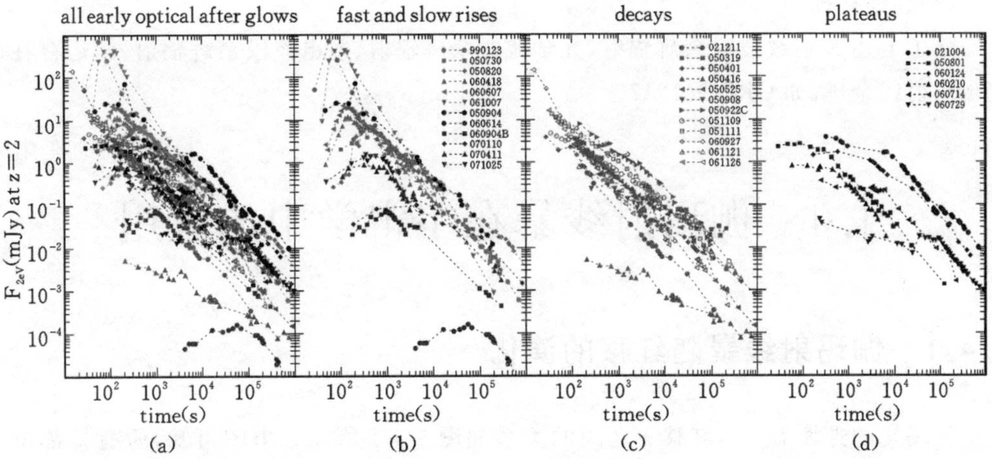

图 1-3-5　伽玛暴的不同光学余辉形态图(取自文章 Panaitesu & Vestrand. ,2008)

(3)射电余辉

伽玛暴在射电波段表现的余辉叫射电余辉。射电余辉一般在暴后的一天开始被探测到,相较光学余辉或 X 射线余辉,射电余辉的持续时间更长,从几天到几千天不等。图 1-3-6 显示了伽玛暴 GRB 970508 在 8. 46GHz 下的射电余辉流量密度随时间的演化关系。由图可知 GRB 970508 的射电余辉在 100 天内出现两次起伏涨落现象,随后开始幂率衰减(Frail & Waxman,2000)。

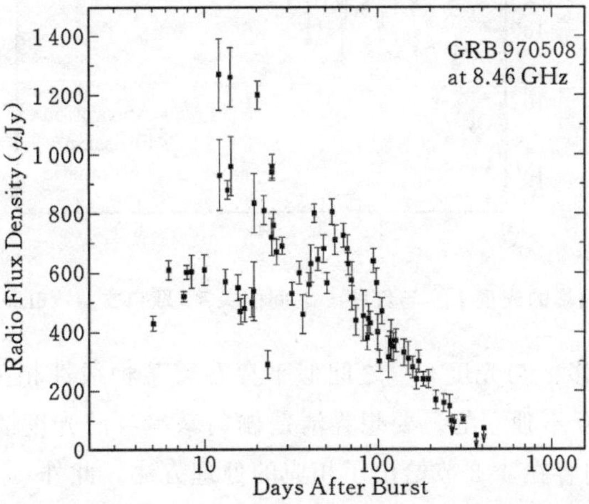

图 1-3-6　GRB 970508 射电余辉流量密度随时间的演化图(取自文章 Frail & Waxman, 2000)

由于大多数伽玛暴的射电余辉低于探测器的阈值,部分暴的红移值较大且距离我们较远,因此目前可观测到的射电余辉的暴的数量不是很多。Zhang(2007)对 2004 年至 2007 年观测到的 200 个伽玛暴做了射电余辉统计分析,发现只有 17 个暴被探测到射电余辉。在能探测到射电余辉的暴中,只有极少数伽玛暴可观测到早期的射电耀发现象,它与极早期的光学闪有很多相似之处,这类暴的早期射电耀发现象可能与早期的光学闪有着相似的物理起源。

(4)高能余辉

除了上述 X 射线波段余辉辐射、光学波段余辉辐射、射电波段余辉辐射外,还存在高能伽玛射线余辉,如 GRB 941017。

1.4 伽玛射线暴在宇宙学中的应用

1.4.1 伽玛射线暴随红移的演化

伽玛暴的光度 L_{iso} 与红移 z 之间的关系如图 1-4-1 所示。由图可知,所有暴都位于图 1-4-1 的左上方区域,随着红移的增加,暴的光度也在随之增加,即距离地球观测者近的暴比较暗,距离地球观测者远的暴比较亮,这可能是近的暗暴容易被观测到,远的暗暴可能就观测不到了。一般把光度高于 $4\times10^{51}\,\mathrm{erg\,s^{-1}}$ 的暴称为高光度暴,图 1-4-1 中高光度暴的背景略有加深。

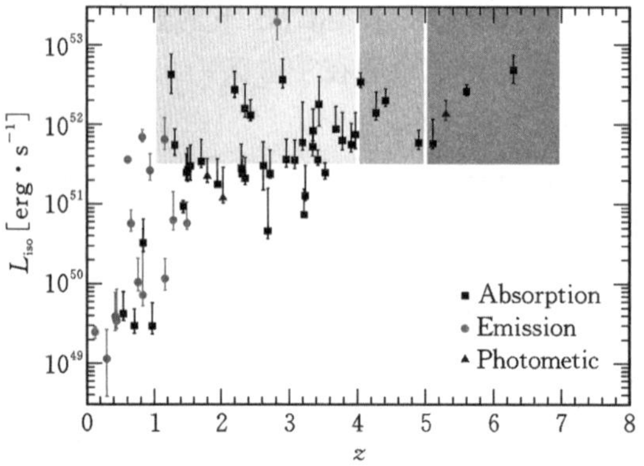

图 1-4-1 伽玛暴的光度 L_{iso} 与红移 z 之间的关系(取自文章 Yüksel et al. ,2008)

伽玛射线暴的红移 z 与光度 L_{iso} 之间似乎存在着某种线性相关关系,这表明红移 z 和光度 L_{iso} 之间是相互不独立的。要想弄清楚伽玛暴本身的光度演化,就要把光度和红移独立开来,这部分内容在 4.2 节给出了相应的处理方法。此外,1.2.4 节中介绍了一些关于使用红移无关量表示红移相关量的方法,如 L_{iso} 与 τ 的关系、E_{peak} 与 t_b 的关系等,这些关系可为伪红移的研究提供依据。

图 1-4-2 显示了低红移处和高红移处的伽玛暴的光度计数率 $\frac{\mathrm{d}N}{\mathrm{dlog}L_{peak}}$ 随峰值光度 $\log L_{peak}$ 的演化关系。对于低红移($z<1$)处的伽玛暴,随着峰值光度的增加,光度计数率起初下降很快,后来下降较慢。对于高红移($z>1$)处的伽玛暴,随着峰值光度变大,光度计数率也在变大。所有样本叠加在一起的结果表明:在距离我们较近的地方,较暗的伽玛暴数量较多,较亮的伽玛暴数量较少;而在距离我们较远的地方,较暗的伽玛暴的数量

较少,较亮的伽玛暴数量较多。这似乎意味着对于同样亮度的伽玛暴,在其距离我们越近时越容易被探测到,而远距离的亮度较低的伽玛暴则很难被探测到。

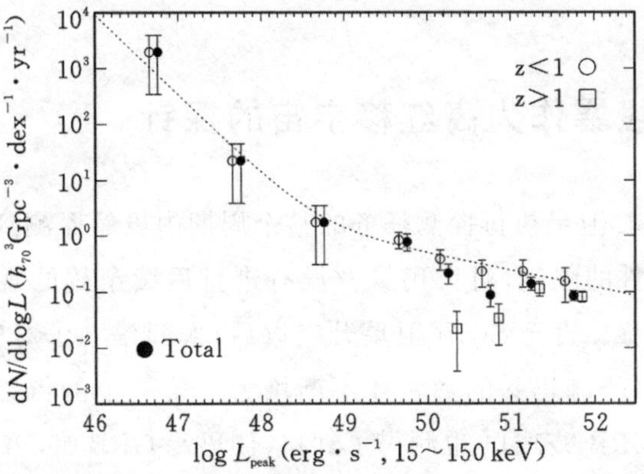

图 1-4-2　伽玛暴的计数率 dN/dlogL_{peak} 随峰值光度 logL_{peak} 的演化关系(取自文章 Dai,2009)

注:空心圆点代表低红移($z<1$)处的伽玛暴样本,空心方块代表高红移($z>1$)处的伽玛暴样本,黑色圆点代表所有样本叠加在一起的演化结果,点线是对所有样本的分段线性拟合。

一般认为,长伽玛暴起源于大质量恒星坍缩,并且天文观测也发现一些长伽玛暴与大质量恒星在死亡时产生的超新星爆发现象有关联(Woosley,1993),因此伽玛暴发生的事件率可以用来研究宇宙中的恒星形成率。图 1-4-3 显示的是恒星形成率 $\dot{\rho}_*$ 随红移 z 的演化关系,图中散点代表了不同红移处观测到的恒星形成率。当采用圆形散点、菱形散点、正方形散点进行数据拟合时,最优拟合线是实线,取自 Yüksel 等人(2008)的工作。当采用圆形散点、正三角散点、倒三角散点、叉形散点进行数据拟合时,最优拟合线是点线,取自 Hopkins & Beacom 等人(2006)的工作。Hopkins & Beacom (2006)提出伽玛暴的恒星形成率满足以下三种关系:$\dot{\rho}_* \propto (1+z)^{3.44}$,$0<z<1$;$\dot{\rho}_* \propto (1+z)^{-0.3}$,$1<z<4$;$\dot{\rho}_* \propto (1+z)^{-7.8}$,$z>4$。

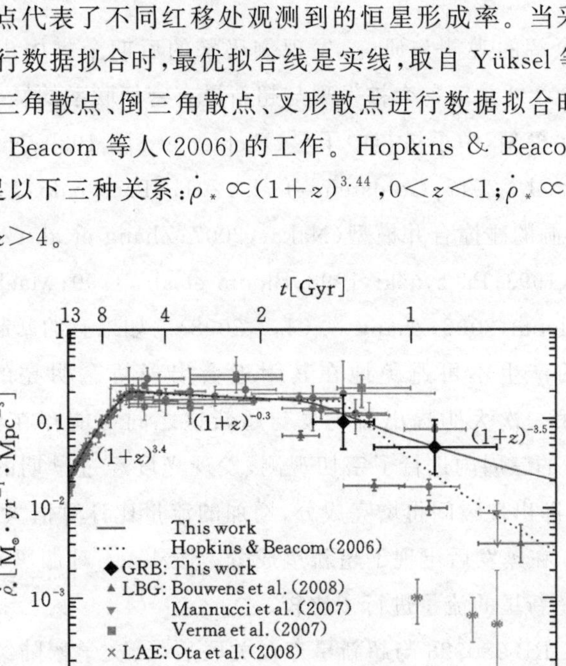

图 1-4-3　恒星形成率 $\dot{\rho}_*$ 随红移 z 的演化关系(取自文章 Yüksel et al. ,2008)

理论上可以用伽玛暴的事件率探测恒星形成率,但伽玛暴的事件率与恒星形成率之间并不是一个简单的正比例关系,还存在一些比较复杂的影响因素,如金属丰度、介质环境等。

1.4.2 伽玛射线暴作为高红移宇宙的探针

在CGRO/BATSE卫星执行探测任务的整个周期内虽然探测到了数千个伽玛暴,但由于当时观测技术条件的限制,对伽玛暴并没有进行后续余辉的观测,因此几乎获取不到伽玛暴的宇宙学红移。直至Swift卫星升空以后,人们建立了对伽玛暴余辉的长期有效观测,这时已知红移的伽玛暴的数量才不断增大。第一个测得红移的伽玛暴是GRB 970508,随后伽玛暴GRB 971214也测得了红移,伽玛暴GRB 050904测得的红移值高达6.3,伽玛暴GRB 080913测得的红移值高达6.7。随着观测技术的发展,伽玛暴被测得的红移值越来越大。

伽玛暴源于大质量恒星,但不依赖于星系的形成。伽玛暴可能产生于第一代星系形成之前,如果这是一个事实,那么它可以作为恒星与星系之间的宇宙学探针。

1.4.3 伽玛射线暴作为寻找超新星的探针

根据对伽玛暴余辉的观测与研究,发现伽玛暴的后期余辉中出现了超新星辐射成分。伽玛暴GRB 980326是第一个被发现与超新星有密切联系的暴。前文介绍了伽玛暴的两个主流的前身星模型:中子星与中子星(Eichler et al.,1989;Nakar,2007;Tanvir et al.,2013;Abbott et al.,2017;Goldstein et al.,2017;Paczyński,1991;Narayan et al.,1992)或中子星与黑洞的碰撞合并模型(Nakar,2007;Zhang et al.,2009),大质量的恒星坍缩模型(Woosley,1993;Paczyński,1998;Bloom et al.,1999;MacFadyen & Woosley,1999;Woosley & Bloom,2006;Zhang & Choi,2008)。如果有的暴起源于大质量的恒星坍缩,那么伽玛暴的产生不可避免地在其附近会出现暂态明亮的超新星爆发现象。Bloom等人(1999)第一次大胆提出伽玛暴与超新星之间可能存在关联,他们在伽玛暴GRB 980326爆发后的三周内进行了密切观测,发现光度经过早期的迅速衰变后出现了不寻常的演化规律,即出现瞬间再增亮成分,增加的流量比计算值大60倍,光谱变红,似乎暗示GRB 980326在爆发后出现了超新星成分。图1-4-4对伽玛暴GRB 980326的流量与不同红移处的超新星的流量进行了比较。

在发现伽玛暴GRB 980326与超新星存在关联后,天文学家陆续发现了其他暴与超新星之间的关联。例如GRB 970228与SN 1998bw相互关联(Reichart,1999;Galama et al.,2000)。图1-4-5、图1-4-6显示了GRB 970228的余辉光变曲线晚期轮廓可以看做是一个幂律成分叠加一个SN 1998bw光变曲线的模板。

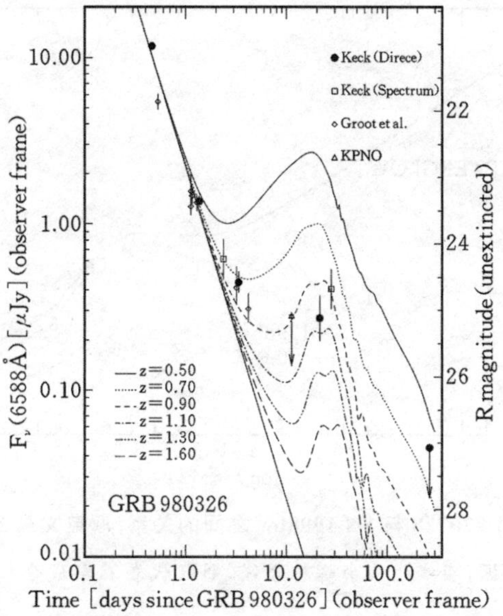

图 1-4-4　GRB 980326 的流量与不同红移处的超新星的流量的比较(取自文章 Bloom et al. ,1999)

注:图中散点代表不同文章中给出的 GRB 980326 的观测数据。不同类型的曲线表示超新星在不同红移处的流量的拟合线。

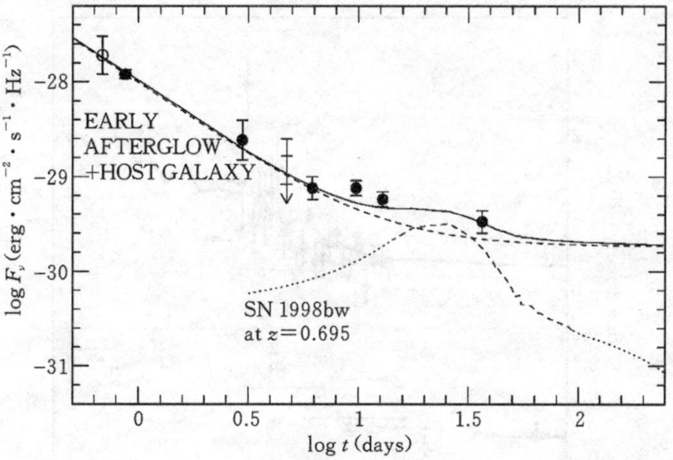

图 1-4-5　GRB 970228 与 SN 1998bw 之间的关系(取自文章 Reichart,1999)

注:方框代表 GRB 的数据,圆点代表寄主星系的数据,实线代表余辉拟合线,划线代表幂率成分拟合线,点线代表 SN 1998bw 在 z=0.695 处的拟合线。

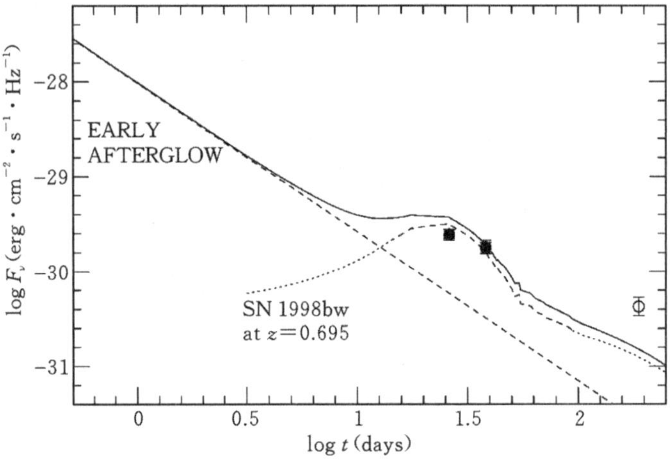

图 1-4-6 GRB 970228 与 SN 1998bw 之间的关系(取自文章 Reichart,1999)

注:方框代表 GRB 的数据,实线代表余辉拟合线,划线代表幂率成分拟合线,点线代表 SN 1998bw 在 z=0.695 处的拟合线。

同样 GRB 000911 的余辉曲线晚期轮廓可以看做是一个星暴星系成分叠加一个 SN 模板(Lazzati et al.,2001)。图 1-4-7 展示了 GRB 000911 爆发 36 天后的 OT 光谱与超新星形成模拟。

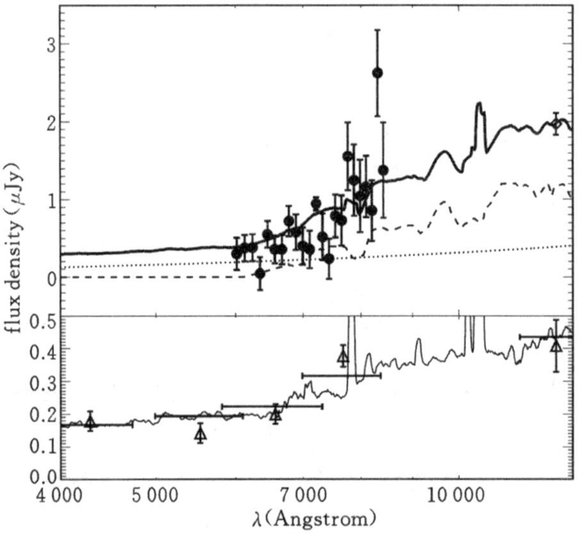

图 1-4-7 GRB 000911 爆发 36 天后的 OT 光谱与超新星成分模拟(取自文章 Reichart,1999)

注:实心圆点是 GRB 000911 爆发 36 天后的 OT 光谱,划线代表背景星暴星系的拟合曲线,实线代表 Ic 型 SN 光谱叠加一个背景星暴的星系。

第二章　伽玛射线暴的能量分类研究

伽玛暴主要包含如下的特征参数：持续时间 T_{90}、红移 z、单位面积单位时间内的流量 peak flux、单位面积内的流量 fluence、理想状态下的均值能量 E_{iso}、真实的辐射能 E_γ、光度 L 等。

Fenimore & Ramirez-Ruiz 等人(2000)提出了不同波段的光度 L_{iso} 与光变时标 V 之间满足如下关系：$\frac{L_{iso}}{d\Omega}=5.9\times10^{60}V^{5.8}\text{erg}\cdot\text{s}^{-1}$ 或 $\frac{L_{iso}}{d\Omega}=2.4\times10^{54}V^{2.2}\text{erg}\cdot\text{s}^{-1}$；Liang & Zhang(2005)提出峰值能量 E_{peak} 与光变曲线拐折时间 t_b 满足如下关系：$\frac{E_{\gamma,iso}}{10^{52}\text{keV}}=(0.85\pm0.21)\left(\frac{E'_{peak}}{100\text{keV}}\right)^{1.94\pm0.17}\left(\frac{t'_b}{1\text{day}}\right)^{-1.24\pm0.23}$；Ghirlanda 等人(2004)、Ghisellini & Lazzati(2004)提出峰值能量 E_{peak} 与几何修正能量 E_γ 满足如下关系：$E_{peak}=267.0\left(\frac{E_\gamma}{4.3\times10^{50}\text{erg}\cdot\text{s}^{-1}}\right)^{0.706\pm0.047}$；Amati 等人(2004)提出峰值能量 E_{peak} 与均值能量 E_{iso} 满足如下关系：$E_{peak}\propto E_{iso}^{0.52\pm0.06}$；Yonetoku 等人(2004)提出均值光度 L_{iso} 与峰值能量 E_{peak} 满足如下关系：$\log L_{iso}=52.21+1.68\left[\frac{E_{peak}(1+z)}{300\ \text{keV}}\right]$。

本章从能量关系角度来讨论伽玛暴的长、短暴分类。本章主要研究长暴和短暴的 Amati 关系、Ghirlanda 关系以及 Yonetoku 关系。在具体研究中，依据样本的探测器的不同，分为两个不同的研究方向。研究方向 1 探讨了 Fermi/GBM 卫星伽玛暴样本的 Amati 关系、Ghirlanda 关系和 Yonetoku 关系，以及这些经验关系与长、短暴的分类联系。研究方向 2 探讨了 Swift/BAT 和 Fermi/GBM 两个卫星样本下的 Amati 关系、Ghirlanda 关系和 Yonetoku 关系，以及这些经验关系与长、短暴的分类联系。

2.1　理论基础

每当提起伽玛射线暴，总让人惊叹这一宏伟壮观的天文现象的神奇。伽玛暴的爆发能量极高，能够达到 10^{53} erg 量级，爆发时的光度极大，能够达到 $10^{51.5}$ $\text{erg}\cdot\text{s}^{-1}$ 量级，是宇宙中最明亮、爆发最剧烈的天文现象之一。

直到 Vela 卫星发射升空，人们才第一次发现了伽玛暴这种神秘的天文现象，在惊叹于这一天文奇观的同时，人们不禁对它产生了一系列的疑问。为了揭露伽玛暴的神秘面纱，一系列的空间探测器以及地面望远镜被相继发射和建立，对伽玛暴及其余辉多波段、长时间观测工作不断完善，目前已经积累了大量的观测数据。如 Fermi 卫星上搭载的

GBM 探测器具有高灵敏度、高分辨率、超大观测视野的优点，可以收集太空中丰富的电磁波信号（GBM，von，Kienlin et al.，2014；Bystricky，Mészáros & Řípa，2012；Zhang et al.，2016；Kulkarni & Desai，2017）。GBM 探测器的主要观测能段范围为 8keV～1000keV，可以精准获取伽玛暴的 E_{peak} 值，它对伽玛暴中长暴的探测率大约为每年 240 个，对短暴的探测率大约为每年 60 个。本章 2.3 节介绍了以 Fermi/GBM 探测器探测到的伽玛暴样本进行的 Amati 关系（Zitouni et al.，2014；Azzam，2016）、Ghirlanda 关系（Ghirlanda et al.，2004）和 Yonetoku 关系（Hirotaka et al.，2019；Nakamura T.，2017）的分析和研究工作。

Swift 卫星上搭载了三种不同工作波段的探测器，并具有极高的探测灵敏度，其中 BAT 探测器有效的工作能段在 15keV～150keV 之间，能够快速回转并定位伽玛暴的空间位置，将位置信息快速传回给地面工作人员，以决定是否对某个源进行多波段观测。Swift/BAT 探测器的工作能段较低，它对暗弱伽玛暴的探测率较高，大约每年 100 个，它对长—软暴以及短—硬暴的探测率也很高（Gehrels et al.，2004；Butler et al.，2007；Jespersen et al.，2020）。本章 2.4 节介绍了使用 Swift 和 Fermi 两颗卫星探测到的伽玛暴组成的大样本进行 Amati 关系（Zitouni et al.，2014；Azzam 2016）、Ghirlanda 关系（Ghirlanda et al.，2004）和 Yonetoku 关系（Hirotaka et al.，2019；Nakamura T.，2017）的分析和研究工作。值得注意的是，样本中包含了研究中所有已知红移的伽玛暴样本。

几个经典的经验关系如下：Amati 关系表示峰值能量 E_{peak} 和均值能量 E_{iso} 之间的关系；Ghirlanda 关系表示峰值能量 E_{peak} 和真实能量 E_{γ} 的关系；Yonetoku 关系表示峰值能量 E_{peak} 和均值光度 L_{iso} 之间的关系。其中，峰值能量 E_{peak} 表示伽玛暴的频谱中某一频率下曲线最高点的最大能量，均值能量 E_{iso} 表示伽玛暴在爆发过程中向外快速膨胀时火球辐射的各向同性能量，均值光度 L_{iso} 表示火球每秒钟所辐射的各向同性能量，真实能量 E_{γ} 表示伽玛暴向外辐射的真实能量。研究发现，伽玛暴在爆发中向外快速膨胀的热火球的喷流不一定是各向同性的，而是存在一个范围，即喷流张角。

在传统研究中，伽玛暴按持续时间可以粗略地分成两类：长—软暴和短—硬暴。长—软暴的主要特征是持续时间 $T_{90}>2s$，而短—硬暴的持续时间 $T_{90}<2s$。Amati 等人（2002）基于当时的已知红移的数据样本，研究了伽玛暴的很多固有特性之间的关系，其中最有名的是固有峰值能量 E_{peak} 与均值能量 E_{iso} 之间的关系。Amati 等人（2006）使用了幂率关系式 $E_{peak}=K\times E_{iso}^{m}$ 拟合了 17 个伽玛暴的样本数据，他们发现样本中 $T_{90}>2s$ 的伽玛暴很好地满足拟合关系 $E_{peak}\propto E_{iso}^{0.5}$，但样本中 $T_{90}<2s$ 的伽玛暴都偏离了这条拟合线，他们声称长暴（$T_{90}>2s$）和短暴（$T_{90}<2s$）遵循着不同的 Amati 拟合线，并且 Amati 关系似乎如同持续时间 T_{90} 特征一样，能够很好地把长暴和短暴分开。同样地，Qin & Chen（2013）选取了 153 个伽玛暴样本进行分类，发现其中有一部分样本能够较好地使用 Amati 关系拟合，另一部分样本则不满足 Amati 关系，他们认为这两种满足不同关系的伽玛暴具有不同的物理起源。Zhang 等人（2012）选取了一些红移已知的伽玛暴样本进行 Yonetoku 关系拟合研究，样本中包含 148 个长伽玛暴，17 个短伽玛暴。他们的拟合结

果显示长暴样本和短暴样本满足相同的 Yonetoku 关系 $L_p \propto E_{peak}^{1.7}$。他们声称不同种类的伽玛暴有着相同的物理起源。

2.2 参数计算

本章研究的伽玛暴能量关系中主要涉及均值能量 E_{iso}、真实能量 E_γ 和均值光度 L_{iso} 三个参数的计算，以及 Amati 能量关系比例式、Ghirlanda 能量关系比例式、Yonetoku 能量关系比例式的拟合。下面给出这三个参数以及这三种能量关系比例式的具体推导。

均值能量 E_{iso} 的计算公式如下：

$$E_{iso} = 4\pi d_L^2 S_{bolo} \tag{2-1}$$

(2-1)式中，S_{bolo} 代表伽玛暴在爆发过程中在单位面积上全能段的辐射热通量，d_L 代表光度距离，其计算公式如下：

$$d_L = \frac{c}{H_0}\int_0^z \frac{dz}{\sqrt{1-\Omega_m+\Omega_m(1+z)^3}} \tag{2-2}$$

(2-2)式中，c 代表真空中的光速，计算中均采用平坦的冷暗物质宇宙模型作为假设前提，参数 $\Omega_m = 0.27$，$H_0 = 70\text{km} \cdot \text{s}^{-1} \cdot \text{Mpc}^{-1}$。

空间探测器的工作能段较窄（比如 Swift/BAT 探测器的工作能段为 15keV～150keV），其探测到的通量记为 S，单位为 $\text{erg} \cdot \text{cm}^{-2}$ 或 $\text{photon} \cdot \text{cm}^{-2}$，表征空间探测器在单位面积上接收到的能量或者光子数目。伽玛暴在爆发过程中辐射热通量 S_{bolo}（表征伽玛暴爆发后在单位面积上热辐射的总能量或光子数目，单位为 $\text{erg} \cdot \text{cm}^{-2}$ 或 $\text{photon} \cdot \text{cm}^{-2}$）分布在很宽的能段范围（一般取 1keV～10 000keV)，并且难以直接测量。一般的处理方法是对探测器实际探测到的通量 S 进行 K 修正以后得到 S_{bolo}（Schaefer Bradley E.，2007）：

$$S_{bolo} = SK_c \tag{2-3}$$

(2-3)式中，K_c 参数表示 K 修正因子。当探测器接收的通量 S 的单位为 $\text{erg} \cdot \text{cm}^{-2}$ 时，K 修正因子的计算公式为：

$$K_c = \frac{\int_{1/(1+z)}^{10^4/(1+z)} E\Phi(E)\,dE}{\int_{E_{min}}^{E_{max}} E\Phi(E)\,dE} \tag{2-4}$$

当通量 S 的单位为 $\text{photon} \cdot \text{cm}^{-2}$ 时，K 修正因子的计算公式为：

$$K_c = \frac{\int_{1/(1+z)}^{10^4/(1+z)} E\Phi(E)\,dE}{\int_{E_{min}}^{E_{max}} \Phi(E)\,dE} \tag{2-5}$$

(2-5)式中，z 代表伽玛暴的观测红移值，积分上下限 E_{max} 和 E_{min} 分别表示探测器的工作能段，$\Phi(E)$ 表示伽玛暴的光谱拟合模型函数。通常伽玛暴的光谱拟合模型函数有四种：

PL(simple power law)函数,CPL(cutoff power law)函数,Band 函数,SBPL(smoothly broken power-law model)函数。具体的光谱拟合函数表达式参看 1.2.1 节。

真实能量 E_γ 的计算公式如下(Schaefer Bradley E.,2007):

$$E_\gamma = E_{iso}(1-\cos\theta_{jet}) = f_B E_{iso} \tag{2-6}$$

(2-6)式中,影响因子 $f_B = 1-\cos\theta_{jet}$,E_{iso} 和 E_γ 的单位均是 erg。

均值光度 L_{iso} 的计算公式如下:

$$L_{iso} = 4\pi d_L^2 P_{bolo} \tag{2-7}$$

(2-7)式中,d_L 代表光度距离,P_{bolo} 代表伽玛暴在爆发过程中在单位面积单位时间上全能段的辐射热流量。同理,由于空间探测器的工作能段较窄,其探测到的流量记为 P,单位为 erg · cm^{-2} · s^{-1} 或 photon · cm^{-2} · s^{-1},表征空间探测器在单位面积单位时间上接收到的能量或者光子数目。伽玛暴在爆发过程中辐射热流量 P_{bolo}(表征伽玛暴爆发后在单位面积单位时间上热辐射的总能量或光子,单位为 erg · cm^{-2} · s^{-1} 或 photon · cm^{-2} · s^{-1})分布在很宽的能段范围(一般取 1keV～10 000keV),并且难以直接探测到。一般的处理方法是对探测器实际探测到的流量 P 进行 K 修正以后得到 P_{bolo}(Schaefer Bradley E.,2007):

$$P_{bolo} = PK_c \tag{2-8}$$

(2-8)式中,K_c 参数表示 K 修正因子。关于 K 修正因子的计算请参见式(2-4)和式(2-5)。

Amati 关系(Amati et al.,2002)描述的是伽玛暴 $E^2N(E)$ 能量谱的峰值能量 $E_{p,i}$ 与伽玛暴均值能量 E_{iso} 之间的关系,表达式如下:

$$\frac{E_{p,i}}{\text{keV}} = C_1\left(\frac{E_{iso}}{10^{52}\,\text{erg}}\right)^{\eta_1} \tag{2-9}$$

通过(2-9)式,可以推导出 Amati 关系的能量比例 ζ_1 为:

$$\zeta_1 = \frac{E_p^{\frac{1}{\eta_1}}}{S_{bolo}} = \left(\frac{C_1}{1+z}\right)^{\frac{1}{\eta_1}} \frac{4\pi d_L^2}{(1+z)10^{52}\ \text{erg}} = A_1(z) \tag{2-10}$$

Ghirlanda 关系(Ghirlanda et al.,2004)描述的是伽玛暴 $E^2\text{N}(E)$ 能量谱的峰值能量 $E_{p,i}$ 与伽玛暴真实能量 E_γ 之间的关系,表达式如下:

$$\frac{E_{p,i}}{\text{keV}} = C_2\left(\frac{E_\gamma}{10^{51}\,\text{erg}}\right)^{\eta_2} \tag{2-11}$$

通过(2-11)式,可以推导出 Ghirlanda 关系的能量比例 ζ_2 为:

$$\zeta_2 = \frac{E_p^{\frac{1}{\eta_2}}}{S_{bolo}} = f_B\left(\frac{C_2}{1+z}\right)^{\frac{1}{\eta_2}} \frac{4\pi d_L^2}{(1+z)10^{51}\ \text{erg}} = f_B A_2(z) \tag{2-12}$$

Yonetoku 关系(Yonetoku et al.,2004)描述的是伽玛暴 $E^2N(E)$ 能量谱的峰值能量 $E_{p,i}$ 与伽玛暴均值光度 L_{iso} 之间的关系,表达式如下:

$$\frac{E_{p,i}}{\text{keV}} = C_3\left(\frac{L_{iso}}{10^{51}\,\text{erg}}\right)^{\eta_3} \tag{2-13}$$

通过(2-13)式,可以推导出 Yonetoku 关系的能量比例 ζ_3 为:

$$\zeta_3=\frac{E_{\mathrm{p}}^{\frac{1}{\eta_3}}}{S_{\mathrm{bolo}}}=\frac{1}{T_{90}}\left(\frac{C_3}{1+z}\right)^{\frac{1}{\eta_3}}\frac{4\pi d_L^2}{(1+z)10^{51}\ \mathrm{erg}}=T_{90}^{-1}A_3(z) \tag{2-14}$$

从(2-9)式至(2-14)式可以得出以下重要结论：Amati 关系的能量比例 $\zeta_1\propto A_1(z)$，Ghirlanda 关系的能量比例 $\zeta_2\propto f_B A_2(z)$，Yonetoku 关系的能量比例 $\zeta_3\propto T_{90}^{-1}A_3(z)$；三个能量比例 ζ_1，ζ_2 和 ζ_3 都是红移 z 的单值函数(Band & Preece,2005)。

2.3　单卫星样本下的能量分类研究

2.3.1　样本来源

从 Ferm/GBM 探测器在 2010 年 12 月至 2018 年 12 月之间探测到的数千个伽玛暴中，我们收集了 105 个满足要求的 Fermi 伽玛暴组成研究样本。这 105 个伽玛暴中有 81 暴的 T_{90} 大于 2s，有 24 个暴的 T_{90} 小于 2s，并且所有暴的观测红移在 Swift/BAT 目录中已经被报道了(Swift/BAT 数据库网址为：https://swift.gsfc.nasa.gov/archive/grb_table/)，这些暴的光谱拟合参数在 Ferm/GBM 数据库中也被报道了(Ferm/GBM 数据库网址为：https://heasarc.gsfc.nasa.gov/W3Browse/fermi/fermigbrst.html)。计算中涉及的参数有：z，$E_{\mathrm{p,i}}$，peak flux，fluence，T_{90}，θ_{jet}。由于样本中很多伽玛暴都没有报道 θ_{jet} 参数，因此在计算伽玛暴真实能量 E_γ 时，对于长暴 θ_{jet} 取经验值 5°，对于短暴 θ_{jet} 取经验值 10°。另外，研究样本中剔除了与超新星成协的暴，剔除了延展辐射暴，也剔除了 X 射线闪。

对样本中的 81 个长暴，我们考察了均值能量 E_{iso} 的分布直方图，均值光度 L_{iso} 分布直方图，重新拟合了 $E_{\mathrm{p,i}}$ 与 E_{iso} 关系(Amati 关系)，以及 $E_{\mathrm{p,i}}$ 与 L_{iso} 关系(Yonetoku 关系)。对所有样本数据(81 个长暴＋24 个短暴)，我们分别重新拟合了长暴的 $E_{\mathrm{p,i}}$ 与 E_{iso} 关系和短暴的 $E_{\mathrm{p,i}}$ 与 E_{iso} 关系(Amati 关系)，以及长暴的 $E_{\mathrm{p,i}}$ 与 L_{iso} 关系和短暴的 $E_{\mathrm{p,i}}$ 与 L_{iso} 关系(Yonetoku 关系)，考察了样本的红移分布直方图，计算并分析了样本的 Amati 能量关系比和 Yonetoku 能量关系比。2.3.2 节分析了研究结果，2.3.4 节对研究结果进行了讨论与总结。

2.3.2　结果分析

图 2-3-1 统计了样本中 81 个 Fermi 长暴的均值能量 E_{iso} 的分布直方图，图中共分成 12 个条带，可以看到大部分伽玛暴的均值能量 E_{iso} 集中分布在 $10^{52.5}$ erg 左右。图 2-3-2 统计了样本中 81 个 Fermi 长暴的均值光度 L_{iso} 的分布直方图，图中共分成 12 个条带，可以看到大部分伽玛暴的均值光度 L_{iso} 集中分布在 $10^{51.5}$ erg・s^{-1} 左右。

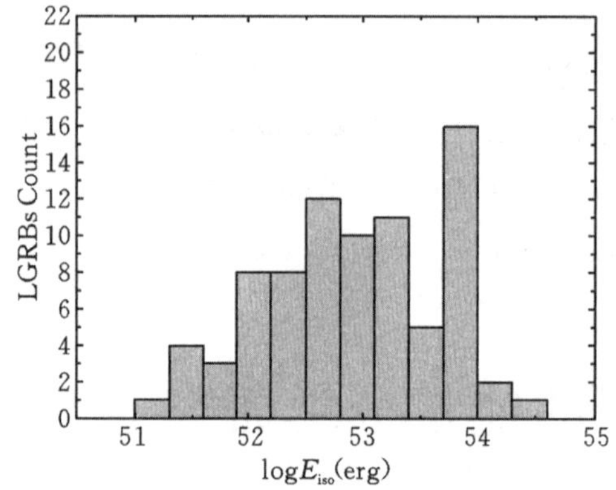

图 2-3-1 E_{iso} 分布直方图

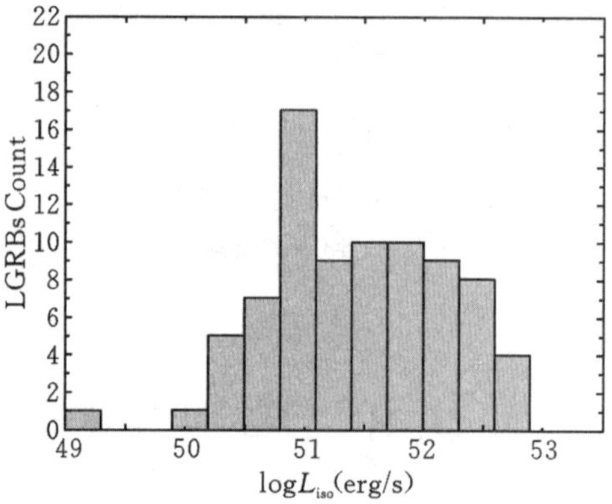

图 2-3-2 L_{iso} 分布直方图

图 2-3-3 显示的是样本中 81 个 Fermi 长暴的 $E_{p,i}$-E_{iso} 散点分布，图中实线表示 Amati 等人(2002)得出的拟合关系：$\frac{E_{p,i}}{keV}=K\times\left(\frac{E_{iso}}{10^{52}\,erg}\right)^{m}$ ($K=95, m=0.5$)，划线是样本中 81 个 Fermi 长暴的拟合结果：$\frac{E_{p,i}}{keV}=85.24\times\left(\frac{E_{iso}}{10^{52}\,erg}\right)^{0.529}$。通过对比可以看出，我们拟合出的 Amati 关系与 Amati 等人(2002;2006)得到的拟合关系非常相似，一般而言，K 在 75～110 之间，m 在 0.4～0.6 之间，这再次说明了 Amati 关系具有稳健性。

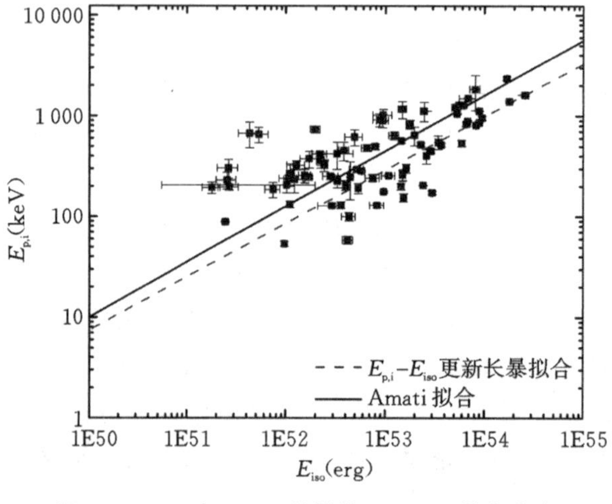

图 2-3-3 81 个 Fermi 长暴的 $E_{p,i}$-E_{iso} 散点分布

注：图中方块散点表示 81 个长暴，实线代表 Amati 等人(2002)得到的拟合关系，划线代表 81 个长暴的最佳拟合线。

图 2-3-4 显示的是 81 个 Fermi 长暴的 $E_{p,i}$-L_{iso} 散点分布，图中实线表示 Yonetoku 等人(2004)得出的拟合关系：$\frac{L_{iso}}{10^{52}\,erg\cdot s^{-1}}=(4.29\pm0.15)\times10^{-5}\left(\frac{E_{p,i}}{keV}\right)^{1.94\pm0.19}$，划线是样本中 81 个 Fermi 长暴的拟合结果：$\frac{L_{iso}}{10^{51}\,erg\cdot s^{-1}}=246.7\times\left(\frac{E_{p,i}}{keV}\right)^{0.466}$。通过对比可以

看出,我们拟合出的 Yonetoku 关系与 Yonetoku 等人(2004)得到的拟合关系有一些差别,这是由于 Yonetoku 等人(2004)仅仅选取了 BATSE 卫星中 9 个已知红移的亮暴的样本,与我们从 Fermi 中选取的 81 个样本的标准不同,所以造成拟合结果不同。

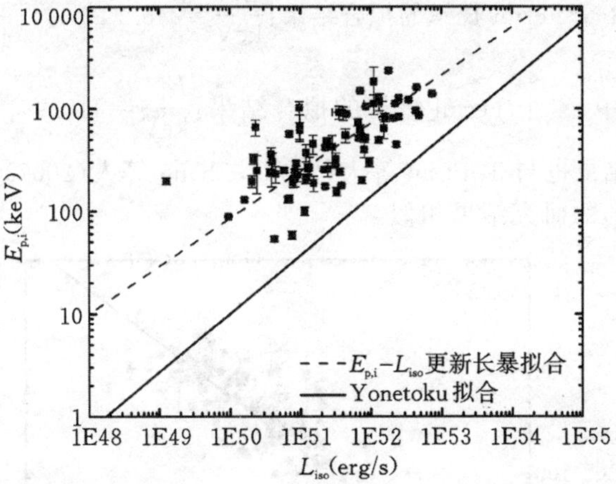

图 2-3-4　81 个 Fermi 长暴的 $E_{p,i}$-L_{iso} 散点分布

注:图中方块散点表示 81 个长暴,实线代表 Yonetoku 等人(2004)得到的拟合关系,划线代表 81 个长暴的最佳拟合线。

图 2-3-5 显示了样本中 81 个 Fermi 长暴和 24 个 Fermi 短暴的 $E_{p,i}$-E_{iso} 散点分布,图中实线是样本中 81 个 Fermi 长暴的拟合结果:$\frac{E_{p,i}}{keV}=85.24^{-12.6}_{+14.7}\times\left(\frac{E_{iso}}{10^{52}\ erg}\right)^{0.529^{-0.042}_{+0.042}}$ ($\chi_r^2=0.816$),划线是样本中 24 个 Fermi 短暴的拟合结果:$\frac{E_{p,i}}{keV}=1\,236^{-184}_{+216}\times\left(\frac{E_{iso}}{10^{52}\ erg}\right)^{0.453^{-0.06}_{+0.06}}$ ($\chi_r^2=0.799$)。通过对比可以看出,我们拟合出的 Ghirlanda 关系与 Ghirlanda 等人(2004)得到的拟合关系非常相似,这个结果也与 T. Piran 等人(2004),Zhang 等人(2007),Zhang & Xie(2007)和 Zhang 等人(2018)的研究结果相似。

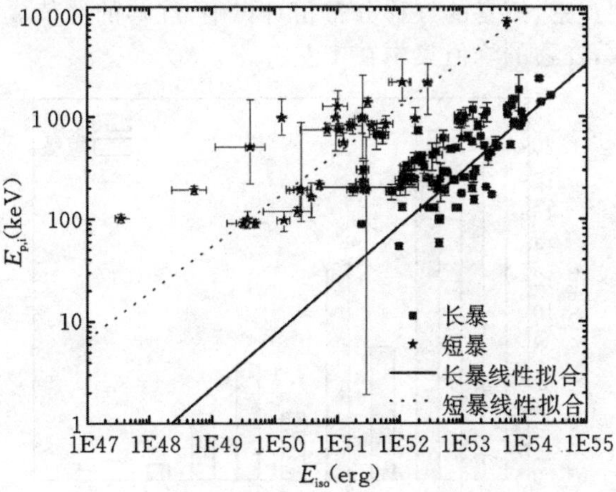

图 2-3-5　81 个 Fermi 长暴和 24 个 Fermi 短暴的 $E_{p,i}$-E_{iso} 散点分布

注:图中方块散点表示 81 个长暴,五角星散点表示 24 个短暴,实线代表 81 个长暴的最佳拟合线,

划线代表 24 个短暴的最佳拟合线。

图 2-3-6 分别显示了样本中 81 个 Fermi 长暴和 24 个 Fermi 短暴的 $E_{p,i}$-L_{iso} 散点分布，图中实线是样本中 81 个 Fermi 长暴的拟合结果：$\frac{E_{p,i}}{keV}=246.7_{+10.9}^{-10.3}\times\left(\frac{L_{iso}}{10^{51}\ erg}\right)^{0.466_{+0.02}^{-0.02}}$（$\chi_r^2=0.927$），划线是样本中 24 个 Fermi 短暴的拟合结果：$\frac{E_{p,i}}{keV}=410.9_{+4.28}^{-4.23}\times\left(\frac{L_{iso}}{10^{51}\ erg}\right)^{0.39_{+0.03}^{-0.03}}$（$\chi_r^2=0.919$）。这个结果也与 T. Piran 等人（2004），Zhang 等人（2007），Zhang & Xie（2007）和 Zhang 等人（2018）的研究结果相似。

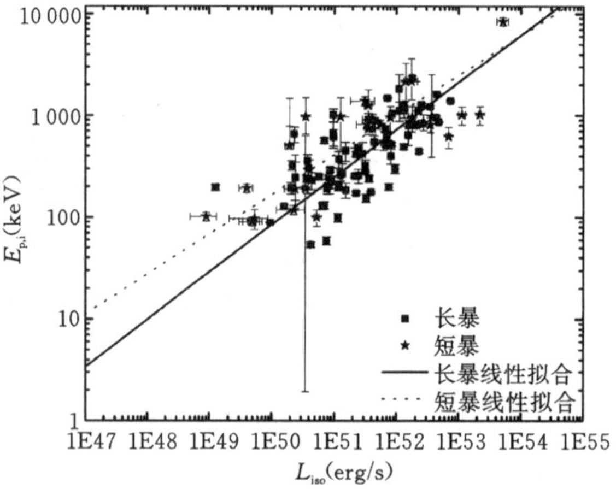

图 2-3-6　81 个 Fermi 长暴和 24 个 Fermi 短暴的 $E_{p,i}$-L_{iso} 散点分布

注：图中方块散点表示 81 个长暴，五角星散点表示 24 个短暴，实线代表 81 个长暴的最佳拟合线，划线代表 24 个短暴的最佳拟合线。

图 2-3-7 分别显示了样本中 81 个 Fermi 长暴和 24 个 Fermi 短暴的红移分布直方图，图中实心框是样本中 81 个长暴的红移分布直方图，空心框是样本中 24 个短暴的红移分布直方图。据图观察，短暴的红移分布相对集中，红移的峰值集中在 0.5 左右；长暴的红移分布相对分散，红移的峰值集中在 1 左右。

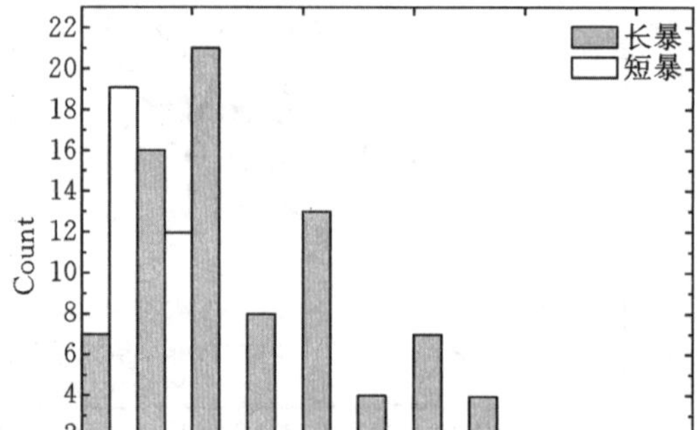

图 2-3-7　81 个 Fermi 长暴和 24 个 Fermi 短暴的红移分布直方图

图 2-3-8 显示了样本中 81 个 Fermi 长暴和 24 个 Fermi 短暴的 Amati 能量比和 Yonetoku 能量比曲线。1 点线代表 24 个短暴的 Amati 能量比 $\zeta_1=\frac{E_p^{\frac{1}{\eta_1}}}{S_{bolo}}=\left(\frac{C_1}{1+z}\right)^{\frac{1}{\eta_1}}\frac{4\pi d_L^2}{(1+z)10^{52}}=A_1(z)$，2 点线代表 24 个短暴的 Yonetoku 能量比 $\zeta_2=\frac{E_p^{\frac{1}{\eta_2}}}{S_{bolo}}=\left(\frac{C_2}{1+z}\right)^{\frac{1}{\eta_2}}\frac{4\pi d_L^2}{(1+z)10^{52}T_{90}}=\frac{A_2(z)}{T_{90}}$，3 点线代表 81 个长暴的 Amati 能量比 $\zeta_3=\frac{E_p^{\frac{1}{\eta_3}}}{S_{bolo}}=\left(\frac{C_3}{1+z}\right)^{\frac{1}{\eta_3}}\frac{4\pi d_L^2}{(1+z)10^{52}}=A_3(z)$，4 点线代表 81 个长暴的 Yonetoku 能量比 $\zeta_4=\frac{E_p^{\frac{1}{\eta_4}}}{S_{bolo}}=\left(\frac{C_4}{1+z}\right)^{\frac{1}{\eta_4}}\frac{4\pi d_L^2}{(1+z)10^{52}T_{90}}=\frac{A_4(z)}{T_{90}}$。据图观察，短暴的能量比 ζ_x 偏高，曲线的最高点下对应的红移偏小；长暴的能量比 ζ_x 偏低，曲线的最高点下对应的红移偏大。红移分布结果与图 2-3-7 相吻合。能量比参数特性似乎与能谱硬度（HR）有着相似的度量标准：长暴的能量比 ζ_x 偏小，谱硬度 HR 偏软；短暴的能量比 ζ_x 偏大，谱硬度 HR 偏硬。这种分布特征在第三章也得到了验证。

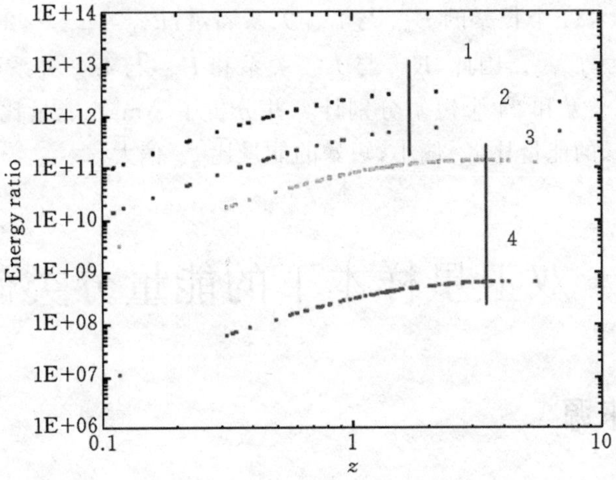

图 2-3-8　81 个 Fermi 长暴和 24 个 Fermi 短暴的能量比曲线

2.3.3　总结与讨论

我们首先考察了 81 个长暴的均值能量 E_{iso} 的分布，可以看到大部分伽玛暴的均值能量 E_{iso} 集中分布在 $10^{52.5}$ erg 左右。我们也考察了 81 个长暴的均值光度 L_{iso} 的分布，可以看到大部分伽玛暴的均值光度 L_{iso} 集中分布在 $10^{51.5}$ erg·s^{-1} 左右。首先，我们对比了 81 个长暴的 $E_{p,i}$ 与 E_{iso} 关系（Amati 关系，$\frac{E_{p,i}}{\text{keV}}=85.24\times\left(\frac{E_{iso}}{10^{52}\text{ erg}}\right)^{0.529}$），通过对比可以看出，我们拟合出的 Amati 关系与 Amati 等人（2002）得到的拟合关系非常相似，这

再次说明了 Amati 关系具有稳健性。我们也重新拟合了 81 个长暴的 $E_{\mathrm{p,i}}$ 与 L_{iso} 关系（Yonetoku 关系，$\frac{L_{\mathrm{iso}}}{10^{51}\ \mathrm{erg}\cdot\mathrm{s}^{-1}}=246.7\times\left(\frac{E_{\mathrm{p,i}}}{\mathrm{keV}}\right)^{0.466}$），通过对比可以看出，我们拟合出的 Yonetoku 关系与 Yonetoku 等人(2004)得到的拟合关系有一些差别，这是由于我们的研究样本与 Yonetoku 等人(2004)选取的样本不同造成的。其次，我们对所有样本数据(81 个长暴＋24 个短暴)分别重新拟合了长暴的 $E_{\mathrm{p,i}}$ 与 E_{iso} 关系（Amati 关系，$\frac{E_{\mathrm{p,i}}}{\mathrm{keV}}=85.24_{+14.7}^{-12.6}\times\left(\frac{E_{\mathrm{iso}}}{10^{52}\ \mathrm{erg}}\right)^{0.529_{+0.042}^{-0.042}}$）和短暴的 $E_{\mathrm{p,i}}$ 与 E_{iso} 关系（Amati 关系，$\frac{E_{\mathrm{p,i}}}{\mathrm{keV}}=1236_{+216}^{-184}\times\left(\frac{E_{\mathrm{iso}}}{10^{52}\ \mathrm{erg}}\right)^{0.453_{+0.06}^{-0.06}}$），以及长暴的 $E_{\mathrm{p,i}}$ 与 L_{iso} 关系（Yonetoku 关系，$\frac{E_{\mathrm{p,i}}}{\mathrm{keV}}=246.7_{+10.9}^{-10.3}\times\left(\frac{L_{\mathrm{iso}}}{10^{51}\ \mathrm{erg}}\right)^{0.466_{+0.02}^{-0.02}}$）和短暴的 $E_{\mathrm{p,i}}$ 与 L_{iso} 关系（Yonetoku 关系，$\frac{E_{\mathrm{p,i}}}{\mathrm{keV}}=410.9_{+4.28}^{-4.23}\times\left(\frac{L_{\mathrm{iso}}}{10^{51}\ \mathrm{erg}}\right)^{0.39_{+0.03}^{-0.03}}$），拟合结果也与 T. Piran 等人(2004)，Zhang 等人(2007)，Zhang & Xie (2007)和 Zhang 等人(2018)的研究结果相似。

结论为，81 个长暴的 $E_{\mathrm{p,i}}$ 与 E_{iso} 关系满足：$E_{\mathrm{p,i}}\propto E_{\mathrm{iso}}^{0.529}$，24 个短暴的 $E_{\mathrm{p,i}}$ 与 E_{iso} 关系满足：$E_{\mathrm{p,i}}\propto E_{\mathrm{iso}}^{0.453}$，81 个长暴的 $E_{\mathrm{p,i}}$ 与 L_{iso} 关系满足：$E_{\mathrm{p,i}}\propto L_{\mathrm{iso}}^{0.466}$，24 个短暴的 $E_{\mathrm{p,i}}$ 与 L_{iso} 关系满足：$E_{\mathrm{p,i}}\propto L_{\mathrm{iso}}^{0.39}$。因此，$E_{\mathrm{p,i}}$ 与 E_{iso} 关系和 $E_{\mathrm{p,i}}$ 与 L_{iso} 关系可以区分长、短暴。最后，我们对 81 个长暴和 24 个短暴分别计算并分析了 Amati 能量比和 Yonetoku 能量比，结果都支持长暴的能量比 ζ_x 偏小，短暴的能量比 ζ_x 偏大。

2.4 双卫星样本下的能量分类研究

2.4.1 样本来源

在 2.3 节中我们对 Fermi/GBM 探测器的样本进行了能量分类研究，但样本量不是很多。下面，我们尝试着扩大样本量，使用双卫星的数据开展研究，以更好地说明能量分类效果。

从 2005 年 2 月至 2015 年 12 月间的 Swift 数据库中，我们收集到了 235 个长暴和 25 个短暴。Swift 样本取自 Swift 数据库(http://butler.lab.asu.edu/index.html)，计算中涉及的参数有：z，$E_{\mathrm{p,i}}$，peak flux，fluence，T_{90}。另外样本中刨除了与超新星成协的长暴，如 GRB 130702A、GRB 140606B，也刨除了延展辐射暴，如 GRB 061210、GRB 140606B，还刨除了 X 射线闪，如 GRB 060428B、GRB 050416A、GRB 060218X 等，以提高研究的准确性。

从 2008 年 8 月至 2015 年 8 月间的 Fermi 数据库中，我们收集了 38 个长暴和 6 个短暴。Fermi 样本取自 Fermi 数据库(http://butler.lab.asu.edu/index.html),计算中涉及的参数有:z,$E_{p,i}$,peak flux,fluence,T_{90}。同样地,我们在样本中刨除了与超新星成协的长暴,刨除了延展辐射暴,还刨除了 X 射线闪。

235 个 Swift 长暴和 38 个 Fermi 长暴,共计 273 个样本,组成我们的长暴研究样本;25 个 Swift 短暴和 6 个 Fermi 短暴,共计 31 个样本,组成我们的短暴研究样本。首先,我们发现幂率或截断幂率法获得的 E_{peak} 与贝叶斯区块法获得的 E_{peak} 具有等价性。我们分别重新拟合了 273 个长暴的 $E_{p,i}$ 与 E_{iso} 关系和 31 个短暴的 $E_{p,i}$ 与 E_{iso} 关系(Amati 关系),还分别重新拟合了 273 个长暴的 $E_{p,i}$ 与 E_{γ} 关系和 31 个短暴的 $E_{p,i}$ 与 E_{γ} 关系(Ghirlanda 关系),同时还分别拟合了 273 个长暴的 $E_{p,i}$ 与 L_{iso} 关系和 31 个短暴的 $E_{p,i}$ 与 L_{iso} 关系(Yonetoku 关系)。其次,我们计算并分析了 273 个长暴与 31 个短暴的红移分布直方图和能量比。最后,我们在 E_{pobs}-S_{bolo} 平面使用 $T_{90}=2s$ 的二分法对 GRB 进行了分类。2.4.2 节介绍了 E_{peak} 等价性的理由,2.4.3 节是研究结果与分析,2.4.4 节是研究的讨论与总结。

图 2-4-1 展示了 Swift 和 Fermi 数据库的数据获取入口。

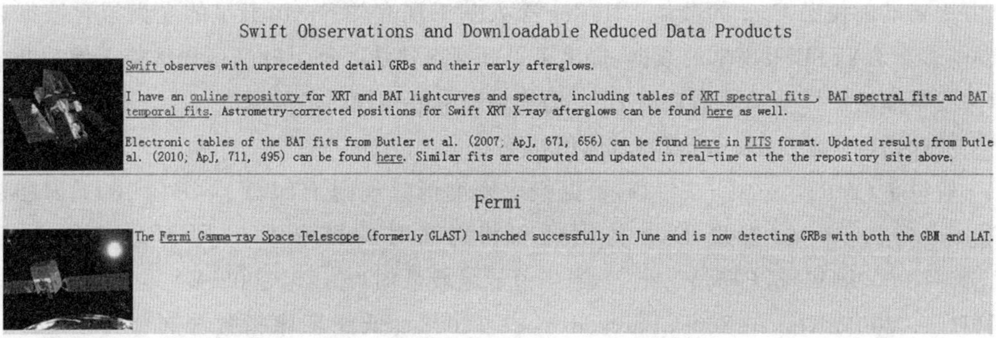

图 2-4-1　Swift 和 Fermi 数据库(取自网站 http://butler.lab.asu.edu/index.html)

2.4.2　E_{peak} 等价性理由

Swift/BAT 望远镜的可观测能段很窄(15keV～150keV),而大多数伽玛暴的平均峰值能量 $E_{peak}\geqslant 200$keV(Preece et al.,1998,2016),这就使得很多 GRB 超出 Swift/BAT 望远镜的 E_{peak} 可探测阈值。一般而言,科学家都采用下面两种方法来预估 E_{peak} 的值:一种方法是幂律法或截断式幂律法(Sakamoto et al.,2008;Sakamoto et al.,2011),另一种方法是贝叶斯区块法(Butler et al.,2007)。下面我们简述这两种方法的基本原理和等价性。

1. 幂律法或截断式幂律法

Sakomoto 等人 2008 年至 2011 年间收集了大量的伽玛暴数据(数据整理在 BAT_1、BAT_2、BAT_3 目录),并最终整理出 E_{peak} 的计算方法(Sakamoto et al.,2008;Sakamoto et al.,2011)。大致分为两种:幂律法(Power Law,简称 PL 模型);截断式幂律法(Cut off Power Law,简称 CPL 模型)。关于 PL 模型拟合函数与 CPL 模型拟合函数可以参看 1.2.1 节。

关于如何计算伽玛暴的 E_{peak} 数值,Sakomoto 做了如下处理。首先,用 PL 模型和 CPL 模型分别对伽玛暴的光谱进行拟合,分别得到 PL 模型和 CPL 模型的拟合卡方值 χ^2_{PL} 与 χ^2_{CPL}。其次,比较拟合卡方差值 $\Delta\chi^2 \equiv \chi^2_{\text{PL}} - \chi^2_{\text{CPL}}$。若 $\Delta\chi^2 > 6$,表明 PL 模型的拟合优度比 CPL 模型的拟合优度差,表明 E_{peak} 在转折点的左右两侧,要选取 CPL 模型拟合 E_{peak} 的数值。若 $\Delta\chi^2 < 6$,表明 PL 模型的拟合优度比 CPL 模型的拟合优度好,表明 E_{peak} 可能存在于初始位置处,要选取 PL 模型进行数据拟合。

2. 贝叶斯区块法

贝叶斯区块法(Bayesian blocks)是 Butler 基于 Swift/BAT 望远镜总结出的 E_{peak} 计算方法(Butler et al.,2007)。幂律法或截断幂律法仅仅适用于观测能段在 15keV～150keV 之间的暴,然而很多暴的能量最高点远远高于 150keV,这就需要采取相应的计算方法来准确找出 E_{peak} 的数值。Butler 等人基于现有的 Swift 卫星的光谱拟合数据和 3 000 多个 BATSE 卫星暴的数据,提出了贝叶斯区块法。但贝叶斯区块法能否像截断幂律法或幂律法那样准确地估算出 E_{peak} 仍然是一个值得探讨的问题。

贝叶斯区块法(Gregory,2005)运用如下:

假设 $P(Y|\theta) \propto \exp(-\chi^2/2)$,根据概率密度函数规则 $P(\theta|Y) \propto P(Y|\theta) \cap P(\theta)$,Kaneko 等人(2006)发现 E_{peak} 特别低和特别高时的概率为 0,即 $E_{\text{pobs}} < 1\text{keV}$ 和 $E_{\text{pobs}} > 10\ 000\text{keV}$ 时,$P(\theta|Y) = 0$ 。当峰值能量较低时($E_{\text{pobs}} < 300\text{keV}$),会出现 X 射线闪(Heise 2001;Kippen 2000;Barraud et al.,2003),低能幂律指数分布概率 $P(\alpha) \propto \exp[-0.5(\alpha - \alpha^2_{pk})/\alpha^2_{\alpha}]$,$\alpha_{pk} = -1.1$,$\alpha_{\alpha} = 0.25$,高能幂律指数分布概率 $P(\beta) \propto \exp(-\beta/\beta_{pk})$,$\beta_{pk} = -2.3$。当峰值能量较高时($E_{\text{pobs}} > 300\text{keV}$),概率密度函数满足:$P([\ln E_{\text{pobs}}]) \propto \exp\left\{-0.5\left[\ln\left(\frac{E_{\text{pobs}}}{300\text{keV}}\right)^2\right]/\sigma^2_{iE_{\text{p}}}\right\}$,$\sigma^2_{iE_{\text{p}}} = 4/5$,假定模型的归一化是等概率的,应用贝叶斯区块法可以拓展到 1keV～10 000keV,具体拓展方式参看 2.2 节。

下面我们以 2011 年的 19 个暴为研究对象,采用抽样法验证贝叶斯区块法和幂律法或截断幂律法计算的等价性。

表 2-1 抽取了 Swift/BAT$_2$ 目录下的 19 个暴,其中 $E^{\text{a}}_{\text{p,i}}$ 是采用幂律法或截断幂律法得出的 E_{p} 数值,$E^{\text{b}}_{\text{p,i}}$ 是采用贝叶斯区块法得出的 E_{p} 数值。为了比较 15keV～150keV 能段下的幂律法或截断幂律法计算的 $E^{\text{a}}_{\text{p,i}}$ 与贝叶斯区块法计算的 $E^{\text{b}}_{\text{p,i}}$ 的相似度,我们采用了直方图和 K-S 检验来做对比研究。图 2-4-2 拟合了 19 个暴下的 $E^{\text{a}}_{\text{p,i}}$ 和 $E^{\text{b}}_{\text{p,i}}$ 的直方图,实心方框表示幂律法或截断幂律法计算的 $E^{\text{a}}_{\text{p,i}}$,斜线方框表示贝叶斯区块法计算的 $E^{\text{b}}_{\text{p,i}}$,经肉眼观察两者的相似度相当高。为了定性比较两者的相似度究竟有多大,图 2-4-3 展示了 K-S 检验程序结果,两者的相似度为 95.629%,因此两者不相似属于小概率事件。

这说明了贝叶斯区块法计算的 E_p 数值与幂律法或截断幂律法计算的 E_p 数值是等价的。所以应用贝叶斯区块法把所有暴都拓展到 1keV～10 000keV 能段是可信的。

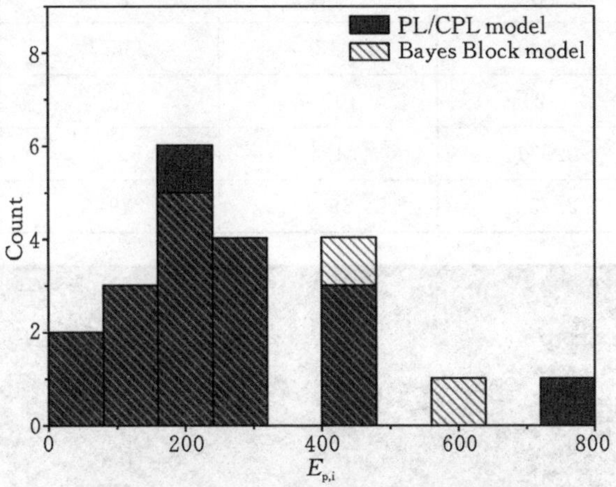

图 2-4-2　$E^a_{p,i}$ 和 $E^b_{p,i}$ 分布直方图

注：实心方框表示使用 PL/CPL 模型计算得到的 $E^a_{p,i}$，斜线方框表示使用贝叶斯区块法计算得到的 $E^b_{p,i}$。

表 2-1　Swift/BAT$_2$ 目录下获取的 19 个样本

1 LGRB	2 z	3 T_{90}	4 $E^a_{p,i}$	5 $E^b_{p,i}$
050416A	0.652 8	2.5	22^{+5}_{-4}	$2475^{+32.13}_{-16.31}$
050525A	0.606	8.8	129^{+6}_{-7}	131^{+136}_{-126}
060115	3.532 8	139.6	297^{-92}_{-111}	306.1^{+501}_{-238}
060206	4.055 9	7.6	410^{-195}_{-179}	422^{+596}_{-341}
060707	3.424	66.2	274^{+66}_{-77}	269.6^{+396}_{-228}
060908	1.883 6	19.3	414^{+399}_{-120}	368.3^{+546}_{-296}
060927	5.463 6	22.5	276^{+97}_{-54}	458.3^{+599}_{-394}
071010B	0.947	35.7	88^{+21}_{-21}	111.6^{+126}_{-100}
071117	1.330 8	6.6	112^{+315}_{-52}	299.3^{+575}_{-215}
080413B	1.101 4	8	163^{+51}_{-46}	145^{+177}_{-128}
080603B	2.689 2	60	277^{+95}_{-111}	260^{+323}_{-215}
080605	1.640 3	20	766^{+1100}_{-243}	587.6^{+1133}_{-128}
080916A	0.688 7	60	200^{+120}_{-51}	181.7^{+260}_{-150}
090205	4.649 7	8.8	214^{+58}_{-87}	188.1^{+364}_{-24}
090423	8.23	10.3	410^{+115}_{-88}	466.6^{+552}_{-414}

续表

1 LGRB	2 zp	3 T_{90}	4 $E^{a}_{p,i}$	5 $E^{b}_{p,i}$
090424	0.544	48	236^{-127}_{-49}	198.2^{+246}_{-164}
090926B	1.24	109.7	175^{+24}_{-20}	175.3^{+195}_{-161}
091018	0.971	4.4	$55^{+6.8}_{-17}$	56.47^{+67}_{-47}
091029	2.752	39.2	229^{+94}_{-59}	211.1^{+257}_{-181}

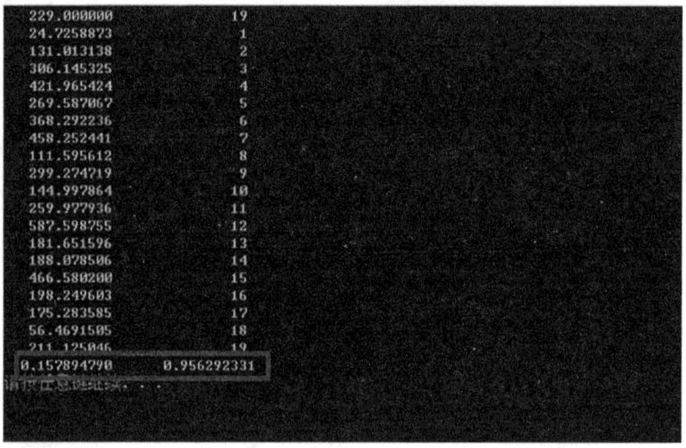

图 2-4-3 $E^{a}_{p,i}$ 和 $E^{b}_{p,i}$ 的 K-S 检验图

2.4.3 结果分析

根据现有的 273 个长暴(235 个 Swift 长暴+38 个 Fermi 长暴)和 31 个短暴(25 个 Swift 短暴+6 个 Fermi 短暴)的数据,我们分别进行了长暴和短暴的 Amati 拟合、Ghirlanda 拟合、Yonetoku 拟合。

图 2-4-4 分别显示了样本中 273 个长暴和 31 个短暴的 $E_{p,i}$-E_{iso} 散点分布,图中实线是样本中 273 个长暴的拟合结果:$\frac{E_{p,i}}{keV}=162.8^{-4.7}_{+4.9}\times\left(\frac{E_{iso}}{10^{52}\ erg}\right)^{0.37\pm0.02}$ $(\chi^2_r=0.86)$,划线是样本中 31 个短暴的拟合结果:$\frac{E_{p,i}}{keV}=883.7^{-3.9}_{+9.9}\times\left(\frac{E_{iso}}{10^{52}\ erg}\right)^{0.36\pm0.01}$ $(\chi^2_r=0.66)$。短暴散点分布较长暴分布相对分散些。长、短暴的幂律指数都接近 0.4,这与 Amati 等人(2006)的结果不同。Amati 等人(2006)根据已知红移的 17 个长暴提出 $\frac{E_{p,i}}{keV}=K\times\left(\frac{E_{iso}}{10^{52}\ erg}\right)^{m}$ 关系,其中 $K=86$,$m=0.58$,7 个短暴偏离了 $\frac{E_{p,i}}{keV}=K\times\left(\frac{E_{iso}}{10^{52}\ erg}\right)^{m}$ 关系。由于我们的研究样本与 Amati 等人(2006)的样本不同,造成拟合的 K 值和 m 值会有一些差别。

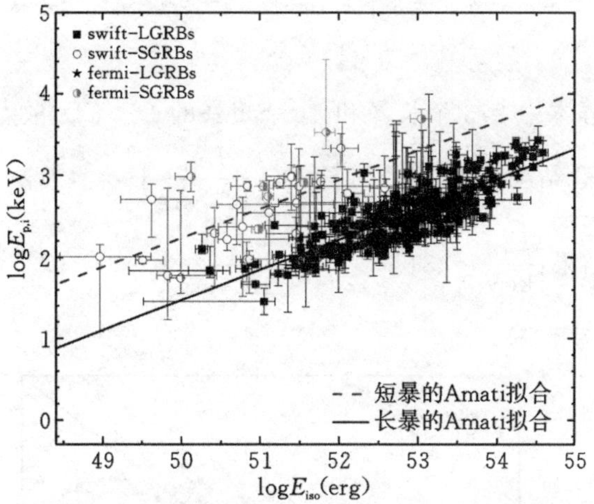

图 2-4-4　273 个长暴和 31 个短暴的 $E_{p,i}$-E_{iso} 散点分布

注：图中实心方块散点表示 235 个 Swift 长暴，实心五角星散点表示 38 个 Fermi 长暴，空心圆散点表示 25 个 Swift 短暴，空心半圆散点表示 6 个 Fermi 短暴。实线代表 273 个长暴的最佳拟合线，划线代表 31 个短暴的最佳拟合线。

图 2-4-5 显示了样本中 273 个长暴和 31 个短暴的 $E_{p,i}$-E_γ 散点分布，图中实线是样本中 273 个长暴的拟合结果：$\frac{E_{p,i}}{keV}=238.4^{-23.5}_{+26.4}\times\left(\frac{E_\gamma}{10^{51}\ erg}\right)^{0.40\pm0.09}$　$(\chi_r^2=0.93)$，划线是样本中 31 个短暴的拟合结果：$\frac{E_{p,i}}{keV}=801.5^{-3.5}_{+3.8}\times\left(\frac{E_\gamma}{10^{51}\ erg}\right)^{0.27\pm0.07}$　$(\chi_r^2=0.59)$。短暴散点分布较长暴相对分散些。一直以来 Ghirlanda 能量关系都很难获得，主要是因为计算真实能量 E_γ 需要喷流张角参与，而很多暴的张角值不可获得。这里，我们收集了大量参考文献，从 304 个已知红移的样本中获取了 71 个暴的喷流张角值，约占所有样本比例的四分之一，这 71 个有喷流张角值的暴满足 $E_{p,i}\propto E_\gamma^{0.26}$。对于剩余的暴，我们根据喷流张角的均值来估算，长暴取 $\theta_{jet}=5°$，短暴取 $\theta_{jet}=10°$。

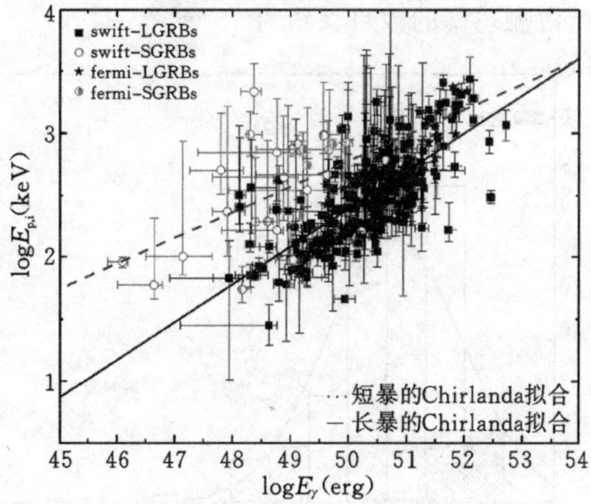

图 2-4-5　273 个长暴和 31 个短暴的 $E_{p,i}$-E_γ 散点分布

注：图中实心方块散点表示 235 个 Swift 长暴，实心五角星散点表示 38 个 Fermi 长暴，空心圆散点

表示 25 个 Swift 短暴，空心半圆散点表示 6 个 Fermi 短暴。实线代表 273 个长暴的最佳拟合线，划线代表 31 个短暴的最佳拟合线。

图 2-4-6 显示了样本中 273 个长暴和 31 个短暴的 L_{iso}-$E_{p,i}$ 散点分布，图中实线是样本中 273 个长暴的拟合结果：$\frac{E_{p,i}}{keV}=77.1_{+4.9}^{-4.7}\times\left(\frac{L_{iso}}{10^{51}\ erg}\right)^{0.52\pm0.03}$ $(\chi_r^2=0.77)$，划线是样本中 31 个短暴的拟合结果：$\frac{E_{p,i}}{keV}=431.7_{+43.8}^{-43.8}\times\left(\frac{L_{iso}}{10^{51}\ erg}\right)^{0.83\pm0.24}$ $(\chi_r^2=0.64)$。短暴的散点分布较长暴相对分散些。

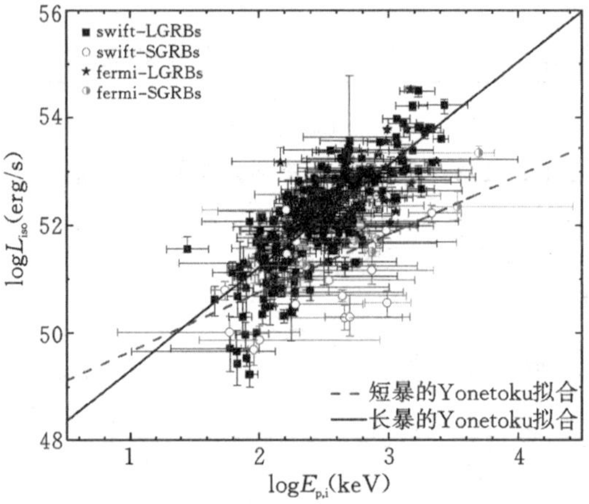

图 2-4-6　273 个长暴和 31 个短暴的 L_{iso}-$E_{p,i}$ 散点分布

注：图中实心方块散点表示 235 个 Swift 长暴，实心五角星散点表示 38 个 Fermi 长暴，空心圆散点表示 25 个 Swift 短暴，空心半圆散点表示 6 个 Fermi 短暴。实线代表 273 个长暴的最佳拟合线，划线代表 31 个短暴的最佳拟合线。

图 2-4-7 为 273 个长暴和 31 个短暴的红移分布直方图，图中长暴的红移均值 $z=1.9$，大致可以分成 11 个条带，所占伽玛暴的数目大约为 140 个。短暴的红移均值 $z=0.6$，大致可以分成 4 个条带，所占伽玛暴的数目大约为 15 个。

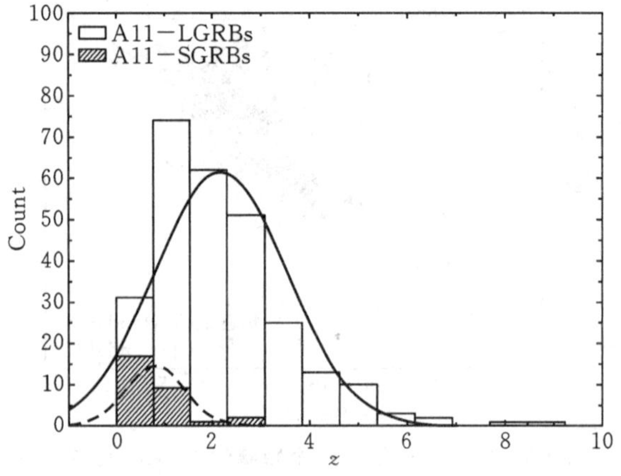

图 2-4-7　273 个长暴和 31 个短暴的红移分布直方图

注：图中空心方框表示长暴的红移分布直方图，斜线方框表示短暴的红移分布直方图，实线代表长暴的最佳拟合线，划线代表短暴的最佳拟合线。

图 2-4-8 为 273 个长暴和 31 个短暴的 z-Energy ratio 拟合图。根据 $\zeta_1=\frac{E_p^{1/\eta_1}}{S_{bolo}}=\left(\frac{C_1}{1+z}\right)^{1/\eta_1}\frac{4\pi d_L^2}{(1+z)10^{52}}=A_1(z)$，得出 Amati 关系下的能量比例演化线。273 个长暴的 Amati 能量比 $\zeta_{1,max}=10^{10.2}$，31 个短暴的 Amati 能量比 $\zeta_{1,max}=10^{14.1}$，长、短暴的峰值能量相差 $\Delta\zeta_{1,max}\approx10^{3.9}\approx7\ 943.3$。$\zeta_2=\frac{E_p^{1/\eta_2}}{S_{bolo}}=f_B\left(\frac{C_2}{1+z}\right)^{1/\eta 2}\frac{4\pi d_L^2}{(1+z)10^{51}}=f_BA_2(z)$，得出 Ghirlanda 关系下的能量比例演化线，273 个长暴的 Ghirlanda 能量比 $\zeta_{2,max}=10^{13}$，31 个短暴的 Ghirlanda 能量比 $\zeta_{2,max}=10^{16.1}$，长、短暴的峰值能量相差 $\Delta\zeta_{2,max}\approx10^{3.1}\approx1\ 258.9$。此外，我们对 273 个长暴在两种能量关系下进行分析，发现长暴的红移均值为 $z=2$，对 31 个短暴在两种能量关系下进行分析，发现短暴的红移均值为 $z=1$，这一结果与图 2-4-7 相对应。

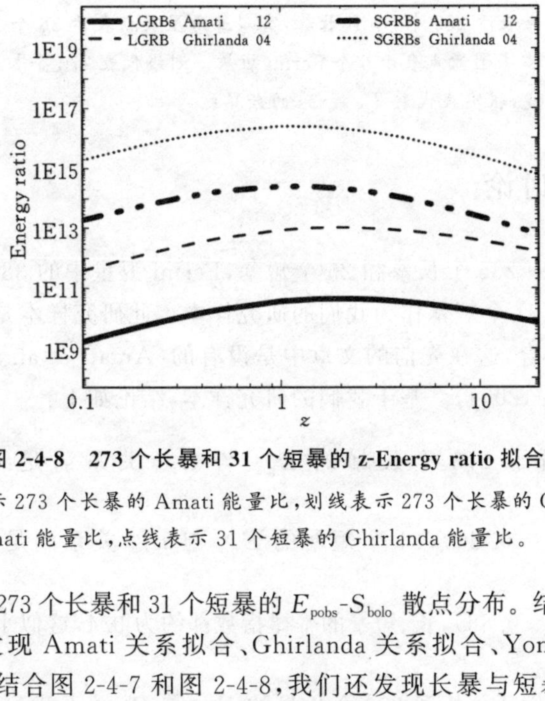

图 2-4-8　273 个长暴和 31 个短暴的 z-Energy ratio 拟合图

注：图中粗实线表示 273 个长暴的 Amati 能量比，划线表示 273 个长暴的 Ghirlanda 能量比，粗点划线表示 31 个短暴的 Amati 能量比，点线表示 31 个短暴的 Ghirlanda 能量比。

图 2-4-9 显示了 273 个长暴和 31 个短暴的 E_{pobs}-S_{bolo} 散点分布。结合图 2-4-4、图 2-4-5、图 2-4-6，我们分析发现 Amati 关系拟合、Ghirlanda 关系拟合、Yonetoku 关系拟合可以用来区分长、短暴。结合图 2-4-7 和图 2-4-8，我们还发现长暴与短暴分别对应着不同的能量比，以及不同的红移均值，这说明红移分布也可以用来区分长、短暴。考虑到 Amati 拟合涉及峰值能量 $E_{p,i}$ 和均值能量 $E_{iso}=\frac{4\pi S_{bolo}d_L^2}{(1+z)}$的计算，而 d_L^2 和 z 都是红移相关量，只有 S_{bolo} 是红移无关量。为了去除红移的选择效应，我们在 $\log E_{pobs}$-$\log S_{bolo}$ 平面也开展了相应研究，了解去除红移选择效应下的 Amati 关系再分类。图 2-4-9 展示了 273 个长暴和 31 个短暴的 $\log S_{bolo}$-$\log E_{pobs}$ 散点分布，据图观察，长、短暴没有交叠在一起，而是分布在各自区域内，长暴分布在左上方区域，短暴分布在右下方区域，因此不仅可以从时标

($T_{90}=2s$)上对长、短暴进行分类，还能从能量关系角度(去除红移选择效应后)区分长、短暴。

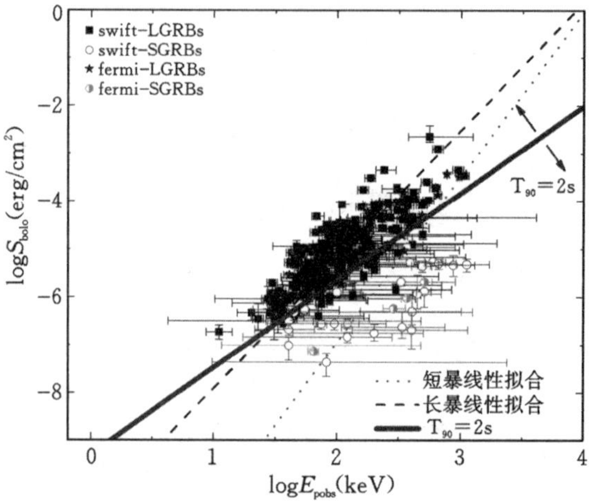

图 2-4-9 273 个长暴和 31 个短暴的 $S_{bolo}-E_{pobs}$ 散点分布

注：图中实心方块散点表示 235 个 Swift 长暴，实心五角星散点表示 38 个 Fermi 长暴，空心圆散点表示 25 个 Swift 短暴，空心半圆散点表示 6 个 Fermi 短暴。划线代表 273 个长暴的最佳拟合线，点线代表 31 个短暴的最佳拟合线，粗实线代表 $T_{90}=2s$ 的分界线。

2.4.4 总结与讨论

基于 Swift 卫星中 235 个长暴和 25 个短暴，Fermi 卫星中的 38 个长暴和 6 个短暴，组成了 273 个长暴和 31 个短暴作为我们的研究样本。此研究样本是 2017 年前研究伽玛暴能量关系的最大集合，这在先前的文章中是没有的(Amati et al.，2002；Amati et al.，2006；Ghirlanda et al.，2004)。基于我们的研究样本，结论如下：

首先，我们分析了 273 个长暴的 $E_{p,i}$ 与 E_{iso} 关系满足：$\frac{E_{p,i}}{keV}=162.8^{-4.7}_{+4.9}\times\left(\frac{E_{iso}}{10^{52}\ erg}\right)^{0.37\pm0.02}$ ($\chi_r^2=0.86$)，31 个短暴的 $E_{p,i}$ 与 E_{iso} 关系满足：$\frac{E_{p,i}}{keV}=883.7^{-3.9}_{+9.9}\times\left(\frac{E_{iso}}{10^{52}\ erg}\right)^{0.36\pm0.01}$ ($\chi_r^2=0.66$)，长、短暴的幂律指数都约为 0.4，这似乎说明着长、短暴有着相同的物理起源。我们还分析了 273 个长暴的 $E_{p,i}$ 与 E_γ 关系满足：$\frac{E_{p,i}}{keV}=238.4^{-23.5}_{+26.4}\times\left(\frac{E_\gamma}{10^{51}\ erg}\right)^{0.40\pm0.09}$ ($\chi_r^2=0.93$)，31 个短暴的 $E_{p,i}$ 与 E_γ 关系满足：$\frac{E_{p,i}}{keV}=801.5^{-3.5}_{+3.8}\times\left(\frac{E_\gamma}{10^{51}\ erg}\right)^{0.27\pm0.07}$ ($\chi_r^2=0.59$)。长、短暴的幂律指数分别为 0.4、0.3，说明长、短暴不是同一类。我们还分析了 273 个长暴的 $E_{p,i}$ 与 L_{iso} 关系满足：$\frac{E_{p,i}}{keV}=77.1^{-4.7}_{+4.9}\times$

$\left(\frac{L_{iso}}{10^{51}\ \mathrm{erg}}\right)^{0.52\pm0.03}$ $(\chi_r^2=0.77)$，31 个短暴的 $E_{p,i}$ 与 L_{iso} 关系满足：$\frac{E_{p,i}}{\mathrm{keV}}=431.7_{+43.8}^{-43.8}\times\left(\frac{L_{iso}}{10^{51}\ \mathrm{erg}}\right)^{0.83\pm0.24}$ $(\chi_r^2=0.64)$。长、短暴的幂律指数分别为 0.52、0.83，这说明长、短暴有着不同的物理起源。

其次，我们得出了 273 个长暴和 31 个短暴有着不同的能量关系比和不同的红移分布。长暴的能量值偏低，红移值偏大；短暴的能量值偏高，红移值偏小。长、短暴的分类似乎与红移是相关的。

最后，我们重点探讨了消除了红移选择效应后的 Amati 能量分类。结合 S_{bolo}-E_{pobs} 散点分布，我们发现，不仅可以从时标（$T_{90}=2$s）上对长、短暴分类，还能从能量关系角度对长、短暴分类。

第三章 伽玛射线暴的时标、光谱分类研究

本章主要从时标、光谱参数上开展伽玛暴的分类研究工作，具体划分为三个不同的研究方向。方向 1 开展了一维（T_{90}）伽玛暴的分类研究，方向 2 开展了二维（T_{90}-HR）伽玛暴的分布和分类研究，方向 3 开展了二维（T_{90}-HR）伽玛暴的最优分布和基于最优分布的分类研究。三个方向都以逐渐递进的方式研究伽玛暴的分类和分布情况，进而对伽玛暴的分布和分类进行精确的分析。

理论上，$T_{90}>2$s 被认为是长暴，起源于大质量的恒星坍缩模型；$T_{90}<2$s 被认为是短暴，起源于双致密星的合并模型。

研究方向 1，我们考察了一维（T_{90}）伽玛暴的分类情况，涉及 1991 年至 2000 年间的 1 954 个 BATSE 数据集、2004 年 9 月 20 日至 2024 年 2 月 18 日间的 1 512 个 Swift 数据集、2008 年 9 月至 2024 年 2 月间的 2 037 个 Fermi 数据集，并对单变量（T_{90}）是否大于或小于 2s 进行详细分类。分类中采用了高斯混合模型来拟合 T_{90} 分布，采用了 AIC/BIC 模型评价标准评价几个高斯最优拟合。最终分析得出了 BATSE 和 Fermi 数据集都支持二类最优，Swift 数据集支持二类或三类最优。考虑到延展辐射类暴对伽玛暴分类的影响，我们分别去除了 3 颗卫星的延展辐射暴样本，发现 3 颗卫星都支持将伽玛暴分成三类。对于任何未知变量，当限制未知变量的自由度越多，未知变量的求解准确性就越高，而单变量（T_{90}）的分类标准就没有多变量的分类标准严谨。伽玛暴除了 $T_{90}>2$s 的分类指标外，还存在另一个重要的分类指标，即硬度比（HR）。普遍意义上的长暴 $T_{90}>2$s，HR 值偏小；短暴 $T_{90}<2$s，HR 值偏大。

研究方向 2，我们探讨了二维（T_{90}-HR）伽玛暴的分布和分类情况。根据上述 1 954 个 BATSE 数据集、2 037 个 Fermi 数据集和 1 512 个 Swift 数据集进行双变量（T_{90}-HR）的统计分布和分类研究。这里，我们对每颗卫星的数据集分别采用正态分布（Normal，简称 N）、偏态分布（Skew-Normal，简称 SN）、学生分布（Student，简称 T）、偏态学生分布（Skew-Student，简称 ST）进行拟合，对每一种分布采用 1～5 个模型去分析，并使用 AIC/BIC 模型评价标准去评价哪一个模型最优。最终得出 BATSE、Swift、Fermi 数据集都支持分成三类，并且有着相似的对称分布。

研究方向 3，讨论了二维（T_{90}-HR）伽玛暴的最优分布和基于最优分布的分类情况。根据上述 1 954 个 BATSE 数据集、1 365 个 Swift 数据集、2 310 个 Fermi 数据集进行双变量（T_{90}-HR）的统计分布和分类研究。同样地，我们对每颗卫星的数据集分别采用正态分布（N）、偏态分布（SN）、学生分布（T）、偏态学生分布（ST）进行拟合，对于每一种分布分别采用 1～5 个模型去分析，并使用 AIC/BIC 模型评价标准去评价哪一个模型最优，对这个过程重复一万次，以找出最优的分布和分类。研究发现，BATSE 数据集 10 000 次

重采样下的最优分布是 T 分布，Swift 数据集 10 000 次重采样下的最优分布是 N 分布，Fermi 数据集 10 000 次重采样下的最优分布是 N 分布。基于 BATSE 数据集最优 T 分布下分别模拟 1～5 个类，并使用 BIC 评价最优的类，最终 BATSE 数据集支持 2T。基于 Swift 数据集最优 N 分布下分别模拟 1～5 个类，并使用 BIC 评价最优的类，最终 Swift 数据集支持 2N。基于 Fermi 数据集最优 N 分布下分别模拟 1～5 个类，并使用 BIC 评价最优的类，最终 Fermi 数据集支持 2N。

3.1　理论基础

伽玛射线暴是宇宙中最有活力的天文爆炸现象，单个伽玛暴爆发释放的能量可达 10^{51}erg ～10^{54}erg。其中，T_{90} 和 HR 是衡量伽玛暴观测特性上的重要指标。持续时间 T_{90} 定义为：观测某一个暴在爆发过程中喷射流量从 5% 累积到 95% 所需要的时间(Mazets et al.，1981；Kouveliotou et al.，1993；Koshut et al.，1995)。硬度比 HR 定义为：不同能段的流量之比。$T_{90}<2$s 的叫短暴，短暴被认为起源于双中子星合并(Eichler et al.，1989；Nakar 2007；Tanvir et al.，2013；Abbott et al.，2017；Goldstein et al.，2017；Paczyński 1991；Narayan et al.，1992)，或中子星与黑洞的合并(Nakar 2007；Zhang et al.，2009)，或短暴 GRB 130603B 与千新星相关联(Tanvir et al.，2013)，短暴 GRB 170817 与引力波相关联(Abbott et al.，2017；Goldstein et al.，2017)。这些发现进一步促进了对短暴前身星本质以及短暴与高密度物质合并相关联的探索。至于短暴和超新星之间的关联一直还没有明确的证据(Zhang et al.，2009；Ruffini et al.，2016)。$T_{90}>2$s 的叫长暴，长暴被认为是与大质量的恒星坍缩相关联(Woosley 1993；Paczyński 1998；Bloom et al.，1999；MacFadyen & Woosley 1999；Woosley & Bloom 2006；Zhang & Choi 2008)，或与超新星 Ib/c 有关(Filippenko 1997)，例如，狼夫座与蓝超巨星有关(Galama et al.，1998；Hjorth et al.，2003；Stanek et al.，2003；Woosley & Bloom 2006；Perna et al.，2018)。

1990 年以来，康普顿伽玛射线卫星 BATSE 望远镜获得了许多伽玛暴数据(CGRO：Meegan et al.，1992；Zhang & Mészáros 2004；Nakar 2007；Gehrels，Ramirez-Ruiz & Fox 2009；Zhang 2011；Berger 2014；Paciesas et al.，1999)。很多天文学家利用这些数据开始研究伽玛暴的双峰结构，例如，Kouveliotou 等人(1993)利用 BATSE 1B 望远镜的数据样本，对长、短暴的 T_{90} 参数进行了分类 (McBreen et al.，1994)，结果发现 $\log T_{90}$ 分布中出现了可观的双峰结构，这就是我们所称的长暴和短暴。这两类暴被认为有着不同的物理起源。Zhang 等人(2016)对 BATSE 卫星样本在观测者坐标系和静止坐标系下开展了 2N 模拟，并得到很好的结果(Zitouni et al.，2015；Zhang et al.，2016；Horváth 2002；Kulkarni & Desai 2017)。很多天文学家也分析了 Fermi/GBM 望远镜的 T_{90} 数据(GBM，von，Kienlin et al.，2014；Bystricky，Mészáros & Řípa，2012；Zhang et al.，2016；Kulkarni & Desai，2017)，认为 2N 拟合较好。Yonetoku 等人(2010)和 Tsutsui 等人(2013)利用 Fermi 卫星的 $E_{p,i}$-L_{iso} 关系得到伪红移的数据样本，同样认为 2N 拟合很好。

Zhang & Choi 等人(2008)研究了 95 个已知红移的 Swift 卫星观测到的暴,发现固有持续时间 T_{90} 一直展示出双峰结构,长暴和短暴有着不同的硬度比、寄主星系等。此外,短暴相对于长暴有着相对对称的脉冲,偏轴的中心引擎也较多(Zhang & Xie,2007;Zhang et al.,2007;Berger,2014),长暴和短暴有着几乎一致的峰值光度和峰值能量关系。

伽玛暴的持续时间 T_{90} 分布也不总是双峰结构,有时还会出现三峰结构,有一小部分暴可能既不来源于大质量的恒星坍缩,也不来源于中子星的合并,它可能有其他的产生机制,这一小部分暴就是我们所称的第三类暴(Huang et al.,2003;Xu et al.,2022)。Horváth(1998)研究了 797 个 BATSE 卫星暴,又研究了 1 929 个 BATSE 卫星暴,他发现伽玛暴似乎存在第三类,并且从置信度来看,拒绝这一事件的概率小于等于 0.5%。Horváth 等人(2008)利用 Swift/BAT 卫星,Tarnopolski(2015a,2015b)利用 Fermi/GBM 卫星,都发现了相似的三峰结构。考虑到各台望远镜之间的相互独立,Horváth(1998)和 Tarnopolski(2015a,2015b)利用 χ^2 拟合和最大似然算法估算并评估了几类最优拟合,结果表明 T_{90} 分布用 3N 拟合比用 2N 拟合的结果要好。Zitouni 等人(2015)分析了 248 个已知红移的 Swift/BAT 暴,并证明统计检测更偏向于三类而不是二类。其他研究者也同样发现 Swift/BAT 暴的 $\log T_{90}$ 分布存在三峰结构(Horváth et al.,2008,2010;Zhang & Choi 2008;Zitouni et al.,2015;Zhang et al.,2016)。Zhang 等人(2016)利用 Swift 卫星有着已知红移的最大数据集样本(Gehrels et al.,2004;Butler et al.,2007;Jespersen et al.,2020)在观测者坐标系和静止坐标系拟合,最终得到 2N 和 3N 能够很好地满足要求(Tarnopolski 2016b;Zhang et al.,2016;Kulkarni & Desai 2017)。虽然第三类暴存在的物理背景还不是很清晰,但很多研究者都证明了第三类暴存在的可能性。

McBreen 等人(1994)、Koshut 等人(1996)和 Kouveliotou 等人(1996)采用 N 分布对持续时间 $\log T_{90}$ 进行拟合,后来其他研究者也一直按照 N 分布拟合,但使用 N 分布去拟合 $\log T_{90}$ 参数合不合适仍是一个有待讨论的问题。Horváth(1998)对 BATSE 望远镜下伽玛暴的 $\log T_{90}$ 数据进行拟合,发现存在三峰结构,即长暴和短暴之间有中间类,但随着 BATSE 数据的不断增多,中间类混进了长暴的边缘(Horváth,2002;Tarnopolski,2015c),这似乎表明伽玛暴可用 2SN 而非 3N 拟合。造成三峰结构的可能原因是存在第三类暴,如极端长暴、延展辐射暴、低光度的长暴、长暴中表现出短暴特质的暴、短暴中表现出长暴特质的暴,或者是样本本身的 $\log T_{90}$ 分布就是偏态分布,2SN 可以很好地分开,但如果非要用 N 分布去拟合,最后可能就分成了三类。

伽玛暴的分布不一定就是对称分布(N 或者 T),还有可能是偏态分布(SN、ST)。偏态分布就是通过对混合的多余正态成分进行偏斜分布建模,最终确定类的数量。与提出一个新的物理机制相比,通过增加额外的参数来建模显得容易得多。Koen & Bere 等人(2012)和 Tarnopolski(2015c)使用偏态分布对持续时间 $\log T_{90}$ 进行拟合,发现 2SN 要比 3N 好得多,这在一定意义上说明第三类是不必要的(Tarnopolski 2016b)。随后,Tarnopolski(2016b,2016c)和 Kwong & Nadarajah (2018)开始利用偏态分布检测 BATSE、Swift、Fermi 数据集,相关检测结果表明可能存在第三类暴是错误的分布造成的,伽玛暴的持续时间分布可能是固有偏斜的、不对称的,而不是对称的。同样,Tarnopolski

(2015a;2016b;2016c;2019a)发现伽玛暴使用2SN分布拟合要比3N分布拟合效果更好(Tarnopolski,2015a,2019a;Tarnopolski,2016b,2016c;Kwong & Nadarajah,2018)。

双变量的分析似乎比单变量的分析更具有准确性。前面提到衡量伽玛暴的第二个重要观测指标是硬度比(HR),它也是探讨伽玛暴分类的关键元素。Řípa(2012)和Zhang等人(2016)利用RHESSI数据集在$\log T_{90}$-$\log HR$平面上研究伽玛暴的最优分类个数,双变量的分析结果支持二类最优。Tarnopolski(2019a,2019b)在$\log T_{90}$-$\log HR$平面上采用四种分布(N分布、SN分布、T分布、ST分布)去拟合,最终BATSE探测器和Fermi探测器支持2SN。3.4节我们将采用了CGRO/BATSE卫星、Swift/BAT卫星、Fermi/GBM卫星的数据样本,探讨伽玛暴在$\log T_{90}$-$\log HR$平面上的最优的分布和最优分布下的分类情况。

伽玛暴的分类维度不能仅局限于一维和二维,还可以拓展到三维或者更高的维度空间。例如Mukherjee等人(1998)利用T_{90}、H_{321}、H_{32}对797个BATSE 3B暴进行分类,分类结果支持三类。Balastegui等人(2001)基于神经网络对BATSE 3B暴进行分类,结果同样支持三类。但Hakkila等人(2000,2003)和Rajaniemi & Mähönen(2002)认为这个第三类是设备的选择效应而非物理本质,无监督的分类方法会受技术、样本、使用属性和系统偏见等的影响。Chattopadhyay等人(2007)和Veres等人(2010)利用不同的分类方法(K-means方法;多维正态分布的假定)再次对BATSE 3B暴进行分类,结果仍然支持三类。Řípa(2012)采用三参数T_{90}、H、peak-count rates进行分类,最终仍然支持三类。Chattopadhyay & Maitra (2017)对BATSE卫星数据集采用六维参数进行分类,最终支持分成五类。Acuner & Ryde(2018)利用Fermi卫星数据集采用多维参数进行分类,同样支持分成五类。

3.2　数据处理

3.2.1　高斯混合模型

高斯模型就是用高斯分布的概率密度函数来定量描述某一事物特征的具体分布方法。由于它过于简单,因此很少应用于伽玛暴的分类研究。但如果某些暴的样本大于二类及以上,就要采用高斯混合模型开展研究了。

高斯混合模型(Gaussian Mixture Model,GMM)是一种参数概率密度函数,是高斯模型的延伸,就是把两个及两个以上的高斯分布概率密度函数进行拟合,形成混合的高斯混合模型。Python机器学习压缩包SCIKIT-LEARN(Pedregosa et al.,2011)含有高斯混合模型算法,可以根据研究需要进行相应改写。高斯混合模型可以用来分析T_{90}的分布情况,能有效避免bin的宽度影响常规直方图的分析。这里,我们简要叙述高斯混合模型的数据处理原理。

假定某一高斯混合模型由k个高斯成分组成,每个高斯成分表示为C_i($i=1,2,3\cdots$

k)，每一个高斯成分的均值表示为 μ_i，斜方差矩阵表示为 $\sum_i$，某一高斯成分的给定数据 x 的概率密度函数 $p(x)$ 可表示为：

$$p(x)=\sum_{i=1}^{k}w_iN\left(x\mid\mu_i,\sum\nolimits_i\right) \tag{3-1}$$

整个数据集设定为 $X=X_j(j=1,2,\cdots N)$，则高斯混合模型的概率密度函数可表示为：

$$P\left(X\mid w,\mu,\sum\right)=\sum_{j=1}^{N}\left(\sum_{i=1}^{k}w_iN(X_j)\right) \tag{3-2}$$

这里，w_i 代表每个成分 C_i 的权重，$\sum_i$ 代表第 i 个成分的协方差矩阵，并且 w_i 满足 $\sum\limits_{i=1}^{k}w_i=1$，每个成分 C_i 的分布满足：

$$N\left(x\mid\mu_i,\sum\nolimits_i\right)=\frac{1}{2\pi}\frac{1}{\sqrt{\left|\sum_i\right|}}\exp\left\{-\frac{1}{2}(x-\mu_i)^T\sum\nolimits_i^{-1}(x-\mu_i)\right\} \tag{3-3}$$

高斯混合模型使用EM算法决定参数。迭代次数从E步骤到M步骤，假定经第 i 次迭代后，参数满足 $\theta_i=\{w_i(t),\mu_i(t),\Sigma_i(t),(i=1,2,\cdots,k)\}$。

整个过程描述如下：

(ⅰ)设定初值 $\theta_{\text{init}},k,\mu,\Sigma$。k-means算法 μ 是归一化的，w 是所有成分的 $\frac{1}{k}$。

(ⅱ)使用当前参数和每个高斯分量 C_i 的“责任度”计算对数似然函数的期望值(步骤E)。

$$\tau_{ij}(t)=p(C_i\mid x_j,\theta_i)=\frac{p(x_j\mid C_i,\theta_i)p(C_i\mid\theta_i)}{p(x_j\mid\theta_i)}$$

这里，$p(C_i\mid\theta_i)=w_i$，$p(x_j\mid\theta_i)=\sum\limits_{i=1}^{k}p(x_j\mid C_i,\mu_i(t),\sum_i(t)w(t)$。

(ⅲ)更新上述参数直到最大步骤M步。

$$w_i(t+1)=\frac{1}{N}\sum_{j=1}^{N}p(C_i\mid x_j,\theta_j)$$

$$\mu_i(t+1)=\frac{\sum\limits_{j=1}^{N}p(C_i\mid x_j,\theta_i)x_j}{\sum\limits_{j=1}^{N}p(C_i\mid x_j,\theta_i)}=\frac{1}{Nw_i(t+1)}\sum_{j=1}^{N}\tau_{ij}(t)x_j$$

$$\sum\nolimits_i(t+1)=\frac{\sum\limits_{j=1}^{N}p(C_i\mid x_j,\theta_j)\left[x_j-\mu_i(t+1)\right]\left[x_j-\mu_i(t+1)\right]^T}{\sum\limits_{j=1}^{N}p(C_i\mid x_j,\theta_j)}$$

$$=\frac{\sum\limits_{j=1}^{N}\tau_{ij}(t)\left[x_j-\mu_i(t+1)\right]\left[x_j-\mu_i(t+1)\right]^T}{Nw_i(t+1)}$$

(ⅳ)重复步骤E和M直到似然函数 $\log P\left(X\mid w,\mu,\sum\right)$ 不再改变。当重复多次后

如果似然函数不再反生变化，则参数是最优的。

3.2.2 最大对数似然拟合

假定一个给定的概率密度分布函数(PDF)表达式 $f=f(x;\theta)$，这里 $\theta=\{\theta_i\}_{i=1}^{p}$ 是 p 参数集合，似然函数定义为：

$$L_p(\theta)=\sum_{i=1}^{N}\ln f(x_i;\theta) \tag{3-4}$$

这里$\{x_i\}_{i=1}^{N}$ 表示样本的数据点，$\theta=\{\theta_i\}_{i=1}^{p}$ 表示一系列的参数分布(Tarnopolski，2019b)。最大似然算法(ML)就是通过搜寻一套参数 $\hat{\theta}$ 进行分布拟合，直至似然函数达到最大值 $L_{p,\max}\equiv L_p(\hat{\theta})$(Bhattacharyya et al.，2022；Chromey & Veritas Collaboration，2022)。当参数 p 增加时，似然函数随之达到最大值，这时最接近的模型随之出现。

3.2.3 模型评价标准

伽玛暴的分类研究中可以采用对称分布模型或者偏态分布模型对单变量 $\log T_{90}$ 或双变量 $\log T_{90}$-$\log HR$ 进行拟合，但分类结果却不相同，有的分成二类，有的分成三类，还有的分成四类……究竟分成几类最优，需要有一个统一的评价标准。AIC 和 BIC 模型(Schwarz，1978)可以用来准确判断每颗卫星的最优拟合分类数量(Tarnopolski，2016b)。

模型评价标准包括 Akaike IC(AIC)和 Bayesian IC(BIC)，两者都可以用来衡量最接近的模型(Schwarz，1978；Liddle，2007；Tarnopolski，2016a，2016b)。

模型评价标准定义为：

$$\mathrm{AIC}=2p-2L_{p,\max} \tag{3-5}$$

$$\mathrm{BIC}=p\ln N-2L_{p,\max} \tag{3-6}$$

一个好的模型总是取 AIC 和 BIC 的最小值。信息标准 IC 由两部分组成：第一，测量模型的复杂度(自由参数的个数)；第二，衡量拟合的好坏程度(过于精细还是过于粗糙)。方程 AIC 惩罚项引入了过多的参数，而最优模型利用的参数越少越好。BIC 的惩罚项比 AIC 更大，$p\ln N>2p(N\geqslant 8)$，当拟合大样本数据时 BIC 更加精准。

评估拟合程度好坏的是差值。以 AIC 为例，AIC 模型判断标准是：选择最小的 $\mathrm{AIC_{min}}$ 数值作为最优的拟合模型估计。对于其他模型的候选体，AIC 差值被用来叙述反对最优拟合模型的程度。$\Delta_i=\mathrm{AIC}-\mathrm{AIC_{min}}$，这里 i 指第 i 个模型，$\Delta_i<2$ 表示非常强烈支持第 i 个模型，$2<\Delta_i<4$ 表示强烈支持第 i 个模型，$4<\Delta_i<10$ 表示不支持第 i 个模型，$\Delta_i>10$ 表示非常不支持第 i 个模型。

以 BIC 为例，BIC 模型判断标准是：选择最小的 $\mathrm{BIC_{min}}$ 数值作为最优的拟合模型估计。对于其他模型的候选体，BIC 差值被用来叙述反对最优拟合模型的程度。$\Delta_i=\mathrm{BIC}-\mathrm{BIC_{min}}$，这里 i 指的是第 i 个模型，$\Delta_i<2$ 表示非常强烈支持第 i 个模型，$2<\Delta_i<6$ 表示强烈支持第 i 个模型，$6<\Delta_i<10$ 表示不支持第 i 个模型，$\Delta_i>10$ 表示非常不支持第 i 个模型。

AIC 和 BIC 属于两种信息评价标准，AIC 尝试去寻找一个模型以最充分地描述真实数据，BIC 是在众多模型中寻找最优模型。由于 BIC 更精确，它表现为欠拟合，而 AIC 表现为过拟合。

3.2.4 分布

这里主要介绍四种分布：正态分布/高斯分布(Normal/Gaosi，简称 N/G)、偏态分布(Skew Normal，简称 SN)、学生分布(Student，简称 T)、偏态学生分布(Skew Student，简称 ST)。

混合 n 个成分的，每个成分的概率密度函数 $f_i(x;\theta^{(i)})$ 为：

$$f(x;\theta)=\sum_{i=1}^{n}A_i f_i(x;\theta^{(i)}) \tag{3-7}$$

这里权重满足 $\sum_{i=1}^{n}A_i=1$ 和 $\theta=\bigcup_{i=1}^{n}\theta^{(i)}$。

多变量的 k 维度正态分布(N)的概率密度函数为：

$$f_k^{(\mathrm{N})}(x,\mu,\Sigma)=\frac{1}{\sqrt{(2\pi)^k\,|\Sigma|}}\exp\left[-\frac{1}{2}(x-\mu)^T\Sigma^{-1}(x-\mu)\right] \tag{3-8}$$

μ 是分布的均值，Σ 是斜方差矩阵，$|\Sigma|=\det\Sigma$。对于双变量情况 $k=2$，Σ 表示为：

$$\Sigma=\begin{pmatrix}\sigma_x^2 & \rho\sigma_x\sigma_y\\ \rho\sigma_x\sigma_y & \sigma_y^2\end{pmatrix}$$

对 n 个成分的高斯混合模型，自由参数 $p=6n-1$。

多变量的 k 维度偏态分布(SN)的概率密度函数为：

$$f_k^{(\mathrm{SN})}(x,\mu,\Sigma,\lambda)=2f_k^{(\mathrm{N})}(x,\mu,\Sigma)\Phi(\lambda^T\Sigma^{-\frac{1}{2}}(x-\mu)) \tag{3-9}$$

这里 Φ 表示单变量的标准正态分布的 CDF，λ 指偏态参数矢量。当 $\lambda=0$ 时方程(3-9)变成方程(3-8)。偏态分布的均值 $m=\mu+\sqrt{\frac{2}{\pi}}\frac{\Sigma\lambda}{\sqrt{1+\lambda^T\Sigma\lambda}}$，斜方差矩阵为：

$$\Sigma-(m-\mu)(m-\mu)^T$$

偏态的 $\lambda\neq 0$，对 n 个成分的偏态混合模型，自由参数 $p=8n-1$。

多维度的自由度为 ν 的学生分布(T)定义为：

$$f_k^{(\mathrm{T})}(x,\mu,\Sigma,\nu)=\frac{1}{\sqrt{(\pi\nu)^k\,|\Sigma|}}\frac{\Gamma\left(\frac{\nu+k}{2}\right)}{\Gamma\left(\frac{\nu}{2}\right)}\times\left(1+\frac{1}{\nu}(x-\mu)^T\Sigma^{-1}(x-\mu)\right)^{-\frac{\nu+k}{2}} \tag{3-10}$$

这里 Γ 是伽马函数。当自由度 $\nu>1$ 时，T 分布的均值是 μ；当自由度 $\nu>2$ 时，T 分布的协方差矩阵是$\frac{\nu}{\nu-2}\sum$；当自由度$\nu\rightarrow\infty$时，T分布接近于N分布，此时方程(3-10)变成方程(3-8)。学生分布的自由度满足 $p=6n$ 。

k 维度的自由度为ν的偏态学生分布(ST)定义为：

$$f_k^{(\mathrm{ST})}(x,\mu,\sum,\nu,\lambda)=2f_k^{(\mathrm{T})}(x,\mu,\sum,\nu)\times\left(\sqrt{\frac{\nu+k}{\nu+(x-\mu)^{T_{\nu+k}}\sum^{-1}(x-\mu)}}\times\lambda^{T_{\nu+k}}\sum^{-1/2}(x-\mu)\right) \tag{3-11}$$

这里 $T_{\nu+k}$ 指自由度为$\nu+k$ 的标准单变量学生分布的CDF，λ 表示偏态参数矢量。当$\lambda=0$时，偏态学生分布(ST)变为学生分布(T)，方程(3-11)变成方程(3-10)；当$\nu\rightarrow\infty$时，偏态学生分布(ST)变为偏态分布(SN)。

当自由度$\nu>1$时，ST分布的均值是$m=\mu+w\xi$；当自由度$\nu>2$时，ST分布的协方差矩阵是 $\frac{\nu}{\nu-2}\sum-(m-\mu)(m-\mu)^T$。这里$\xi=\sqrt{\frac{v}{\pi(1+\lambda^T\sum\lambda)}}\frac{\Gamma\left(\frac{\nu-1}{2}\right)}{\Gamma\left(\frac{\nu}{2}\right)}\sum\lambda$，$w=\mathrm{diag}(\sum_{11},\cdots,\sum_{kk})^{\frac{1}{2}}$ 。协态学生分布的自由度满足 $p=8n$。

混合两个高斯(正态)分布和三个高斯(正态)分布表示为:2N、3N。混合两个偏态的高斯(斜正态)分布和三个偏态高斯(斜正态)分布表示为:2SN、3SN。混合两个学生分布和三个学生分布表示为:2T、3T。混合两个偏态的学生分布和三个偏态的学生分布表示为:2ST、3ST。

3.3　一维(T_{90})的伽玛射线暴分类研究

3.3.1　样本选取

我们选取了三颗卫星的数据样本，开展一维(T_{90})的伽玛射线暴分类研究，表3-1详细介绍了三颗卫星的样本数量、有效的 T_{90} 和 HR 数量、样本来源、所需要的计算参数，以及每个参数对应的参考文献等。

1. CGRO/BATSE

到目前为止，CGRO/BATSE 目录共包含 2 702 个数据样本，其中 2 037 个子样本(数据样本1，参考网址见表3-1)有着有效的 T_{90} 数值来拟合概率密度函数，2 014 个子样本(数据样本2，参考网址见表3-1)有着有效的去除延展辐射暴后的 T_{90} 数值来拟合概率密度函数，进而研究持续时间 T_{90} 的分类情况。

2. Swift/BAT

截至 2024 年 2 月 18 日，我们共收集到 Swift/BAT 目录中的 1 512 个数据样本，含有有效的 T_{90} 数值（数据样本 3，参考网址见表 3-1）。其中，1 401 个子样本有着有效的去除延展辐射暴后的 T_{90} 数值来拟合概率密度函数（数据样本 4，参考网址见表 3-1），进而研究持续时间 T_{90} 的分类情况。Swift/BAT-obs 目录包含 428 个已知红移的数据样本有着有效的 T_{90} 数值（数据样本 5，参考网址见表 3-1），Swift/BAT-res 目录包含 428 个已知红移的数据样本有着有效的 T_{int} 数值（数据样本 6，参考网址见表 3-1），从而更细致地考虑已知红移的数据样本下分类是否产生变化，进而研究持续时间 T_{90} 的分类情况。

表 3-1 一维伽玛射线暴分类的数据集信息①

1 数据集	2 个数[a]	3 源名	4 参数	5 参考网址[b]
CGRO/BATSE	2 037(2 014)	BATSE catalog	T_{90}，T_{90_noEE}	(1)(4)
Swift/BAT	1 512(1 401)	Swift GRB catalog	T_{90}，T_{90_noEE}	(2)(4)
Swift/BAT-obs	428	Swift GRB catalog	T_{90}	(2)(4)
Swift/BAT-res	428	Swift GRB catalog	T_{int}	(2)(4)
Fermi/GBM	3 710(3 675)	Fermi GBM catalog	T_{90}，T_{90_noEE}	(3)(4)

3. Fermi/GBM

截至 2024 年 2 月 18 日，我们共收集到 Fermi/GBM 目录中的 3 710 个数据集（数据样本 7，参考网址见表 3-1）。其中，3 675 个子样本有着有效的去除延展辐射暴后的 T_{90} 数值来拟合概率密度函数（数据样本 8，参考网址见表 3-1），进而研究持续时间 T_{90} 的分类情况。

延展辐射类暴（Extended Emission burst，简称 EE）是一些暴在一个硬脉冲之后出现很软的延展辐射特征，具有这类性质的暴叫延展辐射暴。延展辐射类的短暴是一类特殊的暴，持续时间 $T_{90}>2s$，物理属性上表现出短暴的特征。例如 GRB 060614（Gehrels et

① a：指的是不同卫星暴的子样本大小，数量是指每一颗卫星中含有有效的 T_{90} 个数。以 CGRO/BATSE 数据集为例，到 2024 年 2 月 18 日为止我们共收集到 CGRO/BATSE 卫星中有效的 T_{90} 达 2 037 个，其中 2 014 是 CGRO/BATSE 卫星有效去除延展辐射暴后的有效的 T_{90} 个数，1 401 是 Swift/BAT 卫星有效去除延展辐射暴后的 T_{90} 个数，3 675 是 Fermi/GBM 卫星有效去除延展辐射暴后的 T_{90} 个数。

b：参考网址：

(1)http://heasarc.gsfc.nasa.gov/W3Brose/cgro/batsegrb.html.

(2)http://Swift.gsfc.nasa.gov/archive/grb_table/.

(3)http://heasarc.gsfc.nasa.gov/W3Browse/fermi/fermigbrst.html.

(4)延展辐射暴样本详见表 3-5、3-6、表 3-7。

al.,2006),$T_{90}=102$s,位于长暴区域,然而它的最初光谱脉冲却与短暴相似,这类暴在BATSE、Swift、Fermi数据集中同样存在(Norris & Bonnell,2006;Bostancı et al.,2013;Norris et al.,2010;Hu et al.,2014;Kaneko et al.,2015)。表3-5、表3-6、表3-7分别展示了延展辐射暴的数据样本。

我们分析BATSE、Swift、Fermi卫星的T_{90}分布直方图。据图3-3-1观察,三颗卫星样本的持续时间都集中分布在$\log T_{90}\approx1.5$范围。Swift卫星的T_{90}分布含有9个条带,BATSE卫星的T_{90}分布含有7个条带,Fermi卫星的T_{90}分布含有7个条带,bin的选择规则采用Knuth准则(Knuth,2006)。所有的概率密度函数都是归一化的,即概率密度函数在整个空间的积分值为1。

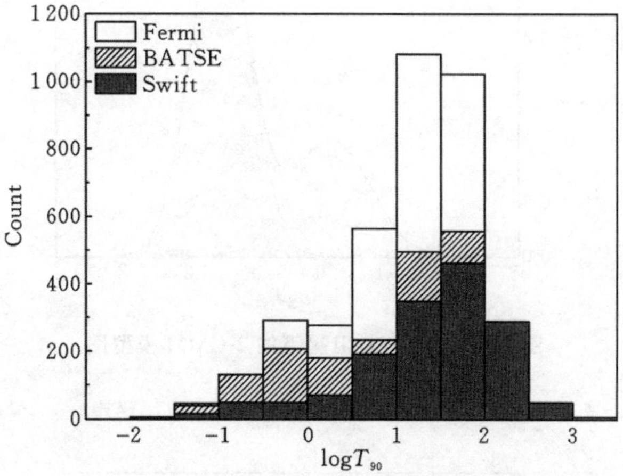

图3-3-1　BATSE、Swift、Fermi卫星的T_{90}分布直方图

注:实心方框表示Swift数据集的分布直方图,斜线方框表示BATSE数据集的分布直方图,空心方框表示Fermi数据集的分布直方图。

3.3.2　结果分析

1.不同数据集下的高斯混合模型拟合

我们采用了Python机器学习压缩包中的SCIKIT-LEARN包,分别对BATSE卫星、Swift卫星、Fermi卫星进行GMM分析,以确定每颗卫星的T_{90}分类情况。图3-3-2至图3-3-10详细展示了三颗不同卫星下的GMM结果,例如BATSE卫星的2G/3G分析图展示见图3-3-2和图3-3-3,Swift卫星的2G/3G分析图展示见图3-3-5和图3-3-6,Fermi卫星的2G/3G分析图展示见图3-3-8和图3-3-9。分析参数展示见表3-3-2,$\Delta_i=(AIC-AIC_{min})/(BIC-BIC_{min})$的差值比较展示见图3-3-4、图3-3-7和图3-3-10。

关于伽玛暴的T_{90}分类信息,一直以来备受争议的是分成二类最优还是三类最优。为了详细探讨二类或三类的可能性,我们采用GMM模型对CGRO/BATSE数据集在观测者坐标系下进行两个高斯(2G)混合模型和三个高斯(3G)混合模型的模拟。图 3-3-2 显示了 BATSF 卫星下的 2-GMM 模型图,图中第一个成分占比 31.6%(左边划线),第二个成分占比 68.4%(右边划线)。图 3-3-3 显示了 BATSE 卫星下的 3-GMM 模型图,图中第一个成分占比 24.8%(左边划线),第二个成分占比 51.4%(中间划线),第三个成分占比 23.8%(右边划线)。表 3-2 给出了 BATSE 卫星下 2-GMM/3-GMM 的权重数值 W、均值数值 μ 和协方差矩阵数值 $\sum$ 等。

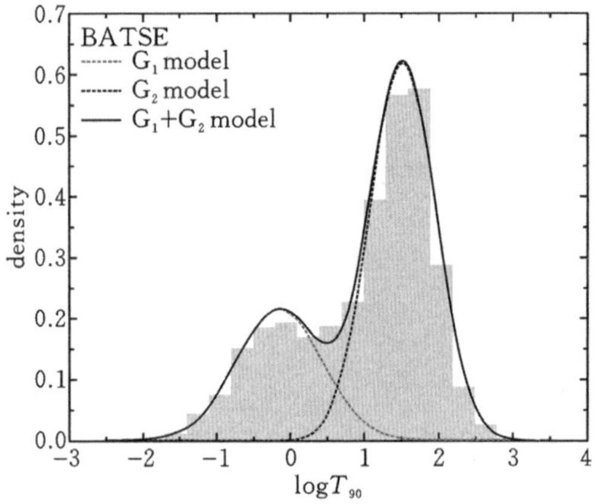

图 3-3-2 BATSE 卫星下的 2-GMM 模型图

注:图中点划线分别表示 G_1 模型和 G_2 模型,实线表示 G_1+G_2 模型。

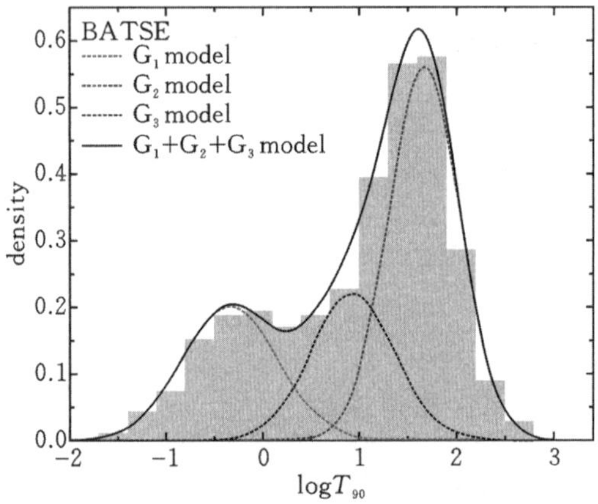

图 3-3-3 BATSE 卫星下的 3-GMM 模型图

注:图中点划线分别表示 G_1 模型、G_2 模型和 G_3 模型,实线表示 $G_1+G_2+G_3$ 模型。

我们分别采用 1～10 个类去评价几类最优,并找出 AIC 和 BIC 的最小值。图 3-3-4 描述了 BATSE 数据集的信息评价标准,据图观察 AIC/BIC 更倾向于把 CGRO/BATSE 数据分成二类,最小值是 4 886.035/4 914.131,二类与三类的差值 $\Delta_i=(AIC-AIC_{min})/(BIC-BIC_{min})$,$\Delta_i=7.225/24.083$,意味着三类受到强烈反对。

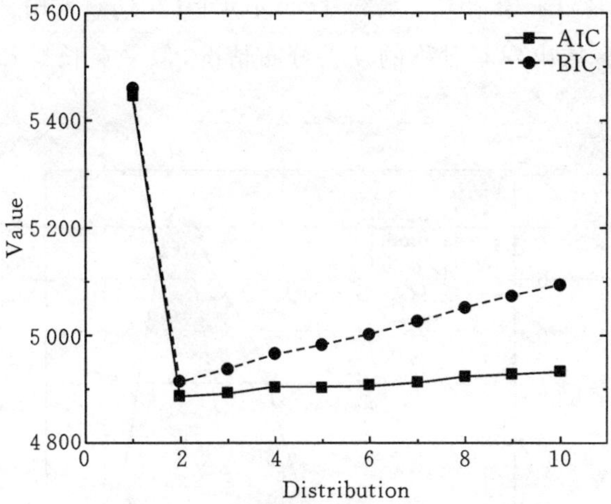

图 3-3-4　BATSE 数据集的信息评价标准

注：图中实心正方形表示 AIC 评价值，用实线链接，实心圆表示 BIC 评价值，用划线连接。

图 3-3-5 显示了 Swift/BAT 数据集的 2-GMM 模拟图，图中第一个成分占比 25.8%（左边划线），第二个成分占比 74.2%（右边划线）。图 3-3-6 显示了 Swift/BAT 数据集的 3-GMM 模拟图，图中第一个成分占比 36.2%（左边划线），第二个成分占比 54.5%（中间划线），第三个成分占比 9.3%（右边划线）。表 3-2 给出了 Swift/BAT 卫星下 2GMM/3GMM 的权重数值 W、均值数值 μ 和协方差矩阵数值 $\sum$ 等。

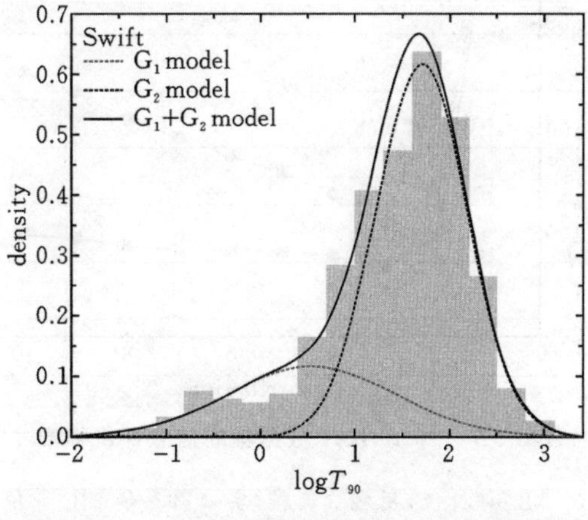

图 3-3-5　Swift/BAT 数据集的 2-GMM 模型图

注：图中划线分别表示 G_1 模型和 G_2 模型，实线表示 G_1+G_2 模型。

同样地，我们分别采用 1～10 个类去评价几类最优，并找出 AIC 和 BIC 的最小值。图 3-3-7 描述了 Swift/BAT 数据集的信息评价标准，据图观察 AIC/BIC 更倾向于把 Swift/BAT 数据分成三类，最小值是 3 265.209/3 307.779，二类与三类的差值 $\Delta_i=(AIC-AIC_{min})/(BIC-BIC_{min})$，$\Delta_i=30.882/14.919$，意味着二类受到强烈反对。这个结果与 Zitouni 等人(2015)采用 757 个暴和 Tarnopolski(2016a)采用 947 个暴的 GMM 分析结果相同,即长暴区域出现非对称的 T_{90} 分布情况,似乎在长暴和短暴之间出现了一个小尖峰。

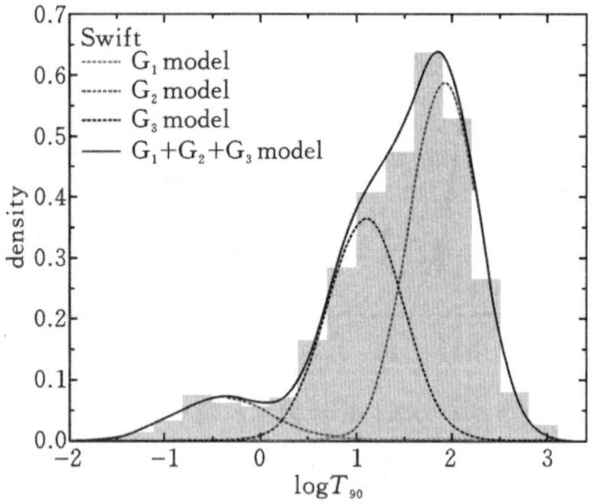

图 3-3-6 Swift/BAT 数据集的 3-GMM 模型图

注:图中划线分别表示 G_1 模型、G_2 模型和 G_3 模型,实线表示 $G_1+G_2+G_3$ 模型。

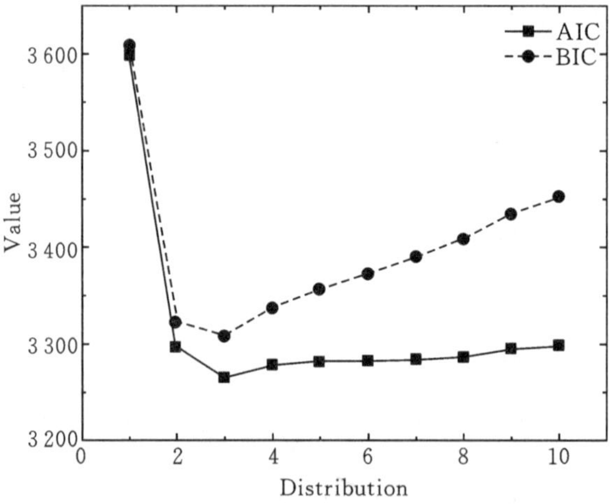

图 3-3-7 Swift/BAT 数据集的信息评价标准

注:图中实心正方形表示 AIC 评价值,用实线连接,实心圆表示 BIC 评价值,用划线连接。

图 3-3-8 显示了 Fermi/GBM 数据集的 2-GMM 模拟图,图中第一个成分占比 76.7%(左边划线),第二个成分占比 23.3%(右边划线)。图 3-3-9 显示了 Fermi/GBM 数据集的 3-GMM 模拟图,图中第一个成分占比 45.1%(左边划线),第二个成分占比 34.9%(中间划线),第三个成分占比 20.0%(右边划线)。表 3-2 给出了 Fermi/GBM 卫星下 2GMM/3GMM 的权重数值 W、均值数值 μ 和协方差矩阵数值 $\sum$ 等。

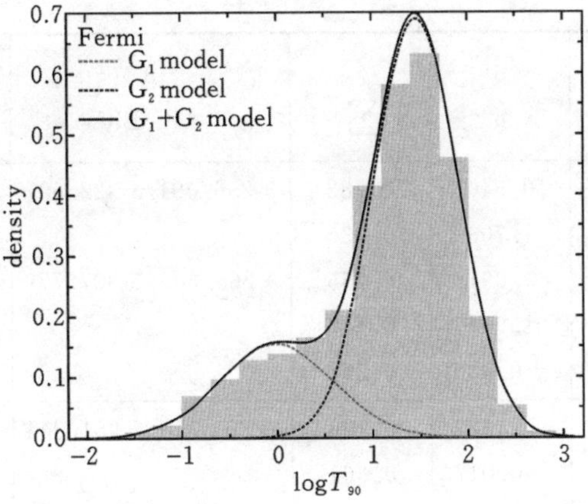

图 3-3-8　Fermi/GBM 数据集的 2-GMM 模型图

注：图中划线分别表示 G_1 模型和 G_2 模型，实线表示 G_1+G_2 模型。

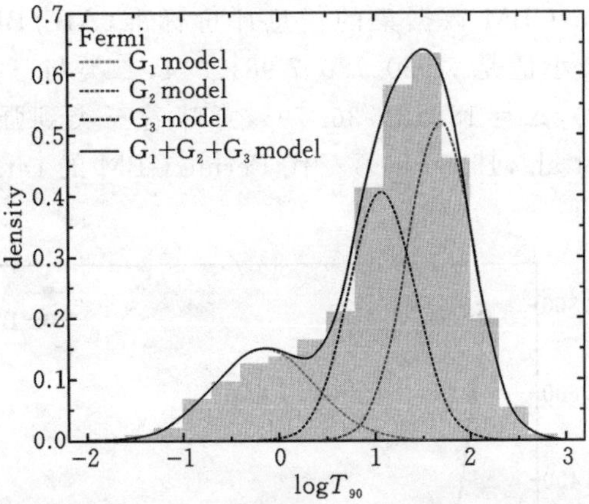

图 3-3-9　Fermi/GBM 数据集的 3-GMM 模型图

注：图中划线分别表示 G_1 模型、G_2 模型和 G_3 模型，实线表示 $G_1+G_2+G_3$ 模型。

表 3-2　所有数据集的最优参数(最小的 AIC/BIC 数值下面有·标记)

1 数据集	2 W	3 μ	4 $\sum$	5 AIC/BIC	6 Δ_i	7 Model
BATSE	0.316	−0.149	0.343	4 886.035/4 914.131	0	2G
	0.684	1.523	0.195			
	0.248	−0.335	0.243	4 793.260/4 938.214	7.225/24.083	3G
	0.514	1.668	0.133			
	0.238	0.928	0.187			

续表

1 数据集	2 W	3 μ	4 ∑	5 AIC/BIC	6 Δ_i	7 Model
Swift/BAT	0.258	0.540	0.782	3 296.091/3 322.697	30.882/14.919	2G
	0.742	1.703	0.230			
	0.362	1.091	0.156	3 265.209/3 307.779	0	3G
	0.545	1.914	0.136			
	0.092	−0.388	0.265			
Fermi	0.767	1.452	0.196	7 950.750/7 981.844	0	2G
	0.233	−0.017	0.361			
	0.451	1.692	0.119	7 968.889/8 018.639	18.139/36.795	3
	0.349	1.080	0.116			
	0.200	−0.148	0.280			

同样地，我们分别采用1～10个类去评价几类最优，并找出AIC和BIC的最小值。图3-3-10描述了Fermi/GBM数据集的信息评价标准，AIC/BIC更倾向于把Fermi/GBM数据分成二类，最小值是7 950.750/7 981.844，二类与三类的差值 $\Delta_i=(AIC-AIC_{min})/(BIC-BIC_{min})$，$\Delta_i=18.139/36.795$，意味着三类到强烈反对。这个结果与BATSE(Kouveliotou et al.,1993)和第三代Fermi/GBM的catalog相同(Bhat et al.,2016)。

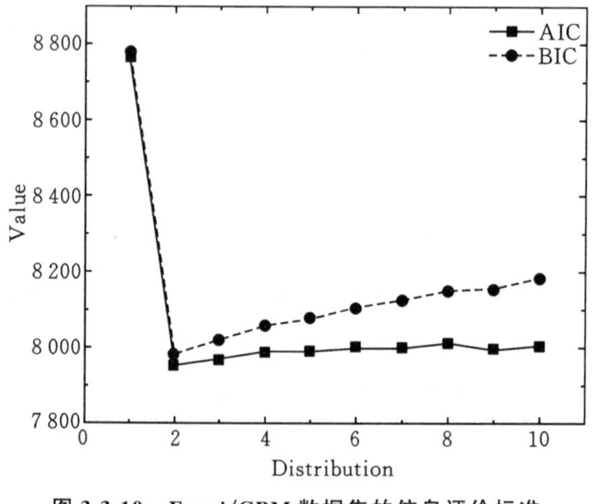

图3-3-10 Fermi/GBM数据集的信息评价标准

注：图中实心正方形表示AIC评价值，用实线连接，实心圆表示BIC评价值，用划线连接。

2. 讨论延展辐射暴对分类的影响

基于上述研究结果，我们发现伽玛暴可能分成二类(BATSE卫星和Fermi卫星)，也可能分成三类(Swift卫星)。造成伽玛暴分成三类的因素有很多，这里我们假定是延展辐射暴造成的。由于延展辐射暴本身的特殊性，它可能是造成中间类的一个原因，我们尝试去除延展辐射暴后看看三颗卫星是否都重新再分成二类。其中，我们尽可能地去掉BATSE卫星、Swift卫星和Fermi卫星的延展辐射样本，前后比较延展辐射暴对分类的贡献。图3-3-11至图3-3-16分别展示了去除EE暴后的BATSE数据集(CGRO/BATSE_noEE)、去除EE暴后的Swift数据集(Swift/BAT_noEE)和去除EE暴后的Fermi数据集(Fermi/GBM_noEE)的 T_{90} 分类情况，分析结果见表3-3。

CGRO/BATSE数据集中延展辐射暴的数量不多，仅仅23个，占整个数据集的1.129%，因此去除EE暴后的CGRO/BATSE_noEE数据集中，第一类暴、第二类暴、第三类暴的占比几乎与CGRO/BATSE数据集没有太大差别。图3-3-11显示了CGRO/BATSE_noEE数据集的2-GMM模拟图，图中第一个成分占比31.4%(左边划线)，第二个成分占比68.6%(右边划线)。图3-3-12显示了CGRO/BATSE_noEE数据集的3-GMM模拟图，图中第一个成分占比24.5%(左边划线)，第二个成分占比51.3%(中间划线)，第三个成分占比24.2%(右边划线)。表3-4给出了CGRO/BATSE_noEE卫星下2GMM/3GMM的权重数值 W、均值数值 μ 和协方差矩阵数值 $\sum$ 等。

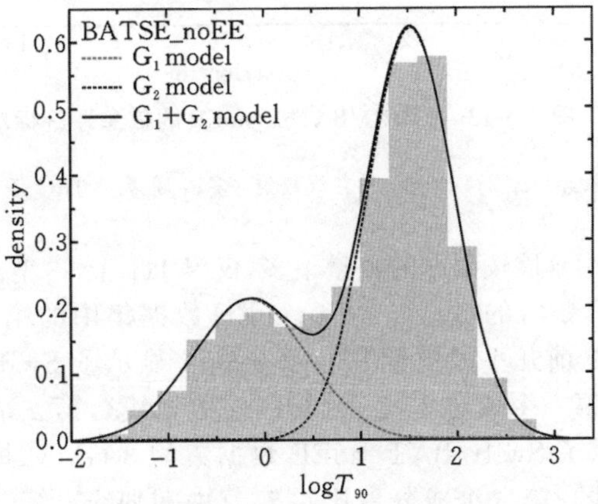

图3-3-11　CGRO/BATSE_noEE数据集的2-GMM模型图

注：图中划线分别表示 G_1 模型和 G_2 模型，实线表示 G_1+G_2 模型。

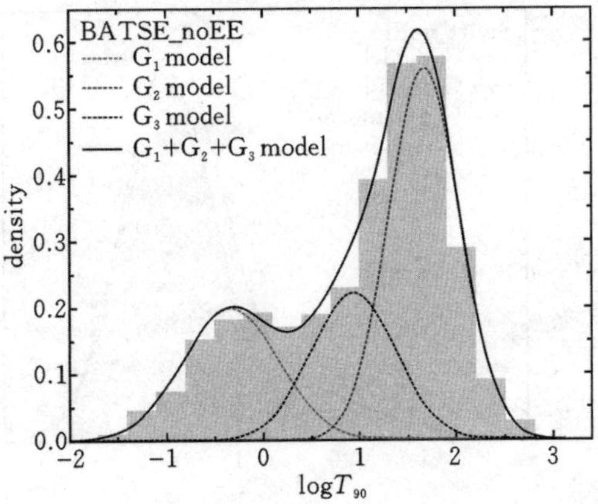

图3-3-12　CGRO/BATSE_noEE数据集的3-GMM模型图

注：图中划线分别表示 G_1 模型、G_2 模型和 G_3 模型，实线表示 $G_1+G_2+G_3$ 模型。

图 3-3-13 描述了 CGRO/BATSE_noEE 的信息评价标准，最小值是 4 831.259/4 859.299，二类与三类的差值 $\Delta_i=(AIC-AIC_{min})/(BIC-BIC_{min})$，$\Delta_i=4.11/20.933$，意味着三类受到反对。将 CGRO/BATSE 数据集中的 $\Delta_i=7.225/24.083$ 与 CGRO/BATSE_noEE 数据集中的 $\Delta_i=4.11/20.933$ 进行对比，发现去除 EE 暴后的 ΔAIC/ΔBIC 的差值都在显著减小，即原来强烈支持二类，随着延展辐射暴去除后有向三类靠拢的趋势。

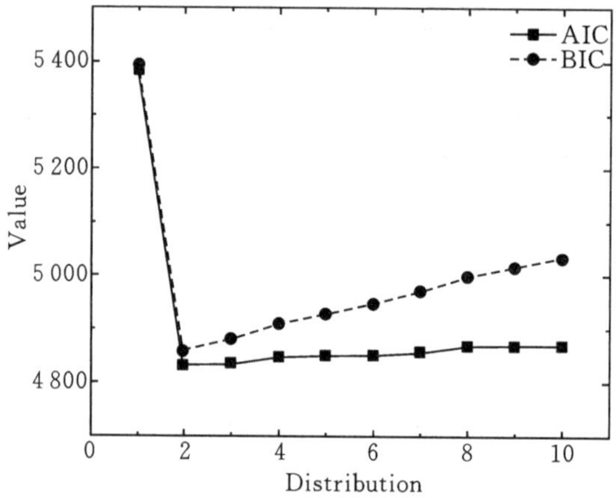

图 3-3-13　CGRO/BATSE_noEE 的信息评价标准

注：图中实心正方形表示 AIC 评价值，用实线连接，实心圆表示 BIC 评价值，用划线连接。

Swift/BAT 数据中延展辐射暴的数量不多，仅仅 111 个，占整个数据集的 111/1 512＝7.341%，因此去除 EE 暴后的 Swift/BAT_noEE 数据集中的第一类暴、第二类暴、第三类暴的占比与没去除之前几乎没有差别。图 3-3-14 显示了 Swift/BAT_noEE 数据集的 2-GMM 模拟图，图中第一个成分占比 75.1%(左边划线)，第二个成分占比 24.9%(右边划线)。图 3-3-15 显示了 Swift/BAT_noEE 数据集的 3-GMM 模拟图，图中第一个成分占比 54.5%(左边划线)，第二个成分占比 6.7%(中间划线)，第三个成分占比 38.8%(右边划线)。表 3-4 给出了 Swift/BAT_noEE 卫星下 2GMM/3GMM 的权重数值 W、均值数值 μ 和协方差矩阵数值 $\sum$ 等。

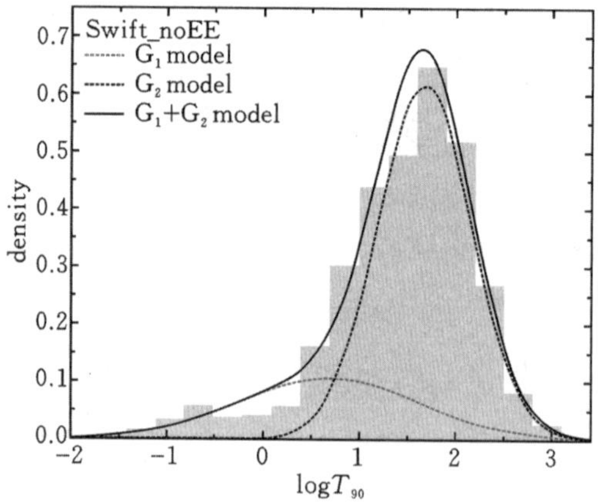

图 3-3-14　Swift/BAT_noEE 数据集的 2-GMM 模型图

注：图中划线分别表示 G_1 模型和 G_2 模型，实线表示 G_1+G_2 模型。

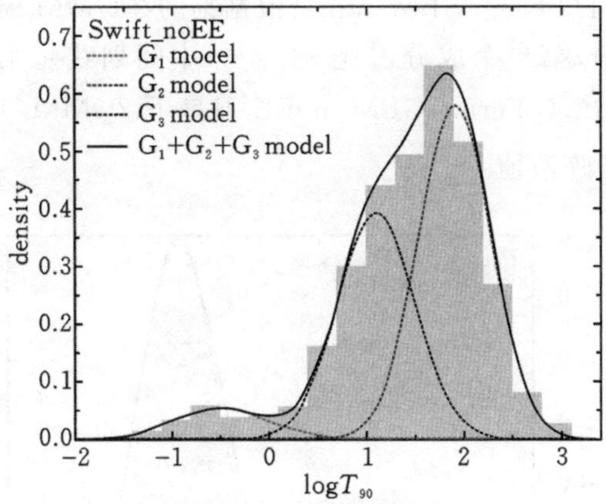

图 3-3-15　Swift/BAT_noEE 数据集的 3-GMM 模型图

注：图中划线分别表示 G_1 模型、G_2 模型和 G_3 模型，实线表示 $G_1+G_2+G_3$ 模型。

图 3-3-16 描述了 Swift/BAT_noEE 的信息评价标准，最小值是 2 909.895/2 951.855，二类与三类的差值 $\Delta_i=(AIC-AIC_{min})/(BIC-BIC_{min})$，$\Delta_i=40.196/24.461$，意味着强烈支持三类。将 Swift/BAT 数据集中的 $\Delta_i=30.882/14.919$ 与 Swift/BAT_noEE 数据集中的 $\Delta_i=40.196/24.461$ 进行对比，发现 Swift/BAT_noEE 数据集下的 ΔAIC/ΔBIC 的差值都增大了，即原来 Swift/BAT 数据支持三类，去除延展辐射暴后更支持三类了。

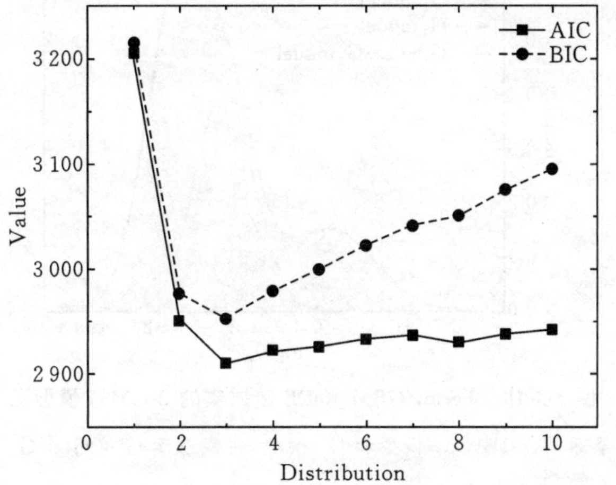

图 3-3-16　Swift/BAT_noEE 的信息评价标准

注：图中实心正方形表示 AIC 评价值，用实线连接，实心圆表示 BIC 评价值，用划线连接。

Fermi 卫星数据中延展辐射暴的数量不多，仅 35 个，占整个数据集的 35/3 710＝0.944%，因此去除 EE 暴后的 Fermi/GBM_noEE 数据集中的第一类暴、第二类暴、第三类暴的占比与没去除之前几乎没有差别。图 3-3-17 显示了 Fermi/GBM_noEE 数据集的 2-GMM 模拟图，图中第一个成分占比 76.4%(左边划线)，第二个成分占比 23.6%(右边划线)。图 3-3-18 显示了 Fermi/GBM_noEE 数据集的 3-GMM 模拟图,图中第一个成分占比 44.8%(左边划线),第二个成分占比 34.9%(中间划线),第三个成分占比 20.3%(右边划线)。表 3-4 给出了 Fermi/GBM_noEE 卫星下 2GMM/3GMM 的权重数值 W、均值数值 μ 和协方差矩阵数值 $\sum$ 等。

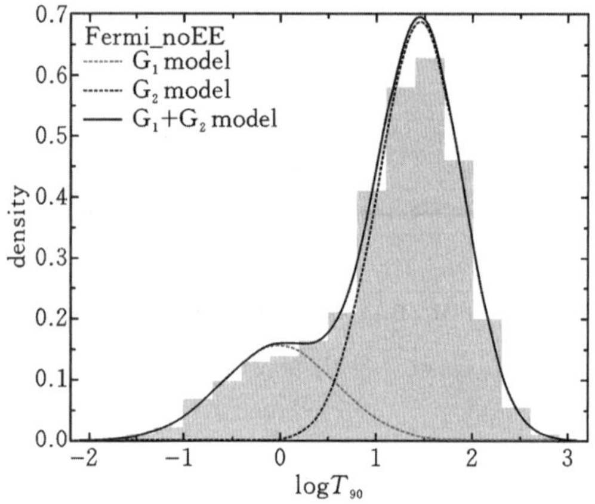

图 3-3-17 Fermi/GBM_noEE 数据集的 2-GMM 模型图

注:图中划线分别表示 G_1 模型和 G_2 模型,实线表示 G_1+G_2 模型。

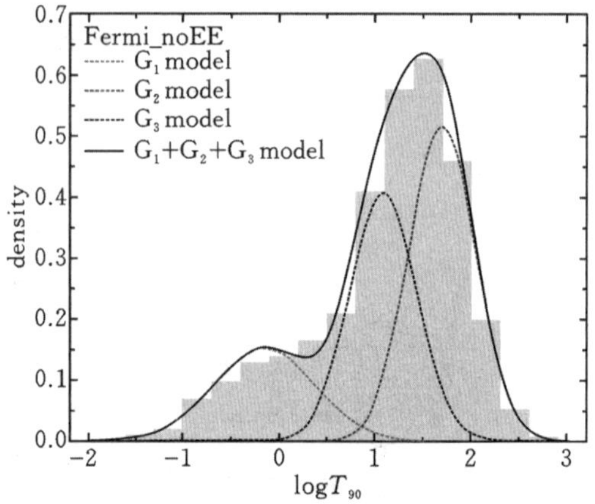

图 3-3-18 Fermi/GBM_noEE 数据集的 3-GMM 模型图

注:图中划线分别表示 G_1 模型、G_2 模型和 G_3 模型,实线表示 $G_1+G_2+G_3$ 模型。

图 3-3-19 描述了 Fermi/GBM_noEE 的信息评价标准,最小值是 7 907.159/7 938.205,二类与三类的差值 $\Delta_i=(AIC-AIC_{min}/(BIC-BIC_{min})$,$\Delta_i=17.823/36.452$,意味着强烈支持二类。将 Fermi/GBM 数据集中的 $\Delta_i=18.139/36.795$ 与 Fermi/GBM_noEE 数据集下的 $\Delta_i=17.823/36.452$ 进行对比,发现 Fermi/GBM_noEE 数据集下的 ΔAIC/ΔBIC 差值都减小了,即原来的 Fermi/GBM 数据强烈支持二类,去除延展辐射暴后虽然仍强烈支持二类,但有向三类靠拢的趋势。

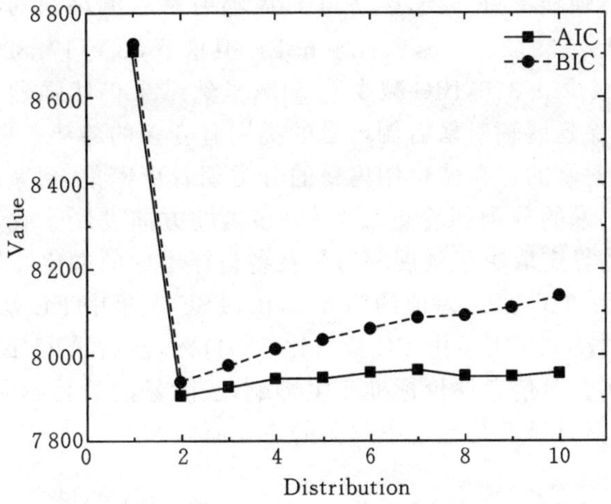

图 3-3-19　Fermi/GBM_noEE 的信息评价标准

注：图中实心正方形表示 AIC 评价值，用实线连接，实心圆表示 BIC 评价值，用划线连接。

表 3-3　三颗卫星数据集中去除延展辐射暴后的最优拟合参数(最小的 AIC/BIC 数值下面有·标记)

1	2	3	4	5	6	7
数据集	W	μ	$\sum$	AIC/BIC	Δ_i	Model
BATSE_noEE	0.314	−0.149	0.347	4 831.259/4 859.299	0	2G
	0.686	1.524	0.196			
	0.245	−0.339	0.245	4 835.369/4 880.232	4.11/20.933	3G
	0.513	1.670	0.134			
	0.242	0.931	0.189			
Swift_noEE	0.751	1.678	0.237	2 950.091/2 976.316	40.196/24.461	2G
	0.249	0.706	0.883			
	0.545	1.914	0.141	2 909.895/2 951.855	0	3G
	0.067	−0.501	0.251			
	0.388	1.100	0.156			
Fermi_noEE	0.764	1.455	0.197	7 907.159/7 938.205	0	2G
	0.236	−0.017	0.361			
	0.448	1.695	0.120	7 924.982/7974.657	17.823/36.452	3G
	0.349	1.082	0.118			
	0.202	−0.149	0.281			

我们分别分析了延展辐射暴对伽玛暴分类的影响。BATSE 卫星下，$\Delta_i=7.225/24.083$，BATSE_noEE 卫星下，$\Delta_i=4.11/20.933$，去除延展辐射暴后造成 AIC 减少 3.115，BIC 减少 3.15，虽然结果仍然强烈地支持二类，但有向三类靠拢的趋势，即去除延展辐射暴后伽玛暴的类别有变多的趋势。Swift 卫星下，$\Delta_i=30.882/14.919$，Swift_noEE 卫星下，$\Delta_i=40.196/24.461$，去除延展辐射暴后造成 AIC 增加 9.314，BIC 增加

9.542，虽然结果仍然强烈支持三类，但去除延展辐射暴后伽玛暴的类别有变多的趋势。Fermi 卫星下，$\Delta_i=18.139/36.795$，Fermi_noEE 卫星下，$\Delta_i=17.823/36.452$，去除延展辐射暴后造成 AIC 减少 0.316，BIC 减少 0.343，虽然结果仍然强烈支持二类，但有向三类靠拢的趋势，即去除延展辐射暴后伽玛暴的类别有变多的趋势。三颗不同卫星下的数据集都表明，延展辐射暴的存在使得伽玛暴的分类朝着更密集、更紧凑的方向发展，而去除延展辐射暴后伽玛暴的分类朝着更稀疏、更多类的方向发展。我们还发现，延展辐射暴对分类评价标准的界定取决于延展辐射暴在各自样本中的占比。如：Fermi 卫星中 EE 暴占比 0.944%，前后 AIC/BIC 差值约为 0.3，BATSE 卫星中 EE 暴占比 1.129%，前后 AIC/BIC 差值约为 3，Swift 卫星中 EE 暴占比 7.341%，前后 AIC/BIC 差值约为 9，即去除延展辐射暴后确实会对信息评价标准产生影响，去除暴的数目越多、占比越高，产生的影响越大，并且延展辐射暴不是造成中间类的主要原因。

3.3.3 已知红移的 Swift 样本

我们发现 BATSE 卫星和 Fermi 卫星不论是否去除延展辐射暴都一直支持二类，Swift 卫星不论是否去除延展辐射暴都支持三类，究竟伽玛暴应该分成二类还是三类仍没有统一的标准。为了详细讨论 Swift 卫星下的分类问题，我们尝试选取 Swift 卫星下已知红移的数据样本，并在观测者坐标系和静止坐标系下分别分析。截至 2024 年 2 月 18 日，我们从观测者坐标系下已知红移的 Swift 数据集(Swift/BAT-obs)和静止坐标系下已知红移的 Swift 数据集(Swift/BAT-res)中共获得 396 个样本，两种坐标系之间的转化为：

$$T_{90,\text{int}}=\frac{T_{90,\text{obs}}}{1+z} \tag{3-12}$$

图 3-3-20 显示了 Swift/BAT-obs 数据集的 2-GMM 模拟图，图中第一个成分占比 24.9%(左边划线)，第二个成分占比 75.1%(右边划线)。图 3-3-21 显示了 Swift/BAT-obs 数据集的 3-GMM 模拟图，图中第一个成分占比 36.9%(左边划线)，第二个成分占比 52.7%(中间划线)，第三个成分占比 10.4%(右边划线)。表 3-4 给出了 Swift_z_obs 卫星下 2GMM/3GMM 的权重数值 W、均值数值 μ 和协方差矩阵数值 $\sum$ 等。

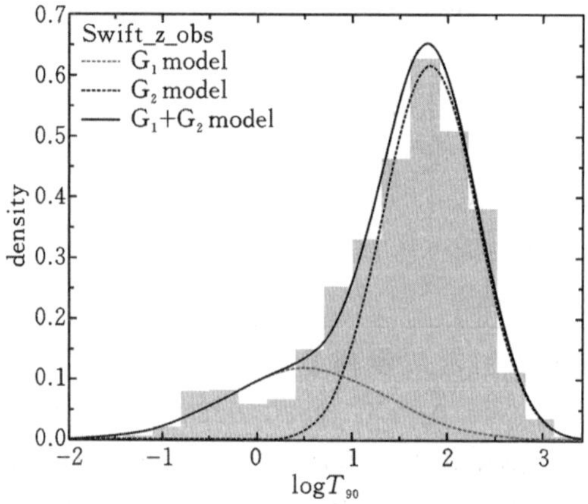

图 3-3-20 Swift/BAT-obs 数据集的 2-GMM 模拟图

注：图中划线分别表示 G_1 模型和 G_2 模型，实线表示 G_1+G_2 模型。

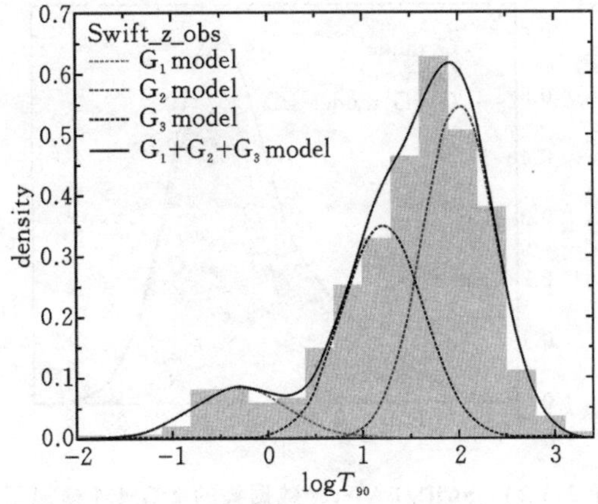

图 3-3-21 Swift/BAT-obs 数据集的 3-GMM 模拟图

注：图中划线分别表示 G_1 模型、G_2 模型和 G_3 模型，实线表示 $G_1+G_2+G_3$ 模型。

图 3-3-22 描述了 Swift_z_obs 数据的信息评价标准。AIC 更倾向于把 Swift_z_obs 数据分成三类或二类，BIC 更倾向于把 Swift_z_obs 数据分成二类。因此，Swift_z_obs 数据支持 2-G 模型。

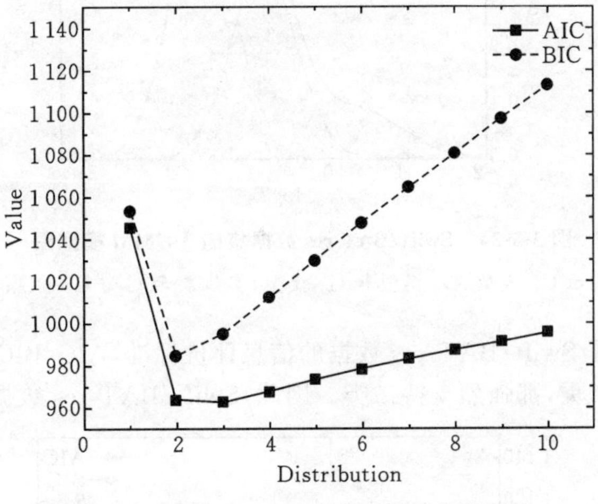

图 3-3-22 Swift_z_obs 数据的信息评价标准

注：图中实心正方形表示 AIC 评价值，用实线连接，实心圆表示 BIC 评价值，用划线连接。

为了更好地验证已知红移的 Swift 数据样本在源静止坐标系下的分类情况，同样地，我们描画了图 3-3-23、图 3-3-24 和图 3-3-25。图 3-3-23 显示了 Swift/BAT-res 数据集的 2-GMM 模拟图，图中第一个成分占比 34.3%（左边划线），第二个成分占比 65.7%（右边划线）。图 3-3-24 显示了 Swift/BAT-res 数据集的 3-GMM 模拟图，图中第一个成分占比 37.5%（左边划线），第二个成分占比 49.2%（中间划线），第三个成分占比 13.3%（右边划线）。表 3-4 给出了 Swift_z_res 卫星下 2GMM/3GMM 的权重数值 W、均值数值 μ 和协方差矩阵数值 $\sum$ 等。

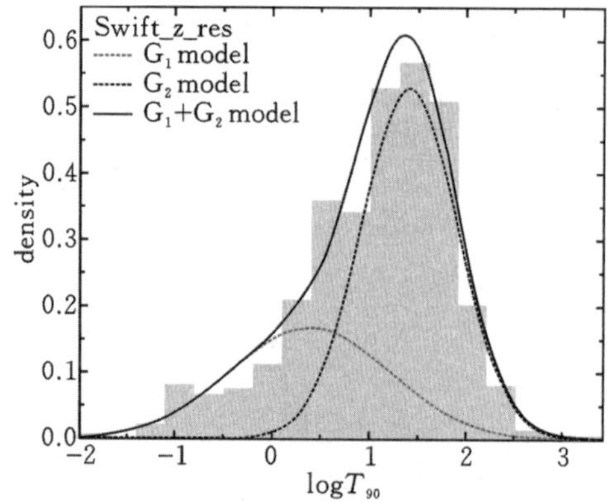

图 3-3-23 Swift/BAT-res 数据集的 2-GMM 模拟图

注：图中划线分别表示 G_1 模型和 G_2 模型，实线表示 G_1+G_2 模型。

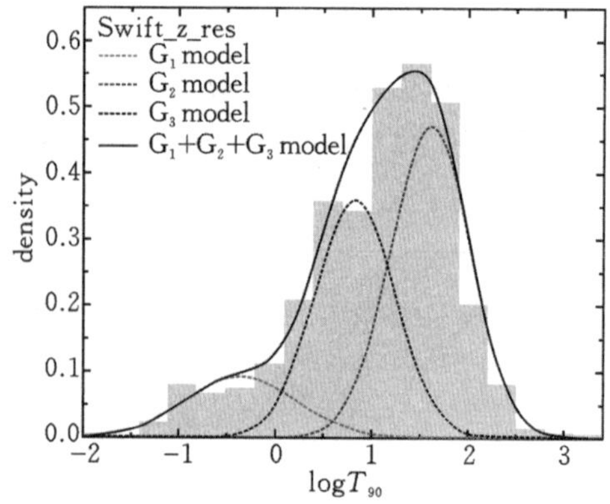

图 3-3-24 Swift/BAT-res 数据集的 3-GMM 模拟图

注：图中划线分别表示 G_1 模型、G_2 模型和 G_3 模型，实线表示 $G_1+G_2+G_3$ 模型。

图 3-3-25 描述了 Swift/BAT-res 数据的信息评价标准，AIC/BIC 都倾向于把 Swift/BAT_res 数据分成二类，都强烈支持二类。因此，Swift/BAT-res 数据支持 2-G 模型。

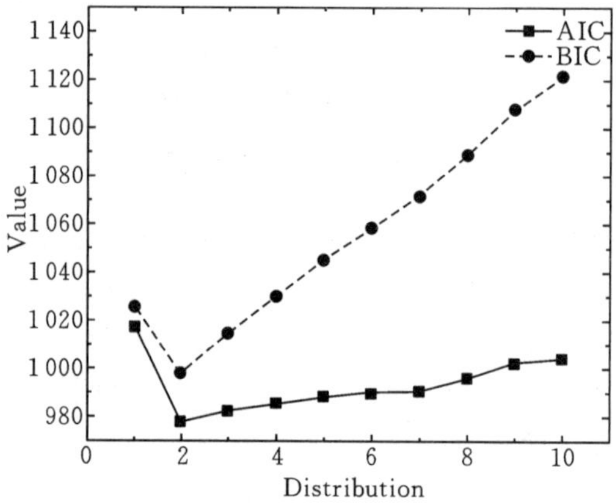

图 3-3-25 Swift/BAT_res 数据的信息评价标准

注：图中实心正方形表示 AIC 评价值，用实线连接，实心圆表示 BIC 评价值，用划线连接。

我们根据表 3-4 的分析结果，得到 396 个 Swift/BAT-obs 数据和 Swift/BAT-res 数据都偏向支持分成二类，这一结果与 Zhang & Choi(2008)利用 99 个已知红移的 Swift 样本分析结果一致，与 Tarnopolski(2016a)利用 347 个已知红移的 Swift 样本分析结果一致，但与 Zitouni 等人(2015)利用 248 个已知红移的数据样本分析结果不同。

表 3-4 Swift/BAT-obs 和 Swift/BAT-res 已知红移的数据样本中的最优拟合参数

(最小的 AIC/BIC 数值下面有· 标记)

1 数据集	2 W	3 μ	4 $\sum$	5 AIC/BIC	6 Δ_i	7 Model
观测者坐标系	0.249	0.509	0.715	963.96/$\underset{\cdot}{984.26}$	1.41/0	2G
	0.751	1.797	0.238			
	0.369	1.213	0.178	$\underset{\cdot}{962.55}$/995.02	0/10.76	3G
	0.527	2.009	0.148			
	0.104	−0.290	0.244			
静止坐标系	0.343	0.379	0.668	977.67/$\underset{\cdot}{997.97}$	0	2G
	0.657	1.397	0.245			
	0.375	0.818	0.173	982.03/1 014.51	4.36/16.54	3G
	0.492	1.601	0.173			
	0.133	−0.353	0.329			

3.3.4 总结与讨论

基于 BATSE、Swift 和 Fermi 数据集的 T_{90} 参数，我们利用了 GMM 和 EM 算法来研究伽玛暴的分类，主要结论如下：

(1)我们分别考察了 BATSE、Swift 和 Fermi 数据集的 T_{90} 分布情况，并进行一维情况下的相关分析。

(2)BATSE 和 Fermi 卫星强烈支持 2-G 模型，Swift 卫星支持 3-G 模型。已知红移的 Swift 卫星在观测者坐标系和静止坐标系也支持 2-G 模型。虽然已知红移的暴本身受到选择效应的影响，但至少部分 Swift 数据集证明它可能分成二类。

(3)考虑到延展辐射暴属于噪声数据的一种，我们分别分析了 BATSE_noEE 数据、Swift_noEE 数据和 Fermi_noEE 数据的 GMM 情况。

(4)延展辐射暴的存在会加剧伽玛暴向二类靠拢的趋势，去除延展辐射暴的数据集反而向着三类或更多类的方向发展。

(5)延展辐射暴并不是造成伽玛暴分成三类的原因。

表 3-5 BATSE 卫星下的延展辐射暴样本

1 GRB/num	2 L/S	3 z	4 T_{90}	5 HR	6 reference
503	L	…	46.656	0.66	1,2
575	S	…	0.413	0.663	1,2
603	S	…	1.472	0.509	1,2
906	S	…	0.398	0.876	1,2
1 088	S	…	0.192	0.969	1,2
1 626	L	…	30.336	0.516	1,2
1 997	L	…	60.224	0.428	1,2
2 436	L	…	33.280	0.677	1,2
2 611	L	…	12.212	0.672	1,2
2 703	L	…	57.664	0.583	1,2
3 611	L	…	3.520	0.358	1,2
3 853	L	…	91.264	0.225	1,2
3 940	S	…	0.576	0.562	1,2
5 592	S	…	0.475	0.976	1,2
5 634	S	…	1.152	−0.062	1,2
5 725	L	…	40.640	0.634	1,2
6 385	S	…	0.896	0.709	1,2
6 569	S	…	0.936	0.416	1,2
6 802	L	…	31.296	0.362	1,2
7 063	S	…	0.128	0.98	1,2
7 446	L	…	13.568	0.406	1,2
7 599	L	…	6.336	0.774	1,2
7 936	L	…	39.424	0.655	1,2

表 3-6 Swift 卫星下的延展辐射暴样本

1 GRB	2 L/S	3 z	4 T_{90}	5 HR	6 reference
GRB 050717	L	…	85	3.37	3,4,5
GRB 050724	L	0.26	96	1.56	3,4,5
GRB 050911	L	…	16.2	1.67	3,4,5
GRB 051016B	L	0.94	4	0.81	3,4,5

续表

1 GRB	2 L/S	3 z	4 T_{90}	5 HR	6 reference
GRB 051221A	S	0.55	1.4	3.00	3,4,5
GRB 051227	L	…	114.6	2.77	3,4,5
GRB 060306	L	1.56	61.2	1.76	3,4,5
GRB 060313	S	…	0.74	7.42	3,4,5
GRB 060428A	L	…	39.5	1.31	3,4,5
GRB 060507	L	…	183.3	1.69	3,4,5
GRB 060607A	L	3.08	102.2	2.70	3,4,5
GRB 060614	L	0.13	108.7	1.32	3,4,5
GRB 060801	S	1.13	0.49	10.05	3,4,5
GRB 060814	L	0.84	145.3	2.50	3,4,5
GRB 060912A	L	0.94	5	1.90	3,4,5
GRB 061006	L	0.44	129.9	1.95	3,4,5
GRB 061021	L	0.35	46.2	3.37	3,4,5
GRB 061201	S	0.11	0.76	6.42	3,4,5
GRB 061210	L	0.41	85.3	2.40	3,4,5
GRB 070223	L	…	88.5	1.65	3,4,5
GRB 070420	L	…	76.5	2.64	3,4,5
GRB 070506	L	2.31	4.3	1.93	3,4,5
GRB 070714B	L	0.92	64	3.12	3,4,5
GRB 070724A	S	0.46	0.4	1.74	3,4,5
GRB 071227	S	0.38	1.8	5.07	3,4,5
GRB 080123	L	0.50	115	1.12	3,4,5
GRB 080303	L	…	67	2.47	3,4,5
GRB 080503	L	…	170	1.36	3,4,5
GRB 080603B	L	2.69	60	2.10	3,4,5
GRB 080702A	S	…	0.5	3.20	3,4,5
GRB 080905A	S	0.12	1	6.09	3,4,5
GRB 080905B	L	2.37	128	1.81	3,4,5
GRB 080913	L	6.70	8	4.12	3,4,5
GRB 080919	S	…	0.6	4.39	3,4,5

续表

1 GRB	2 L/S	3 z	4 T_{90}	5 HR	6 reference
GRB 081024A	S	…	1.8	3.70	3,4,5
GRB 090426	S	2.61	1.2	1.49	3,4,5
GRB 090510	S	0.90	0.3	5.13	3,4,5
GRB 090515	S	…	0.036	3.36	3,4,5
GRB 090518	L	…	6.9	2.47	3,4,5
GRB 090530	L	1.27	48	2.25	3,4,5
GRB 090531B	L	…	80	2.57	3,4,5
GRB 090715A	L	…	63	3.46	3,4,5
GRB 090831C	L	…	3.3	3.24	3,4,5
GRB 090916	L	…	63.4	2.88	3,4,5
GRB 090927	L	1.37	2.2	1.76	3,4,5
GRB 091109B	S	…	0.3	7.32	3,4,5
GRB 091208A	L	…	29.1	6.42	3,4,5
GRB 100117A	S	0.92	0.3	5.85	3,4,5
GRB 100212A	L	…	136	1.05	3,4,5
GRB 100522A	L	…	35.3	1.56	3,4,5
GRB 100606A	L	…	480	3.16	3,4,5
GRB 100625A	S	0.45	0.33	5.70	3,4,5
GRB 100702A	S	…	0.16	2.47	3,4,5
GRB 100704A	L	…	197.5	1.93	3,4,5
GRB 100724A	S	1.29	1.4	1.51	3,4,5
GRB 100725A	L	…	141	3.7	3,4,5
GRB 100802A	L	…	487	1.66	3,4,5
GRB 100814A	L	1.44	174.5	2.70	3,4,5
GRB 100816A	L	0.80	2.9	4.74	3,4,5
GRB 100906A	L	1.73	114.4	1.81	3,4,5
GRB 101011A	L	…	71.5	3.65	3,4,5
GRB 101017A	L	…	70	2.77	3,4,5
GRB 101219A	S	0.72	0.6	8.14	3,4,5
GRB 110207A	L	…	80.3	3.37	3,4,5

续表

1 GRB	2 L/S	3 z	4 T_{90}	5 HR	6 reference
GRB 110402A	L	0.85	60.9	2.31	3,4,5
GRB 111005A	L	0.01	26	1.31	3,4,5
GRB 111103B	L	…	167	2.92	3,4,5
GRB 111117A	S	2.21	0.47	7.93	3,4,5
GRB 111121A	L	…	119	2.11	3,4,5
GRB 111228A	L	0.72	101.2	0.96	3,4,5
GRB 120305A	S	0.22	0.1	5	3,4,5
GRB 120514A	L	…	164.4	2.22	3,4,5
GRB 120521A	S	…	0.45	5.13	3,4,5
GRB 120804A	S	1.00	0.81	3.20	3,4,5
GRB 121014A	L	…	80	1.52	3,4,5
GRB 121226A	S	1.37	1	2.57	3,4,5
GRB 130612A	L	2.00	4	1.06	3,4,5
GRB 131004A	S	0.72	1.54	1.74	3,4,5
GRB 140102A	L	…	65	3.04	3,4,5
GRB 140209A	L	…	21.3	2.81	3,4,5
GRB 140302A	L	…	87.5	4.44	3,4,5
GRB 140516A	S	…	0.19	1.61	3,4,5
GRB 140930B	S	1.47	0.84	8.03	3,4,5
GRB 150120A	S	0.46	1.2	1.74	3,4,5
GRB 150301A	S	…	0.48	2.81	3,4,5
GRB 150423A	S	1.39	0.22	6.17	3,4,5
GRB 150424A	L	0.30	91	3.7	3,4,5
GRB 150831A	S	…	1.15	6.42	3,4,5
GRB 151229A	S	1.40	1.78	1.67	3,4,5
GRB 160228A	L	1.64	98.36	3.33	3,4,5
GRB 160408A	S	1.90	0.32	6.09	3,4,5
GRB 160410A	L	1.72	8.2	5.48	3,4,5
GRB 160519A	L	…	35.57	1.45	3,4,5
GRB 160525B	S	0.64	0.29	1.56	3,4,5

续表

1 GRB	2 L/S	3 z	4 T_{90}	5 HR	6 reference
GRB 160624A	S	0.48	0.2	8.81	3,4,5
GRB 160821B	S	0.16	0.48	1.85	3,4,5
GRB 160927A	S	…	0.48	4.27	3,4,5
GRB 161129A	L	0.65	35.53	2.37	3,4,5
GRB 170127B	S	2.21	0.51	5.78	3,4,5
GRB 170318B	L	…	160	1.67	3,4,5
GRB 170728B	L	1.27	47.7	9.75	3,4,5
GRB 171007A	L	…	105	3.04	3,4,5
GRB 171103A	L	…	3.9	3.33	3,4,5
GRB 180418A	L	…	2.29	2.81	3,4,5
GRB 180618A	L	0.55	47.4	3.00	3,4,5
GRB 181123B	S	1.75	0.26	7.23	3,4,5
GRB 190613B	L	…	160.8	1.67	3,4,5
GRB 200219A	L	048	288	2.70	3,4,5
GRB 211211A	L	0.08	51.37	2.40	3,4,5
GRB 221028A	L	…	57.1	3.09	3,4,5

表 3-7　Fermi 卫星下的延展辐射暴样本

1 GRB	2 L/S	3 z	4 T_{90}	5 HR	6 reference
GRB 080807993	L	…	19.072	3.37	5
GRB 090131090	L	…	35.073	1.56	5
GRB 090820509	L	…	15.296	1.67	5
GRB 090831317	L	…	39.424	0.81	5
GRB 091120191	L	…	50.177	4.62	5
GRB 100517154	L	…	30.464	3.00	5
GRB 100522157	L	…	35.326	2.77	5
GRB 110207470	L	…	37.888	1.76	5
GRB 110402009	L	…	35.649	7.42	5
GRB 110824009	L	…	76.607	1.31	5
GRB 120402669	L	…	20.224	1.69	5

续表

1 GRB	2 *L/S*	3 *z*	4 T_{90}	5 *HR*	6 reference
GRB 120605453	*L*	…	18.112	2.70	5
GRB 121029350	*L*	…	15.808	1.32	5
GRB 060801	*S*	…	0.49	10.05	5
GRB 060814	*L*	0.84	145.3	2.50	5
GRB 060912A	*L*	0.94	5	1.90	5
GRB 061006	*L*	0.44	129.9	1.95	5
GRB 061021	*L*	0.35	46.2	3.37	5
GRB 061201	*S*	0.11	0.76	6.42	5
GRB 061210	*L*	0.41	85.3	2.40	5
GRB 070223	*L*	…	88.5	1.65	5
GRB 070420	*L*	…	76.5	2.64	5
GRB 070506	*L*	2.31	4.3	1.93	5
GRB 070714B	*L*	0.92	64	3.12	5
GRB 070724A	*S*	0.46	0.4	1.74	5
GRB 071227	*S*	0.38	1.8	5.07	5
GRB 08013	*L*	0.50	115	1.12	5
GRB 080303	*L*	…	67	2.47	5
GRB 080503	*L*	…	170	1.36	5
GRB 080603B	*L*	2.69	60	2.10	5
GRB 080702A	*S*	…	0.5	3.20	5
GRB 080905A	*S*	0.12	1	6.09	5
GRB 080905B	*L*	2.37	128	1.81	5
GRB 080913	*L*	6.70	8	4.12	5
GRB 080919	*S*	…	0.6	4.39	5
GRB 081024A	*S*	…	1.8	3.70	5
GRB 090426	*S*	2.61	1.2	1.49	5
GRB 090510	*S*	0.90	0.3	5.13	5
GRB 090515	*S*	…	0.036	3.36	5
GRB 090518	*L*	…	6.9	2.47	5
GRB 090530	*L*	1.27	48	2.25	5

续表

1 GRB	2 L/S	3 z	4 T_{90}	5 HR	6 reference
GRB 090531B	L	…	80	2.57	5
GRB 090715A	L	…	63	3.46	5
GRB 09031C	L	…	3.3	3.24	5
GRB 090916	L	…	63.4	2.88	5
GRB 090927	L	1.37	2.2	1.76	5
GRB 09110B	S	…	0.3	7.32	5
GRB 091208A	L	…	29.1	6.42	5
GRB 100117A	S	0.92	0.3	5.85	5
GRB 100212A	L	…	136	1.05	5
GRB 100522A	L	…	35.3	1.56	5
GRB 100606A	L	…	480	3.6	5

注：reference 1 取自 Norris & Bonnell 2006；2 取自 Bostancı et al.，2013；3 取自 Norris et al.，2010；4 取自 Hu et al.，2014；5 取自 Kaneko et al.，2015。

3.4 二维平面(T_{90}-HR)的伽玛射线暴分类研究

我们发现 T_{90} 参数下的伽玛暴分类满足：BATSE 数据集支持伽玛暴分成二类，Fermi 数据集支持伽玛暴分成二类，Swift 数据集支持伽玛暴分成三类，Swift 已知红移的数据集支持伽玛暴分成二类。但单参数的分类标准相比双参数的分类标准不那么严谨，前面介绍过伽玛暴的两个重要观测指标是 T_{90} 和 HR 参数，因此本节我们将采用这两个参数重新开展伽玛暴的分类研究，以更好地探究伽玛暴的分类情况。

3.4.1 样本选取

我们获取了 1991 年 4 月 21 日至 2000 年 5 月 26 日之间的 BATSE 数据集，BATSE 卫星目录中共包含了三个不同能段的 S 数值，具体为 15keV～25keV 能段下的 S_1、50keV～100keV 能段下的 S_2 和 100keV～300keV 能段下的 S_3，经最终计算得到 1 954 个 BATSE 数据集下的 T_{90} 和 HR。

$$HR_{32}=\frac{S_3}{S_2}=\frac{S_{100\sim300\text{keV}}}{S_{50\sim100\text{keV}}} \tag{3-13}$$

我们也获取了 2008 年 7 月 14 日至 2024 年 2 月 18 日之间的 Fermi 数据集，由于

Fermi 卫星目录不含有有效的 S 数值，因此需要采用对应的光谱拟合模型来计算 HR 数值。这里我们利用 Compton 模型的 $N(E)$ 来计算 HR。关于 Compton 模型拟合的表达式可参看 1.2.1 节。HR 计算式如下：

$$HR=\frac{S_{100\sim300\mathrm{keV}}}{S_{25\sim50\mathrm{keV}}}=\frac{\int_{100\mathrm{keV}}^{300\mathrm{keV}}N(E)E\mathrm{d}E}{\int_{25\mathrm{keV}}^{50\mathrm{keV}}N(E)E\mathrm{d}E} \tag{3-14}$$

由于 2020 年 4 月 15 日后 Fermi 目录没有提供有效的光谱拟合参数，因此 Fermi 数据集的真正收集范围是 2008 年 6 月至 2020 年 4 月 15 日，我们最终筛选出 2 310 个样本用于计算有效的 HR 的数值。

我们还获取了 2004 年 12 月 20 日至 2024 年 2 月 18 日之间的 Swift 数据集，由于 Swift 目录中也没有固定能段的 S 数值，我们也采用了对应的光谱拟合模型来计算。

根据 BAT 目录下的参数形式，我们主要采用两种不同模型对伽玛暴的光谱进行拟合：简单的幂律形式（Power Law，PL）；截断式的幂律形式（Cut-off Power Law，CPL）。关于 PL 模型和 CPL 模型拟合的表达式可参看 1.2.1 节。

基于 PL 模型或 CPL 模型的 $N(\mathrm{E})$ 计算硬度 HR 的表达式为：

$$HR=\frac{S_{50\sim100\mathrm{keV}}}{S_{15\sim25\mathrm{keV}}}=\frac{\int_{50\mathrm{keV}}^{100\mathrm{keV}}N(E)E\mathrm{d}E}{\int_{15\mathrm{keV}}^{25\mathrm{keV}}N(E)E\mathrm{d}E} \tag{3-15}$$

我们最终筛选出 Swift 目录中 1 454 个样本的光谱指数 α、$\hat{\Gamma}$ 和 E_{p} 来计算 T_{90} 和 HR。

3.4.2　结果分析

我们在 3.3 节采用了 GMM 模型方法对伽玛暴的 T_{90} 参数进行了分类，但使用 GMM 模型衡量 T_{90} 分布是否合理仍是一个值得思考的问题。考虑到伽玛暴偏态分布的可能性，我们尝试着采用四种分布（正态分布 N/G、偏态分布 SN、学生分布 T、偏态学生分布 ST）对伽玛暴的 T_{90} 和 HR 参数进行拟合，力争找出每颗卫星的最优分布以及最优类的个数。

我们分别采用 2G 模型、3G 模型、2SN 模型、3SN 模型、2T 模型、3T 模型、2ST 模型、3ST 模型对 BATSE 数据集、Swift 数据集、Fermi 数据集进行二维散点的拟合，拟合系数见表 3-8、表 3-10、表 3-12。据表 3-8 分析，BATSE 数据集的最优拟合模型是 3T。据表 3-10 分析，Fermi 数据集的最优拟合模型是 3G。据表 3-12 分析，Swift 数据集的最优拟合模型是 3G。对每颗卫星的数据集，我们分别采用 AIC/BIC 信息评价标准来衡量几类最优、哪种分布最优，最优分类和分布展示见表 3-9、表 3-11、表 3-13。据表 3-9 分析，BATSE 数据集的最优拟合模型是 3T。据表 3-11 分析，Fermi 数据集的最优拟合模型是 3G。据表 3-13 分析，Swift 数据集的最优拟合模型是 3G。

1. BATSE 卫星

图 3-4-1 显示了 1 954 个 BATSE 数据集在 $\log T_{90}$-$\log HR$ 平面上的最优拟合结果。图中每种成分都使用它的半高全宽来表征（FWHM），第一种成分（长暴）的 FWHM =

0.061，第二种成分（中间暴）的 FWHM = 0.057，第三种成分（短暴）的 FWHM = 0.15。由于 1 954 个 BATSE 数据集中长暴（1 488 个）占比 76.2%，短暴（466 个）占比 23.8%，从最优拟合分布图上可观察到，长暴可以很好地分成二类，即最优拟合能把 BATSE 数据集下的伽玛暴分成三类，最优分布是 T 分布。

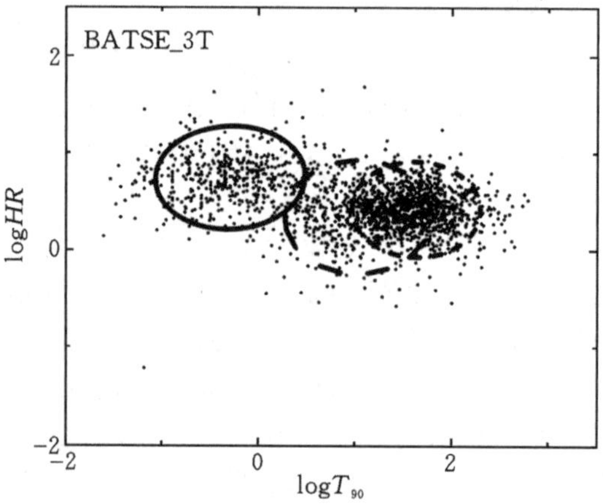

图 3-4-1 BATSE 数据集在 $\log T_{90}$-$\log HR$ 平面上的拟合图

注：图中实线表示第一种成分的半高全宽，长划线表示第二种成分的半高全宽，短划线表示第三种成分的半高全宽。

图 3-4-2 显示了 BATSE 数据集的信息评价标准。图中 AIC 的最优拟合模型是 3T 模型，AIC 的最小值为 4 747.148，AIC 的次优拟合模型是 3G 模型，3T 与 3G 的 ΔAIC 差值为 11.509，AIC 的最差拟合模型是 2G，AIC 支持 3T 模型。BIC 的最优拟合模型是 3T 模型，BIC 的最小值为 4 847.546，BIC 的次优拟合模型是 3G 模型，3T 与 3G 的 ΔBIC 差值为 5.93，BIC 的最差拟合模型是 2SN，BIC 也支持 3T 模型。因此，AIC/BIC 都支持 3T 模型，3T 模型的自由度为 $p_{3T}=18$。

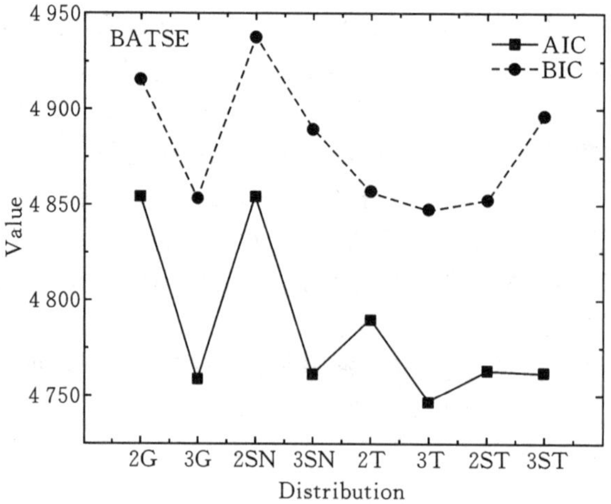

图 3-4-2 BATSE 数据集的信息评价标准

注：图中实心正方形表示 AIC 评价值，用实线连接，实心圆表示 BIC 评价值，用划线连接。

表 3-8　BATSE 数据集的拟合参数

1 Model	2 A	3 μ	4 $\sum$	5 λ	6 ν	7 $L_{\max}$	8 ΔAIC	9 ΔBIC	10 p
2G	0.290	(−0.200,0.724)	$\begin{pmatrix}0.554 & -0.002\\-0.002 & 0.279\end{pmatrix}$	…	…	−2 415.561	106.914	67.87	11
	0.710	(1.502,0.397)	$\begin{pmatrix}0.459 & 0.019\\0.019 & 0.236\end{pmatrix}$	…					
3G	0.247	(−0.306.0.758)	$\begin{pmatrix}0.500 & 0.013\\0.013 & 0.241\end{pmatrix}$	…		−2 359.336	11.509	5.93	17
	0.236	(1.062.0.354)	$\begin{pmatrix}0.569 & 0.002\\0.002 & 0.337\end{pmatrix}$	…	…				
	0.517	(1.613.0.427)	$\begin{pmatrix}0.391 & -0.000\,3\\-0.0003 & 0.192\end{pmatrix}$	…					
2SN	0.306	(0.102,0.879)	$\begin{pmatrix}0.638 & 0.033\\0.033 & 0.325\end{pmatrix}$	(−0.691, −0.893)	…	−2 377.601	106.867	90.133	15
	0.694	(1.292,0.525)	$\begin{pmatrix}0.501 & -0.019\\-0.019 & 0.268\end{pmatrix}$	(0.896, −0.954)					
3SN	0.220	(−0.068,0.896)	$\begin{pmatrix}0.556 & 0.060\\0.060 & 0.264\end{pmatrix}$	(−1.125, −1.031)	…	−2 354.469	13.95	41.837	23
	0.223	(1.196,0.192)	$\begin{pmatrix}0.654 & -0.109\\-0.109 & 0.432\end{pmatrix}$	(−0.998, 0.847)					
	0.557	(1.358,0.536)	$\begin{pmatrix}0.467 & -0.043\\0.043 & 0.227\end{pmatrix}$	(1.225, −0.966)					
2T	0.284	(−0.212,0.734)	$\begin{pmatrix}0.519 & -0.007\\-0.007 & 0.237\end{pmatrix}$	…	11.024	−2 382.350	42.476	9.009	12
	0.716	(1.504,0.404)	$\begin{pmatrix}0.43 & 0.016\\0.016 & 0.213\end{pmatrix}$	…					
3T	0.226	(−0.355,0.758)	$\begin{pmatrix}0.458 & 0.016\\0.016 & 0.223\end{pmatrix}$	…		−2 351.602	0	0	18
	0.156	(0.697,0.372)	$\begin{pmatrix}0.446 & -0.061\\-0.061 & 0.340\end{pmatrix}$	…	16.391				
	0.618	(1.588,0.425)	$\begin{pmatrix}0.383 & -0.002\\-0.002 & 0.200\end{pmatrix}$	…					
2ST	0.279	(−0.248,0.823)	$\begin{pmatrix}0.515 & -0.002\\-0.002 & 0.245\end{pmatrix}$	(0.060, −0.432)	11.818	−2 355.400	16.238	5.083	16
	0.721	(0.650,0.548)	$\begin{pmatrix}0.465 & 0.044\\0.044 & 0.252\end{pmatrix}$	(−0.521, −0.935)					
3ST	0.238	(−0.085,0.863)	$\begin{pmatrix}0.515 & 0.041\\0.041 & 0.243\end{pmatrix}$	(−0.759, −0.642)	15.802	−2 350.503	14.717	48.182	24
	0.249	(1.267,0.271)	$\begin{pmatrix}0.536 & -0.048\\-0.048 & 0.318\end{pmatrix}$	(−1.346, 0.774)					
	0.513	(1.483,0.519)	$\begin{pmatrix}0.386 & -0.029\\-0.029 & 0.221\end{pmatrix}$	(0.842, −0.779)					

表 3-9 BATSE 数据集的检测模型(AIC /BIC 数值按照模型次序依次排列,最小值下面有· 标记)

1 Model	2 AIC	3 Model	4 BIC
2G	4 854.062	2G	4 915.416
3G	4 758.657	3G	4 853.476
2SN	4 854.015	2SN	4 937.679
3SN	4 761.098	3SN	4 889.383
2T	4 789.624	2T	4 856.555
3T	4 747.148·	3T	4 847.546·
2ST	4 763.386	2ST	4 852.629
3ST	4 761.865	3ST	4 895.728

2. Fermi 卫星

类似的,我们分析了 Fermi 数据集下 2 310 个数据点的 T_{90} 和 HR 参数。图 3-4-3 显示了 Fermi 数据集在 $\log T_{90}$-$\log HR$ 平面的拟合图,图中第一种成分(长暴)的 FWHM = 0.040,第二种成分(中间暴)的 FWHM = 0.061,第三种成分(短暴)的 FWHM = 0.130。由于 Fermi 数据集长暴(1 938 个)占比 84%,短暴(372 个)占比 16%,因此长暴可能分成二类,Fermi 数据集支持分成三类。

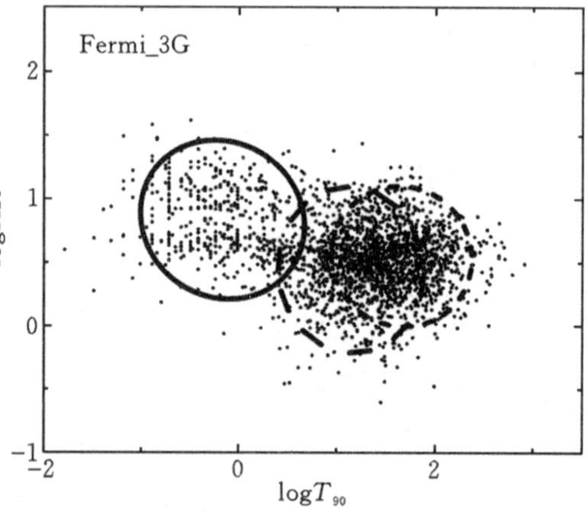

图 3-4-3 Fermi 数据集在 $\log T_{90}$-$\log HR$ 平面上的拟合图

注:图中实线表示第一种成分的半高全宽,长划线表示第二种成分的半高全宽,短划线表示第三种成分的半高全宽。

图 3-4-4 描述了 Fermi 数据集的信息评价标准,据图观察 AIC 的最优拟合是 3G 模型,AIC 的最小值是 5 453.544,AIC 的次优拟合是 3T 模型,3G 模型与 3T 模型的 ΔAIC 差值为 2.796,AIC 的最差拟合是 2SN 模型。BIC 的最优拟合是 2G 模型,BIC 的最小值是 5 549.736,BIC 的次优拟合是 3G 模型,2G 模型与 3G 模型的 ΔBIC 差值为 1.473,BIC

的最差拟合是 3ST 模型，BIC 支持 3G 模型最优。考虑到 $p_{3T}=18$，$p_{3N}=17$，AIC 也支持 3G 模型最优。因此，Fermi 数据集支持 3G 最优。

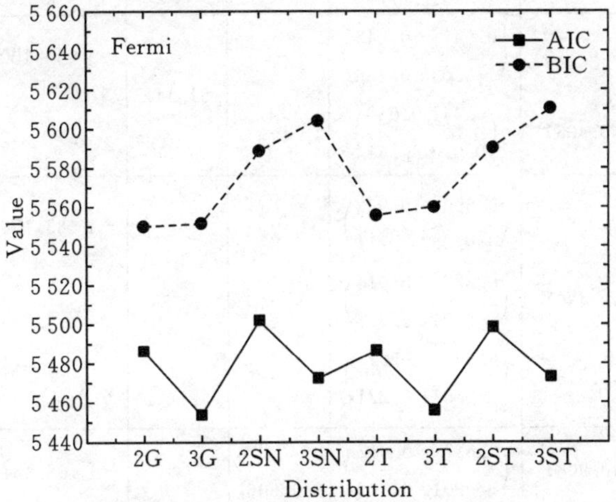

图 3-4-4　Fermi 数据集的信息评价标准

注：图中实心正方形表示 AIC 评价值，用实线连接，实心圆表示 BIC 评价值，用划线连接。

表 3-10　Fermi 数据集的拟合参数

1 Model	2 A	3 μ	4 $\sum$	5 λ	6 ν	7 $L_{\max}$	8 ΔAIC	9 ΔBIC	10 p
2G	0.210	(−0.093,0.814)	$\begin{pmatrix}0.557 & -0.042\\ -0.042 & 0.289\end{pmatrix}$	…	…	−1 525.740	32.997	0	11
	0.790	(1.450,0.490)	$\begin{pmatrix}0.448 & 0.014\\ 0.014 & 0.267\end{pmatrix}$	…					
3G	0.189	(−0.177.0.831)	$\begin{pmatrix}0.511 & -0.032\\ -0.032 & 0.284\end{pmatrix}$	…		−1 478.543	0	1.473	17
	0.345	(1.128.0.431)	$\begin{pmatrix}0.397 & -0.014\\ -0.014 & 0.311\end{pmatrix}$	…	…				
	0.466	(1.653.0.541)	$\begin{pmatrix}0.372 & -0.010\\ -0.010 & 0.223\end{pmatrix}$	…					
2SN	0.211	(0.239,0.931)	$\begin{pmatrix}0.646 & 0.045\\ 0.045 & 0.311\end{pmatrix}$	(−1.017, −0.723)	…	−1 499.467	48.868	38.851	15
	0.789	(1.221,0.621)	$\begin{pmatrix}0.502 & -0.024\\ -0.024 & 0.297\end{pmatrix}$	(0.816, −0.760)					
3SN	0.169	(0.039,0.705)	$\begin{pmatrix}0.551 & -0.064\\ -0.064 & 0.310\end{pmatrix}$	(−0.989, 0.789)		−1 470.025	18.645	54.588	23
	0.392	(1.348,0.544)	$\begin{pmatrix}0.483 & 0.009\\ 0.009 & 0.322\end{pmatrix}$	(−1.049, −0.629)	…				
	0.439	(1.440,0.641)	$\begin{pmatrix}0.430 & -0.043\\ -0.043 & 0.237\end{pmatrix}$	(1.094, −0.554)					

续表

Model	2 A	3 μ	4 Σ	5 λ	6 ν	7 L_{max}	8 ΔAIC	9 ΔBIC	10 p
2T	0.210	(−0.092,0.812)	$\begin{pmatrix}0.547 & -0.045\\ -0.045 & 0.286\end{pmatrix}$	…	51.441	−1 497.100	32.906	5.654	12
	0.790	(1.450,0.493)	$\begin{pmatrix}0.441 & 0.013\\ 0.013 & 0.261\end{pmatrix}$	…					
3T	0.187	(−0.182,0.832)	$\begin{pmatrix}0.500 & -0.032\\ -0.032 & 0.281\end{pmatrix}$	…	67.88	−1 483.156	2.796	10.014	18
	0.362	(1.130,0.436)	$\begin{pmatrix}0.389 & -0.014\\ -0.014 & 0.302\end{pmatrix}$	…					
	0.451	(1.667,0.543)	$\begin{pmatrix}0.361 & -0.011\\ -0.011 & 0.221\end{pmatrix}$	…					
2ST	0.215	(0.210,0.908)	$\begin{pmatrix}0.627 & -0.012\\ -0.012 & 0.307\end{pmatrix}$	(−0.823, −0.606)	11.746	−1 468.454	44.598	40.327	16
	0.785	(1.267,0.608)	$\begin{pmatrix}-0.478 & -0.015\\ -0.015 & 0.289\end{pmatrix}$	(0.639, −0.653)					
3ST	0.166	(−0.007,0.718)	$\begin{pmatrix}0.524 & -0.054\\ -0.054 & 0.304\end{pmatrix}$	(−0.838, 0.709)	99.155	−1 463.872	19.241	60.929	24
	0.369	(1.318,0.504)	$\begin{pmatrix}0.475 & -0.007\\ -0.007 & 0.309\end{pmatrix}$	(−1.020, −0.466)					
	0.465	(1.482,0.633)	$\begin{pmatrix}0.399 & -0.036\\ -0.036 & 0.236\end{pmatrix}$	(0.761, −0.460)					

表 3-11 Fermi 数据集的检测模型(AIC /BIC 数值大小按照顺序排列,最小值下面有·标记)

1 Model	2 AIC	3 Model	4 BIC
2G	5 486.541	2G	$\underset{\cdot}{5\ 549.736}$
3G	$\underset{\cdot}{5\ 453.544}$	3G	5 551.209
2SN	5 502.412	2SN	5 588.587
3SN	5 472.189	3SN	5 604.324
2T	5 486.45	2T	5 555.39
3T	5 456.34	3T	5 559.75
2ST	5 498.142	2ST	5 590.063
3ST	5 472.785	3ST	5 610.665

3. Swift 卫星

图 3-4-5 展示了 1 454 个 Swift 数据集在 $\log T_{90}$-$\log HR$ 平面上的拟合结果。图中,第一种成分(长暴)的 FWHM = 0.018,第二种成分(中间暴)的 FWHM = 0.086,第三

种成分的 FWHM = 0.170。由于 Swift 数据集长暴(1 330 个)占比 91.5%,短暴(124 个)占比 8.5%,因此长暴可能分成二类,Swift 数据集支持分成三类。

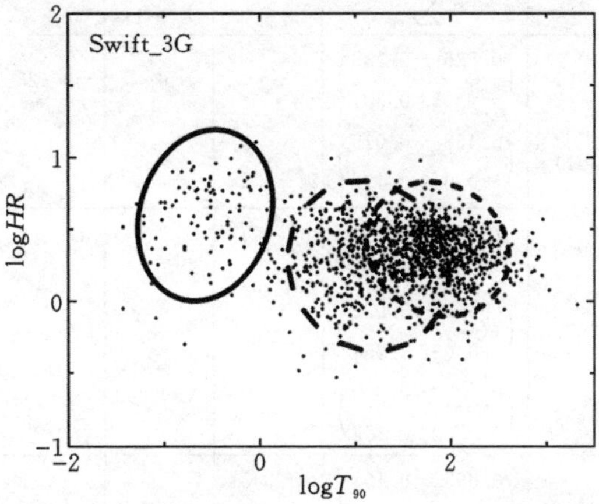

图 3-4-5　Swift 数据集在 $\log T_{90}$-$\log HR$ 平面上的拟合图

注:图中实线表示第一种成分的半高全宽,长划线表示第二种成分的半高全宽,短划线表示第三种成分的半高全宽。

图 3-4-6 描述了 Swift 数据集的信息评价标准,据图观察 AIC 的最优拟合是 3G 模型,AIC 的最小值为 2 669.01,AIC 的次优拟合是 3SN 模型,3G 与 3SN 的 ΔAIC 差值为 1.022,AIC 的最差拟合是 2ST 模型。BIC 的最优拟合是 3G 模型,BIC 的最小值为 2 758.805,BIC 的次优拟合是 3T 模型,3G 与 3T 的 ΔBIC 差值为 8.088,BIC 的最差拟合是 2ST 模型,BIC 支持 3G 最优。考虑到 $p_{3SN}=23$,$p_{3G}=17$,AIC/BIC 支持 3G 最优。因此,Swift 数据集支持 3G 最优。

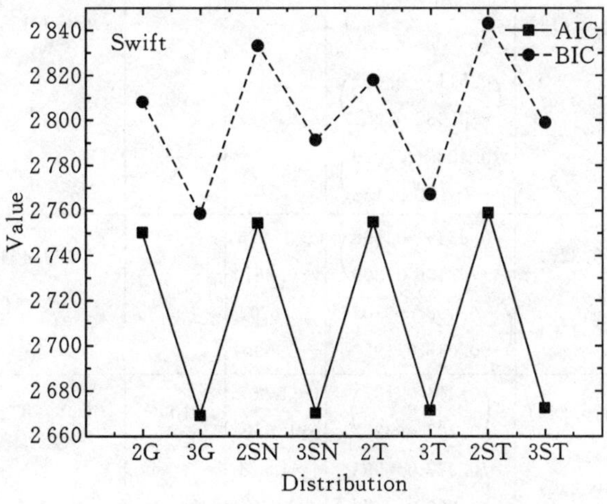

图 3-4-6　Swift 数据集的信息评价标准

注:图中实心正方形表示 AIC 评价值,用实线连接,实心圆表示 BIC 评价值,用划线连接。

表 3-12 Swift 数据的拟合参数

1 Model	2 A	3 μ	4 $\sum$	5 λ	6 ν	7 $L_{\max}$	8 ΔAIC	9 ΔBIC	10 p
2G	0.268	(0.574,0.296)	$\begin{pmatrix}0.826 & -0.133\\-0.133 & 0.301\end{pmatrix}$	…	…	−1 525.740	81.33	49.638	11
	0.732	(1.721,0.361)	$\begin{pmatrix}0.468 & -0.019\\-0.019 & 0.173\end{pmatrix}$	…					
3G	0.066	(−0.581.0.608)	$\begin{pmatrix}0.363 & 0.047\\0.047 & 0.256\end{pmatrix}$	…		−1 478.543	0	0	17
	0.390	(1.128.0.257)	$\begin{pmatrix}0.519 & -0.032\\-0.032 & 0.254\end{pmatrix}$	…	…				
	0.544	(1.859.0.374)	$\begin{pmatrix}0.407 & -0.029\\-0.029 & 0.158\end{pmatrix}$	…					
2SN	0.269	(1.086,0.335)	$\begin{pmatrix}0.963 & -0.101\\-0.101 & 0.315\end{pmatrix}$	(−1.451, −0.818)	…	−1 499.467	85.007	74.443	15
	0.731	(1.511,0.460)	$\begin{pmatrix}0.512 & -0.050\\-0.050 & 0.193\end{pmatrix}$	(−0.665, −0.694)					
3SN	0.067	(−0.331,0.854)	$\begin{pmatrix}0.427 & 0.114\\0.114 & 0.333\end{pmatrix}$	(−1.227, −1.810)		−1 470.025	1.022	32.715	23
	0.433	(1.438,0.403)	$\begin{pmatrix}0.582 & 0.018\\0.018 & 0.286\end{pmatrix}$	(−1.085, −1.032)	…				
	0.500	(1.666,0.479)	$\begin{pmatrix}0.448 & -0.064\\-0.064 & 0.177\end{pmatrix}$	(0.958, −0.824)					
2T	0.273	(0.588,0.294)	$\begin{pmatrix}0.818 & -0.133\\-0.133 & 0.296\end{pmatrix}$	…	100	−1 497.100	85.65	59.24	12
	0.727	(1.725,0.362)	$\begin{pmatrix}0.463 & -0.019\\-0.019 & 0.171\end{pmatrix}$	…					
3T	0.066	(−0.580,0.611)	$\begin{pmatrix}0.361 & 0.046\\0.0466 & 0.252\end{pmatrix}$	…		−1 483.156	2.805	8.088	18
	0.385	(1.119,0.256)	$\begin{pmatrix}0.511 & -0.032\\-0.032 & 0.251\end{pmatrix}$	…	100				
	0.549	(1.859,0.373)	$\begin{pmatrix}0.402 & -0.029\\-0.029 & 0.158\end{pmatrix}$	…					
2ST	0.267	(1.047,0.327)	$\begin{pmatrix}0.934 & -0.108\\-0.108 & 0.309\end{pmatrix}$	(−1.226, −0.667)	100	−1 468.454	89.655	84.374	16
	0.733	(1.538,0.458)	$\begin{pmatrix}-0.498 & -0.046\\-0.046 & 0.192\end{pmatrix}$	(0.570, −0.690)					
3ST	0.166	(−0.352,0.845)	$\begin{pmatrix}0.414 & 0.107\\0.107 & 0.325\end{pmatrix}$	(−1.067, −1.660)	100	−1 463.872	3.561	40.536	24
	0.401	(1.392,0.380)	$\begin{pmatrix}0.567 & 0.009\\0.009 & 0.277\end{pmatrix}$	(−1.028, −0.915)					
	0.533	(1.710,0.475)	$\begin{pmatrix}0.423 & -0.055\\-0.055 & 0.180\end{pmatrix}$	(0.620, −0.783)					

表 3-13　Swift 数据的检测模型(AIC /BIC 数值大小按照顺序排列,最小值下面有·标记)

1 Model	2 AIC	3 Model	4 BIC
2G	2 750.34	2G	2 808.443
3G	2 669.01	3G	2 758.805
2SN	2 754.017	2SN	2 833.248
3SN	2 670.032	3SN	2 791.52
2T	2 754.66	2T	2 818.045
3T	2 671.815	3T	2 766.893
2ST	2 758.665	2ST	2 843.179
3ST	2 672.571	3ST	2 799.341

3.4.3　总结与讨论

本节主要利用 CGRO/BATSE、Fermi/GBM 和 Swift/BAT 数据集在 $\log T_{90}$-$\log HR$ 平面上进行拟合,开展分类研究,结论如下:

首先,我们使用了 T_{90} 和 HR 两个参数来考察伽玛暴的分类情况,与仅仅考察 T_{90} 这单一参数相比,结论更可靠。

其次,很多人都采用 GMM 模型来讨论伽玛暴的分布,GMM 是一种普遍适用的正态分布,但伽玛暴的固有分布可能是偏态的。我们分别采用了 2G 模型、3G 模型、2SN 模型、3SN 模型、2T 模型、3T 模型、2ST 模型、3ST 模型来分析每颗卫星的最优分布和分类情况。

然后,我们利用 AIC/BIC 信息评价标准来查找最优的拟合模型及最优拟合模型下类的数目,最终得出 BATSE 数据集支持 3T、Fermi 数据集支持 3G,Swift 数据集支持 3G。

最后,我们得到持续时间位于长、短暴之间和光谱偏软的这类暴在三颗卫星数据集下都存在。

之前,我们经常使用高斯混合模型(正态分布)来拟合伽玛暴的分布,使用正态分布去拟合,总会看见第三类(持续时间在长、短暴之间,光谱很软)暴多次存在。后来 Prates 等人(2013)在 *Journal of Statistical Software* 上发表了一篇题为 *Mixsmsn: Finite Mixture of Scale Mixture of Skew-Normal Distributions* 的文章后,偏态分布(SN)才逐渐被人们所熟悉。基于偏态分布的思想,Tarnopolski(2015a)首次使用偏态分布对

$\log T_{90}$ 参数进行拟合，发现偏态分布拟合要比正态分布拟合好。Tarnopolski(Tarnopolski,2015c,2016b,2016c)分析得出，伽玛暴的 $\log T_{90}$ 分布可能是固有偏态的而不是正态的。强行使用GMM模型来拟合伽玛暴的 T_{90} 参数可能造成第三类的存在，而使用偏态分布对伽玛暴的 T_{90} 参数拟合可能消除中间类的存在。使用错误的数学分布函数会引入一个虚假类的出现，并且虚假类的物理机制我们也无法真正获取。Zitouni 等人(2015)认为伽玛暴的前身星包层质量的不对称性会造成伽玛暴的 $\log T_{90}$ 分布呈偏态。根据偏态分布的灵感，我们引入了二维的正态分布模型(G/N)、二维的偏态分布模型(SN)、二维的学生分布模型(T)、二维的偏态学生分布模型(ST)来检测伽玛暴的最优拟合模型和最优拟合模型下类的数目。经研究，Swift 卫星和 Fermi 卫星最终支持 3G，而不是 2SN。BATSE 卫星最终支持 3T，而不是 2ST。因此，关于伽玛暴的分布是固有偏斜的说法是不正确的。关于这个中间的类，一方面可能是 X 射线闪(Heise et al.,2001;Heise,2003;Kippen et al.,2003)，一方面可能是延展辐射暴，还有可能是长暴的尾巴(Řípa & Mészáros,2016)。此外，这类暴可能位于长、短暴之间，但平均硬度比 X 射线闪更高(Řípa et al.,2012)。

设备的选择效应也可能造成伽玛暴的分类不当(Tarnopolski,2015c;Řípa & Mészáros,2016)，如不同望远镜的观测能段不同，不同望远镜获取的 T_{90} 和 flux 数值不同。考虑到 Swift 卫星的观测能段为 15keV～150keV，Fermi 卫星的观测能段为 8keV～1 000keV，BATSE 卫星的观测能段为 10keV～1 000keV，Suzaku 卫星的观测能段为 50keV～5 000keV，因此，与 BATSE 卫星相比，Swift 卫星对软波段更加敏感，它更倾向于检测长暴和低光度长暴的尾巴(中间类的暴)，BATSE 卫星更倾向于检测到长暴而不是短暴，Fermi 卫星更倾向于检测到非常软的长暴和非常硬的短暴，中间类的软的长暴一般不可见。Suzaku 卫星模拟的 $\log T_{90}$ 分布与 BATSE 卫星和 Fermi 卫星类似。不同望远镜的灵敏度不同，因而获取的 T_{90}、flux、fluence 数值大小会有微小差别，进而会影响 HR 的计算结果。基于观测上的、统计上的、天体物理背景上的分析，位于长暴和短暴之间的中间暴(第三类暴)可能是存在的。

我们之前分析了单变量 $\log T_{90}$ 参数下的 Swift 暴的分类特点，所有的 Swift 暴大致满足三类分布。考虑红移这个参量对伽玛暴分类的影响，我们发现观测者坐标系下的 Swift 暴的 $\log T_{90}$ 参数可以分成二类。

3.5 基于二维平面(T_{90}-HR)下的最优分布和分类研究

纵观宇宙中的很多自然现象，如男性与女性的人口比例，激光束在湍流大气中的传播(Majumdar & Gamo 1982)，大气中积云的大小，地面上的闪电强度，软伽玛重复暴

SGR1806-20(Hurley et al.,1994)等等，这些自然现象背后的随机过程似乎都呈现出对称分布。这引发了我们的思考，我们想利用 bootstrap 方法深入分析伽玛暴的最优分布和基于最优分布下的分类信息等。

3.5.1 样本选取

我们选取了 CGRO/BATSE 卫星、Fermi/GBM 卫星和 Swift/BAT 卫星下的 T_{90} 和 HR 参数研究伽玛暴在二维平面下的最优分布和分类。

1. CGRO/BATSE 卫星

截至 2022 年 4 月 28 日，我们共获取了 2 702 个 CGRO/BATSE 卫星数据，其中 1 954 个暴含有有效的 T_{90}，50keV～100keV 能段范围内的 Fluence 数值和 100keV～300keV 能段范围内的 Fluence 数值。HR 计算公式为：

$$HR=\frac{S_{100\mathrm{keV}\sim 300\mathrm{keV}}}{S_{50\mathrm{keV}\sim 100\mathrm{keV}}}=\frac{\mathrm{Fluence}_3}{\mathrm{Fluence}_2} \tag{3-16}$$

2. Swift/BAT 卫星

截至 2022 年 4 月 28 日，我们共获取了 1 526 个 Swift/BAT 卫星数据(Gehrels et al.,2004;Butler et al.,2007;Jespersen et al.,2020)，其中 1 365 个暴含有有效的 T_{90} 和光谱拟合参数数值。HR 计算公式为：

$$HR=\frac{S_{50\mathrm{keV}\sim 100\mathrm{keV}}}{S_{15\mathrm{keV}\sim 25\mathrm{keV}}}=\frac{\int_{50\mathrm{keV}}^{100\mathrm{keV}} N(E)E\mathrm{d}E}{\int_{15\mathrm{keV}}^{25\mathrm{keV}} N(E)E\mathrm{d}E} \tag{3-17}$$

这里，最优的光谱拟合模型 $N(E)$ 是 PL 模型或 CPL 模型，PL 模型或 CPL 模型拟合的表达式可参看 1.2.1 节。

3. Fermi/GBM 卫星

截至 2022 年 4 月 28 日，我们共获取了 3 255 个 Fermi/GBM 卫星数据(von,Kienlin et al.,2020)，其中 2 310 个暴含有有效的 T_{90} 和光谱拟合参数数值。HR 计算公式为：

$$HR=\frac{S_{100\mathrm{keV}\sim 300\mathrm{keV}}}{S_{25\mathrm{keV}\sim 50\mathrm{keV}}}=\frac{\int_{100\mathrm{keV}}^{300\mathrm{keV}} N(E)E\mathrm{d}E}{\int_{25\mathrm{keV}}^{50\mathrm{keV}} N(E)E\mathrm{d}E} \tag{3-18}$$

这里，最优的光谱拟合模型 $N(E)$ 是 PL 模型、CPL 模型、Band 模型、Compton 模型或 SBPL 模型，PL 模型、CPL 模型、Band 模型、Compton 模型或 SBPL 模型的表达式可参看 1.2.1 节。

表 3-14 总结了三个卫星所具有的有效样本个数(总样本个数)及所需要的相关计算

参数。表 3-15 总结了我们采用的四种分布下所对应的自由度个数。

表 3-14 三颗卫星数据集①

1 数据集	2 数目[a]	3 数据源	4 模型[b]	5 参数[c]	6 能段范围 (keV)[d]	7 参考网址
CGRO/BATSE	1 954(2 702)	BATSE catalogue	—	T_{90},Fluence2,Fluence3	100～300,50～100	c
Swift/BAT	1 365(1 526)	Swift catalogue	PL	T_{90},index	50～100,15～25	f,g
			CPL	T_{90},index,E_{peak}	—	—
Fermi/GBM	2 310(3 255)	Fermi catalogue	PL	T_{90},index	300～100,50～25	h
			comp	T_{90},index,E_{peak}	—	—
			band	T_{90},alpha,bata,E_{peak}	—	—
			sbpl	T_{90},indexl,brken brkse,index2	—	—

表 3-15 四种分布下对应的自由度个数

1 模型	2 自由度个数(混合成分的个数)
N	$6n-1$
SN	$8n-1$
T	$6n$
ST	$8n$

① a:表示已知某颗卫星含有有效的参数(T_{90},HR,E_{peak},$alpha$,$beta$,$index$)的个数,括号里面的数值是截至2022 年 3 月 28 日某颗卫星可探测到的暴的总数

b:表示最优拟合模型,当数据网站上的 Fluence 不可用时,我们采用最优拟合模型来计算 HR 参数

c:表示使用最优拟合模型计算所需的参数

d:表示计算参数 HR 的能段范围

e:网址:https:// heasarc. gsfc. nasa. gov/ W3Browse/cgro/ batsegrb. html

f:网址:https://Swift. gsfc. nasa. gov/archive/grb_table/

g:网址:https://gcn. gsfc. nasa. gov/gcn3_archive. html

h:网址:https://heasarc. gsfc. nasa. gov/W3Browse/fermi/fermigbrst. html

3.5.2　技术方法

1. 数据处理语言

我们使用了 R 语言中 mixsmsn 包中的 smsn. mmix()函数来拟合数据集。smsn. mmix()函数是用于计算多变量情况下的 EM 算法。初值可设为 kmeans 下的任意值，EM 算法可能包含每一个最优计算下的任意值，从而导致 BIC 的输出值不稳定。为了克服这个问题，我们采用 Bootstrap 重采样方法来稳定 BIC 的输出。

研究过程中，我们设定初值为：mu＝NULL，sigma＝NULL，shape＝NULL，pii＝NULL，get. init＝TRUE，EM 算法下的初值设为 kmeans 下的任意值，error＝0. 0001 设定 EM 算法下的停止迭代次数。

2. 重采样方法

Bootstrap 重采样方法（Özel & Mayer-Hassel wander，1985）是一个有效的统计工具，可量化给定数据集的不稳定性。它从一个训练集中重复采集数据样本再拟合样本模型，这样可以稳定化样本模型。这里采用了 Bootstrap 重采样方法来稳定四种分布下 BIC 的输出值，以更好地确定伽玛暴的分布和分类情况。

3.5.3　结果分析

1. 拟合结果

我们分别研究了 CGRO/BATSE、Swift/BAT 和 Fermi/GBM 数据样本的 T_{90} 和 HR 特征参数，针对每颗卫星的 T_{90} 和 HR 参数分别采用四种分布（N、SN、T、ST）去拟合。并评估每种分布下的 1～5 类的 AIC/BIC 数值，根据评估结果找出每颗卫星下的最优拟合分布是什么，最优的类的个数有几个，同时，采用 Bootstrap 重采样方法稳定输出最优拟合分布及最优拟合分布下的类的个数。

表 3-16 详细展示了三颗卫星样本下 1 次拟合和 10^4 次拟合的四种分布结果。首先，我们发现 BATSE 数据样本在 1 次和 10^4 次下都满足 T 分布，Swift 和 Fermi 数据样本在 1 次和 10^4 次下都满足 N 分布，三颗卫星的数据样本都满足对称分布。其次，BATSE 数据样本在 1 次拟合下支持三类，在 10^4 次拟合下也支持三类，即 BATSE 数据样本分成三类。Swift 数据样本在 1 次拟合下支持三类，在 10^4 次拟合下也支持三类，即 Swift 数据样本分成三类。Fermi 数据样本在 1 次拟合下支持二类，二类与三类的 ΔBIC 差值为 1. 968，在 10^4 次拟合下支持三类，即 Fermi 数据样本分成三类。因此，三颗卫星样本都支持三类最优。最后，分别观察三颗卫星样本的最优拟合模型下的二类与三类的 ΔBIC 差值，Swift（1 365 个样本）的 ΔBIC＝46. 584，BATSE（1 954 个样本）的 ΔBIC＝8. 622、Fermi（2 310 个样本）的 ΔBIC＝1. 968。10^4 次重新拟合下，Swift 的 ΔBIC＝52. 007，

BATSE 的 ΔBIC＝14.217、Fermi 的 ΔBIC＝5.317，即三颗卫星都支持三类最优。

表 3-16 三颗卫星样本下 1 次和 10^4 次的 BIC 拟合结果①

1 探测器	2 重采样次数	3 成分数	4 BIC^a_{min}	5 ΔBIC(N)	6 ΔBIC(SN)	7 ΔBIC(T)	8 ΔBIC(ST)
CGRO/BATSE	1	1	4 848.189	756.463	354.644	727.414	299.48
		2	—	67.624	87.654	8.622	4.592
		3	—	6.477	40.444	0	45.911
		4	—	42.670	91.662	35.746	109.456
		5	—	83.043	161.680	74.808	151.307
	10^4	1	4 831.242	763.845	481.017	737.251	309.055
		2	—	63.771	72.380	14.217	19.377
		3	—	1.316	438.882	0	40.518
		4	—	34.032	89.507	29.415	90.180
		5	—	33.482	128.119	57.442	131.919
Swift/BAT	1	1	2 592.555	418.816	179.351	324.3	124.69
		2	—	46.584	69.711	56.473	80.434
		3	—	0	32.961	8.865	42.884
		4	—	33.504	91.662	39.720	89.291
		5	—	62.798	81.405	70.898	137.69
	10^4	1	2 576.229	428.414	130.388	336.370	133.266
		2	—	52.007	218.094	63.959	79.556
		3	—	0	71.233	10.363	32.960
		4	—	25.840	25.210	34.969	73.801
		5	—	50.677	65.535	60.654	112.524
Fermi/GBM	1	1	5 549.238	679.57	105.976	658.199	188.664
		2	—	0	193.943	5.614	43.499
		3	—	1.968	38.93	10.755	61.587
		4	—	47.963	56.071	57.018	119.216
		5	—	85.793	109.429	95.489	160.772
	10^4	1	5 532.556	690.352	153.794	668.223	195.384

① ^{a}表示 BIC 的最小值，10^4 次的计算中 BIC 取平均值，$\Delta BIC = BIC - BIC_{min}$。

续表

1 探测器	2 重采样 次数	3 成分数	4 BIC^{a}_{min}	5 ΔBIC(N)	6 ΔBIC(SN)	7 ΔBIC(T)	8 ΔBIC(ST)
		2	—	5.317	253.377	10.992	42.924
		3	—	0	40.859	10.148	53.376
		4	—	32.626	50.790	42.454	89.937
		5	—	65.993	90.584	66.188	128.966

图 3-5-1 显示了 CGRO/BATSE 数据集分别在 1 次和 10^4 次下模拟的 BIC 评价值。x 轴表示不同模型及每种模型下对应的数目，从左向右依次为：2N、3N、2SN、3SN、2T、3T、2ST、3ST。y 轴表示 BIC 数值。据图观察，1 次和 10^4 次下模拟的轮廓十分相似，但是 10^4 次的 BIC 数值稍微有点低。1 次的最优拟合模型是 3T，次优拟合模型是 3N。10^4 次的最优拟合模型是 3T，次优拟合模型是 3N，偏态分布 SN 和偏态学生分布 ST 被排除。BATSE 数据 3T 模型拟合最优。

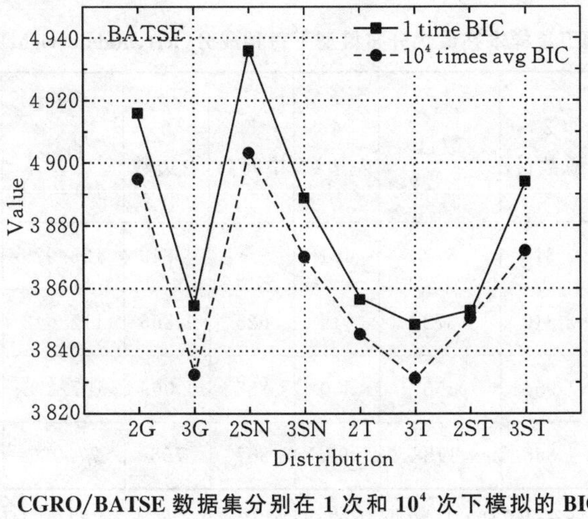

图 3-5-1　CGRO/BATSE 数据集分别在 1 次和 10^4 次下模拟的 BIC 评价值

注：图中实心正方形表示 1 次模拟的 BIC 评价值，用实线连接，实心圆表示 10^4 次模拟的 BIC 评价值，用划线连接。

图 3-5-2 展示了 CGRO/BATSE 数据集使用 3T 模拟下的 1 次和 10^4 次结果。x 和 y 轴都取对数值，$T_{90} = 2s$ 图中已经标出，每一类的半高全宽线形表示图中也已经标出。表 3-18 展示了 CGRO/BATSE 数据集最优拟合模型下长暴（1 069 个）、中间暴（385 个，占比 24.679%）和短暴（500 个）的个数。

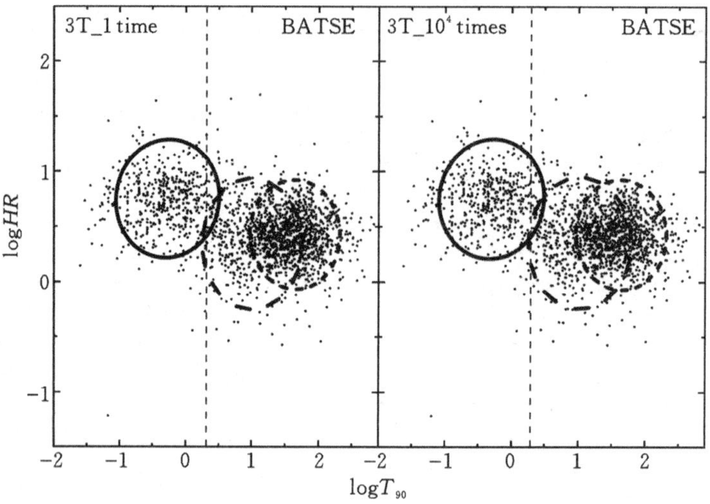

图 3-5-2 CGRO/BATSE 数据集使用 3T 模拟下的 1 次和 10^4 次结果

注：图中实线表示第一种成分（长暴）的半高全宽，长划线表示第二种成分（中间暴）的半高全宽，短划线表示第三种成分（短暴）的半高全宽。

表 3-17 三颗卫星样本在最优分布模型下每种成分（left、middle、right）的暴的个数①

1 数据集	2 总数目	3 数目 (T_{90}<2s)	4 左边数	5 中间数	6 右边数	7 占比 (ratio1[a])	8 占比 (ratio2[b])	9 占比 (ratio3[c])
Fermi/GBM(2*N*)	2 310	372	461	—	1 849	123.925	—	100
Fermi/GBM(3*N*)	2 310	372	419	625	1 266	112.643	33.051	66.949
CGRO/BATSE(3*T*)	1 954	466	500	385	1 069	107.296	26.479	73.521
Swift/BAT(3*N*)	1 365	118	92	507	766	77.966	39.827	60.173

图 3-5-3 展示了 Swift/BAT 数据集在 1 次和 10^4 次下模拟的 BIC 评价值，x 轴表示不同模型及每种模型下对应的数目，y 轴表示 BIC 数值。实线表示 1 次拟合结果，划线表示 10^4 次拟合后的 BIC 平均值。据图分析，1 次和 10^4 次的模型轮廓十分相似，但是 10^4 次的 BIC 值稍微有点低，1 次和 10^4 次的最优拟合模型都是 3N，次优拟合模型是 3T，3SN 和 3ST 被排除，这里 3N 是 BIC 的最小值，属于 Swift/BAT 的最优拟合模型。

① left no 表示伽玛暴半高全宽图中左边组（实线）的暴的个数，middle no 表示伽玛暴半高全宽图中中间组（长划线）的暴的个数，right no 表示伽玛暴半高全宽图中右边组（短划线）的暴的个数。

$$ratio1^{a}=\frac{\text{left no}}{\text{短暴的总个数}},\ ratio2^{b}=\frac{\text{middle no}}{\text{中间暴＋长暴的总个数}},\ ratio3^{c}=\frac{\text{right no}}{\text{中间暴＋长暴的总个数}}$$

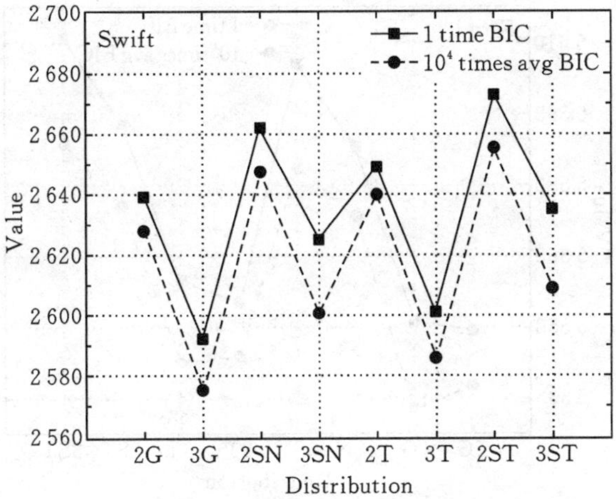

图 3-5-3　Swift/BAT 数据集分别在 1 次和 10^4 次下模拟的 BIC 评价值

注：图中实心正方形表示 1 次模拟的 BIC 评价值，用实线连接，实心圆表示 10^4 次模拟的 BIC 评价值，用划线连接。

图 3-5-4 展示了 Swift/BAT 数据集使用 3N 模拟下的 1 次和 10^4 次结果。x 轴和 y 轴都取对数值，T_{90} = 2s 图中已经标出，每一类的半高全宽线形表示图中也已经标出。表 3-18 展示了 Swift/BAT 数据集最优拟合模型下长暴（766 个）、中间暴（507 个，占比 39.827%）和短暴（92 个）的个数。

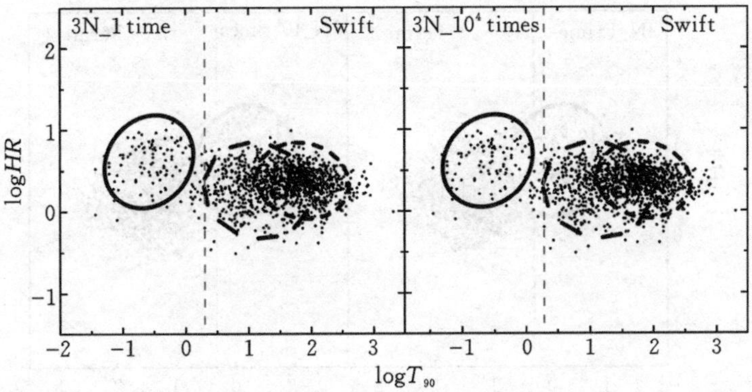

图 3-5-4　Swift/BAT 数据集使用 3N 模拟下的 1 次和 10^4 次结果

注：图中实线表示第一种成分（长暴）的半高全宽，长划线表示第二种成分（中间暴）的半高全宽，短划线表示第三种成分（短暴）的半高全宽。

图 3-5-5 展示了 Fermi/GBM 数据集在 1 次和 10^4 次下模拟的 BIC 评价值，x 轴表示不同模型及每种模型下对应的数目，y 轴表示 BIC 数值。实线表示 1 次拟合结果，划线表示 10^4 次拟合后的 BIC 平均值。据图分析，1 次和 10^4 次的模型轮廓十分相似，但是 10^4 次的 BIC 值稍微有点低。1 次的最优拟合模型是 2N，次优拟合模型是 3N，10^4 次的最优拟合模型是 3N，次优拟合模型是 2N，3SN 和 3ST 被排除，这里 2N/3N 属于 Fermi/GBM 的最优拟合模型。

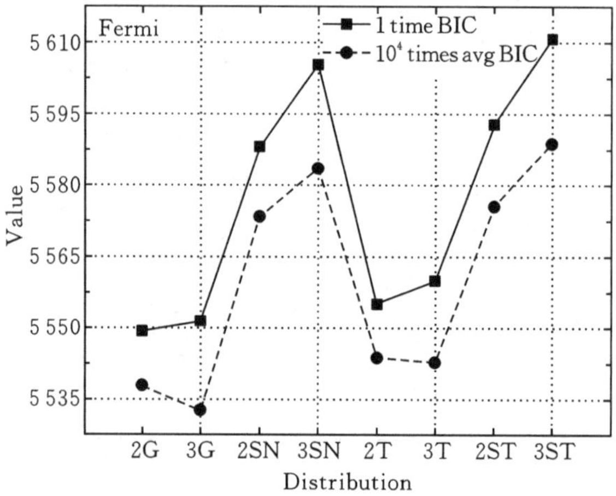

图 3-5-5 Fermi/GBM 数据集分别在 1 次和 10^4 次下模拟的 BIC 评价值

注：图中实心正方形表示 1 次模拟的 BIC 评价值，用实线连接，实心圆表示 10^4 次模拟的 BIC 评价值，用划线连接。

图 3-5-6 展示了 Fermi/GBM 数据集使用 2N/3N 模拟下的 1 次和 10^4 次结果。x 轴和 y 轴取对数值，$T_{90}=2$s 图中已经标出，每一类的半高全宽线形表示图中已经标出。表 3-18 展示了 Fermi/GBM 数据集最优拟合模型下长暴（1 266 个）、中间暴（625 个，占比 33.051%）和短暴（419 个）的个数。

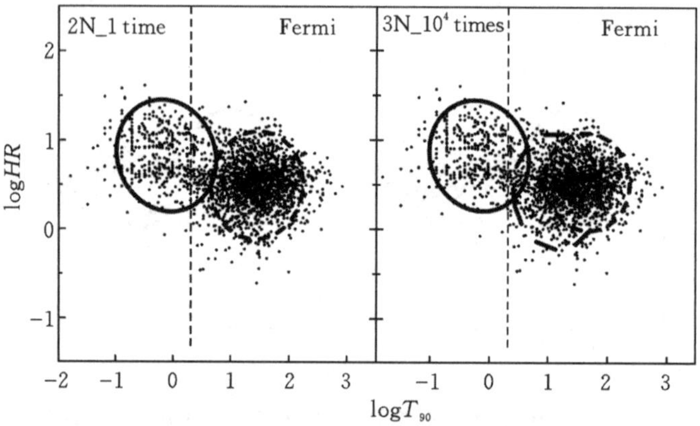

图 3-5-6 Fermi/GBM 数据集使用 2N/3N 模拟下的 1 次和 10^4 次结果

注：图中实线表示第一种成分（长暴）的半高全宽，长划线表示第二种成分（中间暴）的半高全宽，短划线表示第三种成分（短暴）的半高全宽。

2. 上述分析的不足

根据上述分析结果，我们最终发现 CGRO/BATSE 卫星、Fermi/GBM 卫星和 Swift/BAT 卫星都可以很好地用对称分布去拟合（N、T）。CGRO/BATSE、Swift/BAT 和 Fermi/GBM 样本都支持三类最优。

下面3个因素可能影响样本的分类,导致观测和计算会出现偏离,包括:

(1)不同望远镜的观测能段不同(Tarnopolski,2019b),即使是相同的样本用三个不同的望远镜去观测得到的持续时间 T_{90} 和硬度 HR 也会有差别。

(2)不同望远镜的内部阈值参数不同,例如探测视角大小、信噪比、灵敏度等(Tarnopolski 2019b)。这可能会导致三个样本出现重要的系统误差。

(3)每个望远镜的样本大小不同(内部探测到的伽玛暴数量不同),也可能影响伽玛暴的分类信息(Horváth,1998,2002;Tarnopolski,2015a,2019b)。

因素(1)和因素(2)都与望远镜的选择相关,它可以在很大程度上影响伽玛暴的分类(Qin et al.,2013)。要克服这一困难需要了解每个暴的原有光谱带宽和详细的设备响应特征,这远远超出了我们的研究范围。这里,我们只能从样本大小着手再次研究,看看随着样本量的增加伽玛暴分类信息是否会发生变化。实际上 Horváth(1998)很早使用过797个 BATSE 暴的样本,发现伽玛暴具有三峰结构,即 $\log T_{90}$ 分布中存在长暴、短暴、中间暴。随后,Horváth(2002)又分析了1 929个 BATSE 暴的样本,发现伽玛暴的三峰结构消失了,即样本大小影响了伽玛暴的分类个数。随着样本量的增多,二类越来越合适。

我们分析了三颗卫星的数据样本(swift 1 365个,BATSE 1 954个,Fermi 2 310个)后发现,随着三颗卫星数据样本量的增加,二种成分和三种成分的BIC差值越来越小,二类越来越合适。这强烈表明,样本大小会严重影响分类。当样本数量较小时,第三类就会出现,当样本数量较大时,第三类就会消失,其逐渐合并到长暴区域内。为了弄清样本大小如何具体影响伽玛暴的分类特性,我们使用了 Bootstrap 重采样算法来构建有意义的大样本,以进一步研究伽玛暴的分类特性。

3. Bootstrap 重采样分析

下面介绍了三颗卫星的 Bootstrap 的重采样过程:

(1)使用2T/3T把BATSE望远镜的样本拓展到3 255个。每个望远镜都使用最优的分布去拓展,例如BATSE使用T、Swift使用N、Fermi使用N,这里假定最优的分类方案是二类或三类。根据最优的分布函数,Bootstrap可以随机产生3 255个暴(Fermi望远镜截至到2022年3月28日共探测到了3 255个暴)。

(2)利用这伪造的3 255个样本,使用二种成分或三种成分去拟合。我们使用2T和3T模型去拟合3 255个BATSE样本,用2N和3N模型去拟合3 255个Swift样本和3 255个Fermi样本。

(3)重复步骤(1)和(2)10^4 次,并使用每次伪造的3 255个样本去评价二类最优还是三类最优。

表3-18展示了3 255个伪样本的BIC数值,图3-5-7、图3-5-8和图3-5-9展示了伪样本的最优拟合结果。我们发现,使用2T模拟BATSE的 10^4 次伪样本中100%都满足2T分布拟合最优,使用3T模拟BATSE的 10^4 次伪样本中99.58%都满足2T分布拟合最优,使用2N模拟Swift的 10^4 次伪样本中99.9%都满足2N分布拟合最优,使用3N模拟Swift的 10^4 次伪样本中99.72%都满足2N分布拟合最优,使用2N模拟Fermi的

10^4 次伪样本中 99.86%都满足 2N 分布拟合最优，使用 3N 模拟 Fermi 的 10^4 次伪样本中 96.08%都满足 2N 分布拟合最优。因此，无论最初假定的是三类分布还是二类分布，经过 3 225 个暴后的重采样分析后，每个样本最终还是支持二类分布。这强烈支持了大样本趋向于支持二类分布的方案。

表 3-18 每颗卫星拓展到 3 255 个样本后的 BIC 数值计算①

Resample 2T(N)				Resample 3T(N)		
1 数据集	2 2T(N)	3 3T(N)	4 $\Delta BIC<0^a$	5 2T(N)	6 3T(N)	7 $\Delta BIC<0^a$
CGRO/BATSE	14 560.829	14 606.858	10 000	14 300.49	14 340.361	9 958
Fermi/GBM	13 692.152	13 733.845	9 990	13 573.818	13 611.664	9 972
Swift/BAT	12 571.067	12 615.573	9 986	12 603.524	12 633.937	9 608

图 3-5-7 显示了 BATSE 卫星使用 2T/3T 模型的 Bootstrap 拓展后的最优拟合分布图。x 轴 y 轴都取对数值，$T_{90}=2s$ 在图中已经标出。拓展后的 3 255 个样本经 10^4 次 Bootstrap 分析后最优拟合模型是 2T 分布，据图观察长暴（实线）与短暴（短划线）的半高全宽几乎不重叠，分成二类较合适。

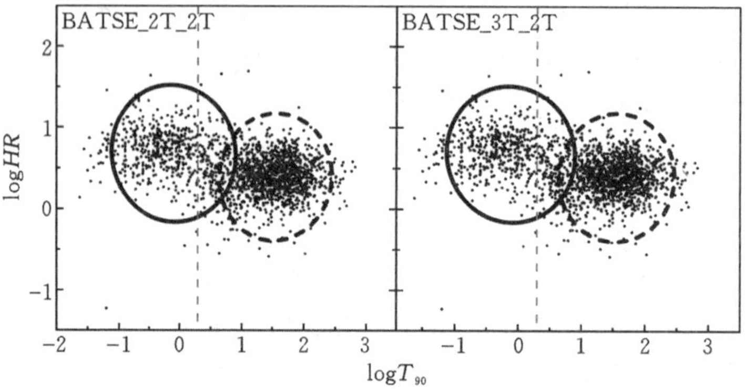

图 3-5-7 BATSE 卫星使用 2T/3T 的 Bootstrap 拓展后的最优拟合分布图

注：图中散点表示拓展后的 3 255 个暴，实线表示第一种成分（长暴）的半高全宽，短划线表示第二种成分（短暴）的半高全宽。

图 3-5-8 展示了 Swift 卫星使用 2N/3N 的 Bootstrap 拓展后的最优拟合分布图。x 轴 y 轴都取对数值，$T_{90}=2s$ 在图中已经标出。拓展后的 3 255 个样本经 10^4 次 Bootstrap 分析后最优拟合模型是 2N 分布，据图观察，长暴（实线）与短暴（短划线）的半高全宽几乎不重叠，分成二类较合适。

图 3-5-9 展示了 Fermi 卫星使用 2N/3N 的 Bootstrap 拓展后的最优拟合分布图。x

① 10^4 次拟合后，BIC 取平均值。

轴 y 轴都取对数值，$T_{90}=2s$ 在图中已经标出。拓展后的 3 255 个样本经 10^4 次 Bootstrap 分析后最优拟合模型是 2N 分布，据图观察，长暴（实线）与短暴（短划线）的半高全宽几乎不重叠，分成二类较合适。

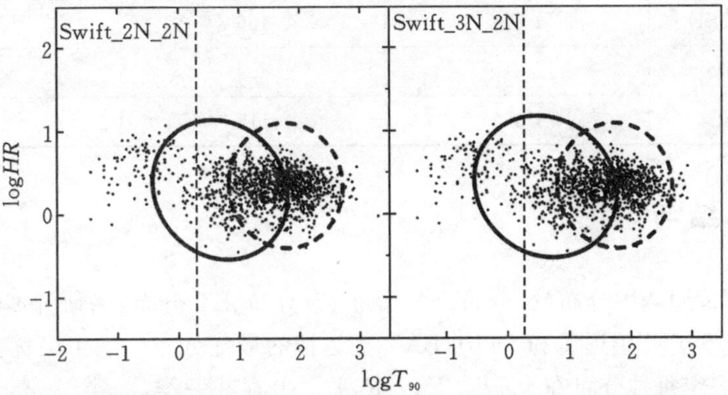

图 3-5-8　Swift 卫星使用 2N/3N 的 Bootstrap 拓展后的最优拟合分布图

注：图中散点表示拓展后的 3 255 个暴，实线表示第一种成分（长暴）的半高全宽，短划线表示第二种成分（短暴）的半高全宽。

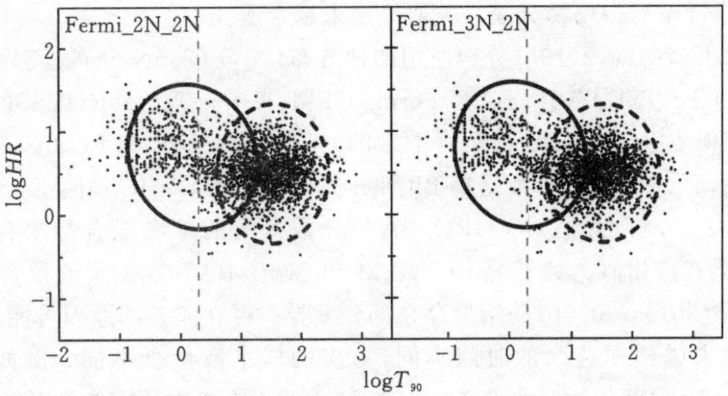

图 3-5-9　Fermi 卫星使用 2N/3N 的 Bootstrap 拓展后的最优拟合分布图

注：图中散点表示拓展后的 3 255 个暴，实线表示第一种成分（长暴）的半高全宽，短划线表示第二种成分（短暴）的半高全宽。

图 3-5-8 展示了 Swift 卫星使用 2N/3N 的 Bootstrap 拓展后的最优拟合分布图，据图观察有部分 Swift 暴分布在 $\log T_{90}$-$\log HR$ 平面内的短暴区域外侧（短划线的外侧），这是 Swift 卫星短暴数目较少，拟合权重较低造成的。表 3-19 展示了三颗卫星中短暴的占比：CGRO/BATSE 望远镜中短暴数目是 466 个，短暴占比是 23.8%；Fermi/GBM 望远镜中短暴数目是 372 个，短暴占比是 16.1%；Swift/BAT 望远镜中短暴数目是 118 个，短暴占比是 8.6%，Swift/BAT 望远镜中短暴占比最低，拟合权重小，造成外部漏出的短暴数目较多。

表 3-19 每颗卫星中的短暴个数

1 数据集	2 总数目	3 短暴数目	4 短暴占比(%)
CGRO/BATSE	1 954	466	23.8
Fermi/GBM	2 310	372	16.1
Swift/BAT	1 365	118	8.6

3.5.4 总结与讨论

我们分别采用四种分布(N 分布、SN 分布、T 分布、ST 分布)去研究 CGRO/BATSE 望远镜、Fermi/GBM 望远镜和 Swift/BAT 望远镜的最优分布。基于最优分布找出最佳的分类特征,假定每种分布在 $\log T_{90}$-$\log HR$ 平面上存在一类、二类、三类、四类和五类,使用 BIC 信息评价标准识别最优分布和类的个数。总体来说,三种样本都呈现对称分布(N 分布、T 分布)。CGRO/BATSE 和 Swift/BAT 最优拟合模型为 3T 、3N,Fermi/GBM 最优拟合模型为 3N,三种样本都支持伽玛暴分成三类最优。我们还发现样本大小对分类影响很大,随着样本数的逐渐增加(Swift 1 365 个样本,BATSE 1 954 个样本,Fermi 2 310 个样本),伽玛暴分成二类似乎越来越合适。

Tarnopolski(2019a,2019b)分别使用四种分布(N 分布、SN 分布、T 分布、ST 分布)去拟合 CGRO/BATSE、Swift/BAT、Fermi/GBM、Konus-Wind、RHESSI、Suzaku 的数据集。他们发现使用 AIC/BIC 评价标准后的 CGRO/BATSE 和 Fermi/GBM 数据集用 2ST 拟合最优,而 Swift/BAT 数据集 BIC 偏向于 2SN、2ST,AIC 偏向于 3SN、3ST。

根据表 3-16 分析,我们对 CGRO/BATSE 数据集的单次拟合结果与 Tarnopolski(2019b)的结果有点相似。对于 Fermi/GBM 和 Swift/BAT 数据集的拟合,我们的结果与 Tarnopolski(2019a,2019b)的结果存在部分差异。存在差异的原因可能是:首先,对于相同的望远镜来说样本选取的时间不同,对应的样本数量会不同。例如 Tarnopolski(2019)的 Fermi/GBM 望远镜含有 1 376 个暴,而我们在本次研究中涉及的 Fermi/GBM 暴有 2 310 个。Tarnopolski (2019)的 Swift/BAT 望远镜含有 1 033 个暴,而我们在本次研究中涉及的 Swift/BAT 暴有 1 365 个。其次,硬度比 *HR* 的计算也存在部分差异,我们在本次研究中对每个暴都采用了最优光谱拟合参数来计算硬度比。最后,我们还采用了 Bootstrap 方法来克服单次拟合的不稳定性。

第四章　伽玛射线暴的物理起源研究

本章主要从四个方面探讨伽玛暴的物理起源。具体来说,分为三个不同的研究方向。方向1探讨了伽玛暴的死亡与超新星成协性的关系,方向2探讨了伽玛暴的形成率与恒星形成率的成协性关系,方向3探讨了伽玛暴可能的物理喷流模型。这三个方向都旨在进一步解释长暴起源于大质量恒星坍缩、大质量的恒星死亡后会出现短暂的超新星爆发以及伽玛暴喷流的可能物理模型。

研究方向1主要介绍了射电波段中的伽玛暴的余辉与超新星之间的关联。通过18个伽玛暴在不同频率下的射电余辉与超新星之间的关联,来具体分析伽玛暴究竟与超新星之间存在何种关系。

研究方向2基于Swift卫星下最大的已知红移的样本,得到了379个数据样本,分析了样本的累积光度函数、累积红移函数、伽玛暴的形成率与恒星形成率之间的关系,得出了低红移处的形成率超出恒星形成率,高红移处的形成率与恒星形成率一致。我们的研究揭示了低红移处伽玛暴的超出现象,这一结果与Yu等人(2015)的结果非常相似。研究发现长暴可大致分成两类,$z<1$处的长暴可能有着特殊的物理起源,$z>1$处的长暴可以追溯为大质量的恒星坍缩死亡后的产物。

研究方向3,同样依据Swift样本,我们通过改变阈值组成样本1(阈值1)、样本2(阈值2),分析了阈值效应对累积光度函数、累积红移函数和伽玛暴事件率的影响。得出$z<1$处的2种阈值情况下的伽玛暴的事件率都超出恒星形成率,$z>1$处的2种阈值情况下的伽玛暴的事件率都与恒星形成率相吻合,同时还研究了阈值1、阈值2是否会改变累积光度函数、累积红移函数的问题。

4.1　理论基础

几千年前就有关于“客星”一词的解说,按照字面意思理解,“客星”就是众多星星中像外来客人一样做客的星星。日常生活中,家里不免会有一些客人过来拜访,客人的身份就是临时居住人员,总有一天会离开的。同样地,“客星”也取其字面意思,就是类似于过客的星星,在天上出现期间会发出奇特的光和热,持续一段时间,然后悄悄离去,再也不出现。“客星”就是我们所说的超新星。中国古代有很多关于“客星”的记载,下面略举一二。《后汉书·天文志》记载:“中平二年十月癸亥,客星出南门中,大如半筵,五色喜怒,稍小,至后年六月消。”这一段记录了东汉185年在圆规座和半人马座之间,在靠近南门二方向见到的一颗超新星,像半个竹席那么大,发出五种颜色的光芒,然后形状逐渐变小,一直持续到第二年六月后消失不见。《宋史》记载:“周伯星见,出氐南,骑官西一度,状如半月,有芒角,煌煌然可以鉴物。”其记录的超新星形状像半轮明月,看起来有棱角,非常明亮,可以照见物体。

新星是一种发光度大、辐射能量强的星星，由于超新星和新星有着惊人的相似之处，为了区别新星的特征，特取名为超新星。超新星是一种发射光度亮，但辐射能量不是很强的星星。超新星爆炸物质向外传播的速度达 3×10^5 km/s，爆炸中内外壳层会以 10% 的光速向外膨胀，并扫过星际介质、星际气体和星际尘埃，产生超新星遗迹。超新星爆炸是天文学中很常见的一种天文现象，它常常出现在大质量恒星的演化晚期，会出现短暂的超新星爆炸现象，爆炸后的数周或数月余辉随时间出现缓慢的衰减。

超新星可通过两种途径产生。第一，恒星内部的核聚变引发的二次燃烧。例如白矮星和其伴星组成的双星系统中，白矮星不断从伴星中吸积多余物质，引发白矮星内部的核聚变，产生二次燃烧，引发超新星爆炸；或者，白矮星与伴星相互吸积过程中发生合并，从而引发白矮星内部的核聚变，产生二次燃烧，引发超新星爆炸。第二，大质量的恒星坍缩，产生超新星爆炸。

伽玛暴可通过三种途径产生：第一，中子星与中子星的合并可产生伽玛暴（Eichler et al.，1989；Nakar，2007；Tanvir et al.，2013；Abbott et al.，2017；Goldstein et al.，2017；Paczyński，1991；Narayan et al.，1992），第二，中子星与黑洞的合并可产生伽玛暴（Nakar，2007；Zhang et al.，2009），第三，大质量的恒星坍缩可产生伽玛暴（Woosley，1993；Paczyński，1998；Bloom et al.，1999；MacFadyen & Woosley，1999；Woosley & Bloom，2006；Zhang & Choi，2008）。

伽玛暴是宇宙中非常猛烈的一种天文爆炸现象，它可以在短时间内（1ms～1 000ms 之间）辐射巨大的伽玛射线（Zhang，2 007；Gehrels et al.，2009），产生巨大的能量（Kouveliotou et al.，1993；Zhang & Choi，2 008；Zhang et al.，2020）。它的亮度极高，以至于高红移暴都可以被观测到，Hitherto 曾探测到最远红移暴 GRB 090423，其红移量 $z\approx8.2$（Tanvir et al.，2009；Salvaterra et al.，2009）。因此，伽玛射线暴可以预测极早期的宇宙现象，包括暗能量、恒星形成率、金属环境等（Wang & Dai，2014；Schaefer Bradley E.，2007；Wang & Dai，2011；Totani，1997；Wang，2013；McQuinn et al.，2008；Wang et al.，2012；Castro-Tirado et al.，2013）。

长暴指持续时间 $T_{90}>2$s 的暴。观测证据指出：长暴起源于大质量的恒星坍缩（Woosley，1993；Paczyński，1998；Woosley & Bloom，2006），核坍缩模型表明伽玛暴的事件率原则上可以用来示踪宇宙恒星形成率（Totani，1997；Wijers et al.，1998；Porciani & Madau，2001；Kistler et al.，2009；Wang & Dai，2009；Wanderman & Piran，2010；Butler et al.，2010；Elliott et al.，2012；Piran，2004；Zhang & Mészáros，2004；Zhang，2007）。观测证据还指出：长暴与大质量的恒星死亡相关。恒星演化到后期核中心坍缩形成超新星，例如 GRB980425/SN1998bw 和 GRB030329/SN2003dh（Hjorth et al.，2003；Stanek et al.，2003）。整体来说，低均值能量的与超新星相关联的暴比其他暴在射电波段更亮。我们可以推出观测到的射电光谱峰值光度 L_{peak} 与磁场强度 B 和粒子密度 n 的方根成正比：$L_{peak}\propto n^{1/2}B^{1/2}$。

Kistler 等人(2009)研究发现，$z<4.0$ 处的伽玛暴的事件率与恒星形成率一致，$z>4.0$ 处伽玛暴的事件率超出恒星形成率，这可能是受到金属丰度的影响（Li，2008；kinetal，2010）。

很多研究者（Fenimore & Ramire Ruiz，2000；Firmani et al.，2004；Guetta & Piran，2007）使用 $\log N\sim\log P$ 分布来研究光度函数和伽玛暴的形成率的关系。由于 $\log N\sim\log P$ 分布是固有光度函数与伽玛暴形成率的卷积产物，因此光度函数与伽玛暴的形成率由此产生了关联（Firmani et al.，2004；Guetta & Piran，2007）。

此外，观测上伽玛暴的红移分布和形成率存在几个选择效应(Coward 2007)，其中，最重要的一个选择效应是探测器的观测限制。Swift 望远镜存在一个 flux 限(Gehrels et al.,2004;Butler et al.,2007;Jespersen et al.,2020)，一旦暗暴低于 flux 限望远镜就无法看到，观测数据将被截断，但截断的观测数据很难得出伽玛暴的固有分布特性。Lynden Bell(1971)采用了一个很有趣的方法来研究光度函数和 flux 限的集群样本的密度演化，称为 Lynden-Bell's c-方法。Lynden-Bell's c-是一种非参数的统计方法(Lynden-Bell,1971;Efron & Petrosian,1992)，它并不是一个普通的方法，而是一个独特的非参数的最大似然估计算法，主要针对单变量的随机截断数据样本。它可以把样本和多样化的选择过程结合起来，因此它比传统的拟合方法更有效(Wu et al.,2012;Yu et al.,2015;Petrosian et al.,2015;Pescalli et al.,2016;Tsvetkova et al.,2017;Zhang & Wang,2018;Xu et al.,2021)。之后，很多天文领域也广泛使用此方法，例如星系(Merighi et al.,1986;Peterson et al.,1986)、长暴(Yonetoku et al.,2004;Lloyd-Ronning et al.,2002;Kocevski & Liang,2006;Wu et al.,2012)、短暴(Yonetoku et al.,2014;Lynden-Bell,1971;Efron & Petrosian,1992;Petrosian,1993;Maloney & Petrosian,1999)等。

使用 Lynden-Bell's c-方法的前提是光度 L 和红移 z 是独立的变量(Lynden-Bell,1971;Efron & Petrosian,1992)。所以，使用 Lynden-Bell's c-方法之前需要使用非参数的检测方法(Efron & Petrosian,1992)来检测光度 L 和红移 z 的独立性。很多文章都采用 Lynden-Bell's c-方法来研究光度函数、伽玛暴的爆发率函数等。例如，Yonetoku 等人(2004)利用 689 个 BATSE 暴的伪红移数据样本得到伽玛暴的光度函数和形成率，他们发现伽玛暴的爆发率在 $1.0<z<10.0$ 之间几乎为一个常量，$z<4.0$ 时伽玛暴的事件率和恒星形成率一致。Kocevski & Liang (2006)发现伽玛暴的形成率在 $z<1.0$ 处增加得很快，在 $1.0<z<3.0$ 之间很平滑，在 $z>3.0$ 处下降得很快。Wu 等人(2012)利用 95 个 Swift 样本研究伽玛暴的事件率，发现在 $0.0<z<1.0$ 处增加得很快，在 $1.0<z<4.0$ 处几乎为一常量，在 $z>4.0$ 处开始下降，伽玛暴的事件率与恒星形成率一致吻合(Hopkins & Beacon,2006;Kistler et al.,2009;Yüksel et al.,2008;Wang & Dai,2009)。Yu 等(2015)采用了非参数的方法研究了 127 个暴，发现随着红移的增大伽玛暴的事件率反而降低，低红移处 $z<1.0$ 的恒星形成率逐渐增加(Petrosian et al.,2015;Zhang & Wang,2018)，高红移 $z>1.0$ 处的恒星形成率逐渐降低，低红移处 $z<1.0$ 的事件率超出恒星形成率。相反地，Pescalli 等人(2016)同样采用了非参数方法对 81 个 Swift 长暴进行统计研究，发现低红移处的伽玛暴的事件率并没有超出恒星形成率。Lan 等人(2019)再次使用 Descalli 研究过的 81 个 Swift 长暴样本，应用最大似然估计算法检测光度函数和事件率，得出 $z<2.0$ 处伽玛暴的事件率一致相符于恒星形成率，$z>2.0$ 处伽玛暴的事件率与恒星形成率不再相符。因此，低红移处的伽玛暴的事件率与恒星形成率的关系一直以来都是一个开放的问题，至于其原因到现在还没人能解释。事实是，低红移暴的数量实在太有限了，这可能造成低红移处事件率的估计出现很大偏差。4.4 节和 4.5 节着重探讨了低红移下的伽玛暴事件率与恒星形成率的关系，以及阈值对事件率、光度函数的影响等。

伽玛射线暴爆发后的数小时至数月内会表现出多波段的余辉现象。Huang 等人(2000)根据前人的研究结果和现有的大量观测数据，修订并整理了较为完备、合理的余辉喷流演化过程。我们采用 Huang 等人(2000)的思想，分析了不同情况下的喷流演化模型，希望借助演化模型来进一步探索 GRB 的余辉辐射机制、GRB 的物理起源等。这部分研究仅是初步研究，有待后续的深入探讨。

4.2 参数计算与方法

4.2.1 余辉动力学演化

伽玛暴喷流模型的演化一直以来都是备受争议的话题，Huang 等人(2000)经多次整理修订提出了较完整、较合理的喷流演化过程。

(1)喷流持续时间一般长达 5～7 天，因此余辉的讨论不能仅仅局限于极端相对论($\gamma \gg 1$)的喷流过程，还要讨论弱相对论($2 \leqslant \gamma \leqslant 5$)和非相对论($\gamma \leqslant 1.5$)的喷流过程。

(2)前人对余辉的讨论只局限于极端相对论过程，侧向膨胀速度($c_s = \frac{c}{\sqrt{3}}$，c 是光速)是一个常数(Rhoads，James E.，1997)。但多数余辉的讨论不能仅仅局限于极端相对论过程，还要考虑弱相对论和非相对论过程，因此侧向膨胀速度不再是一个常数，而是一个随时间变化的变量。

(3)前人对余辉的激波辐射只讨论绝热过程($\varepsilon = 0$)，但多数激波辐射是从高度辐射阶段逐渐向绝热过程的过渡($\varepsilon \sim 0-1$)。Huang 等人对余辉动力学演化方程总结如下。

喷流能量(E_0)演化：

$$E_0 = \gamma_0 M_{ej} c^2 \tag{4-1}$$

式中，γ_0 表征最初喷射物的洛伦兹因子，M_{ej} 表征最初喷射物的质量。

半径(R)随不同坐标下时间的(t_b, t_{co}, t)的演化：

$$\mathrm{d}R = \beta c \, \mathrm{d}t_b \tag{4-2}$$

$$\mathrm{d}t_b = \gamma \, \mathrm{d}t_{co} = \gamma\left(\gamma + \sqrt{\gamma^2 - 1}\right)\mathrm{d}t, \quad \beta = \frac{\sqrt{\gamma^2 - 1}}{\gamma}$$

$$\frac{\mathrm{d}R}{\mathrm{d}t} = \beta c \gamma\left(\gamma + \sqrt{\gamma^2 - 1}\right) \tag{4-3}$$

式中，R 表征暴源坐标系下的半径，t_b 表征暴源坐标系下的时间，t_{co} 表征共动坐标系下的时间，t 表征观测者坐标系下的时间。

扫过的星际介质(m)随半径(R)的演化：

$$\frac{\mathrm{d}m}{\mathrm{d}R} = 2\pi R^2 (1 - \cos\theta) n m_p \tag{4-4}$$

式中，n 表征星际介质数密度，m_p 表示质子质量。

喷流的半张角(θ)随时间(t)的演化：

$$\frac{\mathrm{d}\theta}{\mathrm{d}t} = \frac{1}{R}\frac{\mathrm{d}a}{\mathrm{d}t} = \frac{c_s\left(\gamma + \sqrt{\gamma^2 - 1}\right)}{R} \tag{4-5}$$

式中，$\theta \approx \frac{a}{R}$，$a$ 是共动系中的横向半径。

洛伦兹因子(γ)随质量(m)的演化：

$$\frac{\mathrm{d}\gamma}{\mathrm{d}m} = -\frac{\gamma^2 - 1}{M} = -\frac{\gamma^2 - 1}{M_{ej} + \varepsilon m + 2(1 - \varepsilon)\gamma m} \tag{4-6}$$

侧向膨胀速度(c_s^2)的演化：

$$c_s^2 \equiv \left(\frac{\mathrm{d}p'}{\mathrm{d}e'}\right)_s = \frac{\hat{\gamma}p'}{}\left[\frac{(\hat{\gamma}-1)\rho'}{(\hat{\gamma}-1)\rho'+\hat{\gamma}\rho'}\right]c^2 = \hat{\gamma}(\hat{\gamma}-1)(\gamma-1)\frac{1}{1+\hat{\gamma}(\gamma-1)}c^2 \tag{4-7}$$

式中，$c_s=\frac{c}{\sqrt{3}}$，$p'=(\hat{\gamma}-1)(e'-\rho'c^2)$和$e'=\gamma\rho'c^2$分别表征共动坐标系中的压强和能量密度(Kirk & Duffy, 1999)，$\hat{\gamma}=\frac{(4\gamma+1)}{(3\gamma)}$表征共动系中的绝热指数(Dai et al., 1999)，ρ'表征共动系中的质量密度。

在极端相对论情况下，假定$\gamma\gg1$，$\hat{\gamma}=\frac{4}{3}$，则有$c_s^2=\frac{c^2}{3}$。

在非相对论情况下，假定$\gamma\sim1$，$\hat{\gamma}=\frac{5}{3}$，则有$c_s^2=\frac{5\beta^2c^2}{9}$。

辐射效率(ε)演化：

$$\varepsilon=\frac{t'^{-1}_{syn}}{(t'^{-1}_{\mathrm{syn}}+t'^{-1}_{\mathrm{ex}})} \tag{4-8}$$

式中，$t'_{\mathrm{syn}}=\frac{6\pi m_e c}{(\sigma_T B'^2\gamma_{e,\min})}$，$t'_{\mathrm{syn}}$是同步辐射的冷却时间，$\sigma_T$是托马斯散射截面，$t'_{ex}=\frac{R}{(\gamma c)}$，$t'_{\mathrm{ex}}$是共动坐标系中的膨胀时间。

同步辐射演化：

激波的电子数密度随速度的演化方程

$$\frac{\mathrm{d}N'_e}{\mathrm{d}\gamma_e}\propto\gamma_e^{-p}\quad(\gamma_{e,\min}\leqslant\gamma_e\leqslant\gamma_{e,\max}) \tag{4-9}$$

式中，$\gamma_{e,\max}$表征最大的洛伦兹因子，$\gamma_{e,\max}=10^8\left(\frac{\mathrm{B}'}{1\mathrm{G}}\right)^{-1/2}$，$2\leqslant p\leqslant3$。定义标准洛伦兹因子$\gamma_c=\frac{6\pi m_e c}{\sigma_T\gamma B'^2 t}$。

当$\gamma_c\leqslant\gamma_{e,\min}$时：

$$\frac{\mathrm{d}N'_e}{\mathrm{d}\gamma_e}\propto C_1\gamma_e^{-(p+1)}\quad(\gamma_{e,\min}\leqslant\gamma_e\leqslant\gamma_{e,\max})$$

式中，$C_1=\frac{p}{\gamma_{e,\min}^{-p}-\gamma_{e,\max}^{-p}}N_{\mathrm{ele}}$，$N_{\mathrm{ele}}$是辐射电子的总数目。

当$\gamma_{e,\min}\leqslant\gamma_c\leqslant\gamma_{e,\max}$时：

$$\frac{\mathrm{d}N'_e}{\mathrm{d}\gamma_e}=\begin{cases}C_2\gamma_e^{-p}\\ C_3\gamma_e^{-(p+1)}\end{cases}$$

式中，$C_2=\frac{C_3}{\gamma_c}$，$C_3=\left[\frac{\gamma_{e,\min}^{-p}-\gamma_c^{1-p}}{\gamma_c(p-1)}+\frac{\gamma_c^{-p}-\gamma_{e,\max}^{-p}}{p}\right]N_{ele}$。

当$\gamma_c\geqslant\gamma_{e,\max}$时：

$$\frac{\mathrm{d}N'_e}{\mathrm{d}\gamma_e}\propto C_4\gamma_e^{-p}\quad(\gamma_{e,\min}\leqslant\gamma_c\leqslant\gamma_{e,\max})$$

式中，$C_4=\frac{p-1}{\gamma_{e,\min}^{1-p}-\gamma_{e,\max}^{1-p}}N_{ele}$。

相对论演化(Rybicki & Lightman,1979):

观测者坐标系中功率的角分布:

$$\frac{\mathrm{d}P(\nu)}{\mathrm{d}\Omega}=\frac{1}{\gamma^3(1-\beta u)^3}\frac{\mathrm{d}P'(\nu')}{\mathrm{d}\Omega'}=\frac{1}{\gamma^3(1-\beta u)^3}\frac{P'(\nu')}{4\pi} \tag{4-10}$$

式中,$\nu=\dfrac{\nu'}{\gamma(1-\beta u)}$。

等时面演化(Waxman,1997;Sari Piran & Narayan,1998;Panaitescu & Meszaros,1998):

$$t=\int\frac{1-\beta u}{\beta c}\mathrm{d}R\equiv\text{const} \tag{4-11}$$

4.2.2 非参数统计方法

非参数的统计方法可以用来分割伽玛暴的光度 L 和伽玛暴红移 z 之间的独立性,使用这种方法我们可以较好地从光度函数的表达式中得出光度的演化函数。如果光度 L 和红移 z 是相互独立的,则联合分布函数 $\Psi(L,z)$的表达式为 $\Psi(L,z)=\psi(L)\varphi(z)$,这里 $\psi(L)$表示伽玛暴的累积光度函数,$\varphi(z)$表示伽玛暴的累积红移函数。实际上光度 L 和红移 z 不是相互独立的,$\Psi(L,z)=\psi_z(L)\varphi(z)$。这里 $\psi_z(L)$表示伽玛暴在红移 z 处的光度函数。为了更好地描述光度 L 和红移 z 之间的独立性,Yonetoku 等人(2004)、Kocevski & Liang 等人(2006)、Wu 等人(2012)引入了 $g(z)$函数,使得光度 L 和红移 z 能独立开来。设定 $L_0=L/g(z)$,可以得到 $\Psi(L,z)=\psi_z(L)\varphi(z)\propto\psi(L_0)\varphi(z)$,这里改正后的光度 $L_{0,i}$ 和红移 z_i 是相互独立的,满足非参数 τ 检测的基本要求。

非参数的 τ 检测方法(Lloyd-Ronning et al., 2002; Yonetoku et al., 2004; Dainotti et al., 2015; Petrosian et al., 2015; Yu et al., 2015; Zhang & Wang,2018)试图构造光度演化函数 $g(z)=(1+z)^k$,使得光度 $L_{0,i}$ 和红移 z_i 是相互独立的。

如图 4-2-1,首先,定义 J_i 区域的表达式为 $J_i=\{j\mid L_j\geqslant L_i,z_j\leqslant z_{i,\max}\}$,这里,$L_i$ 是第 i 个暴的光度,$z_{i,\max}$ 是第 i 个暴在给定光度 L_i 下的最大红移值。图 4-2-1 中的 J_i 为图形上方的实线方框 N_i 区域,实线方框区域内伽玛暴的总个数为 n_i,则 J_i 区域内的除去第 i 个暴的数目为 $N_i=n_i-1$。其次,我们定义 J'_i区域的表达式为 $J'_i=\{j\mid L_j\geqslant L_{i,\lim},z_j\leqslant z_i\}$,这里 $L_{i,\lim}$ 是第 i 个暴在红移 z_i 处的最小可观测光度,图 4-2-1 中的 J'_i为图形上方的虚线方框 M_i 区域。

非参数的 τ 检测中心的思想是:对任意 i 暴,先构造 J_i 区域,再构造 J'_i区域,最后构造 R_i 区域并使得 τ 收敛为 0。假设第 i 个暴的光度为 L_i,红移为 z_i,则 R_i 的表达式为 $R_i=\{j\mid L_j\geqslant L_{i,\lim},z_j\leqslant z_{i,\max}\}$。$R_i$ 为图 4-2-1 上方实线方框和虚线方框的交叠区域,R_i 区域内伽玛暴的总个数在 $1\sim n_i$ 之间。统计检测 τ 定义为 $\tau\equiv\sum_i(R_i-E_i)/\sqrt{\sum_i V_i}$,这里,$E_i=(1+n_i)/2$,$V_i=(n_1^2-1)/2$ 分别表示 R_i 区域内的均值和方差。一般而言,要求统计 τ 检测中的样本数量同时满足 $R_i\leqslant E_i$ 和 $R_i\geqslant E_i$ 即 $R_i=E_i$,以使得统计检测 τ 趋向 0,即通过调整 k 值,直到 τ 收敛为 0,得到光度演化函数 $g(z)$,从而使得第 i 个暴的光度 L_i 和红移 z_i 由非独立变成独立。

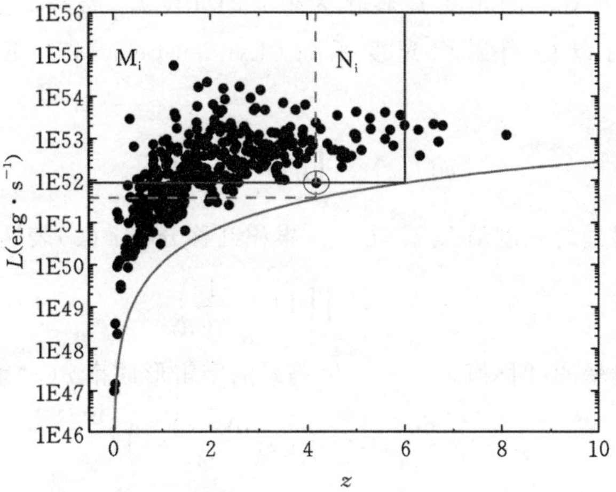

图 4-2-1　Swift 卫星下的光度(L)和红移(z)分布图

注：黑色的圆点表征 379 个长暴，弯曲实线表征 Swift 望远镜的观测限($F_{min}=2.0\times10^{-8}\text{erg}^{-1}\cdot\text{cm}^{-2}$)，$M_i$ 和 N_i 对应区的各类线形表示图中已经标出。

很多文章(Lloyd-Ronning et al.，2002；Yonetoku et al.，2004；Wu et al.，2012；Kocevski & Liang 2006；Yonetoku et al.，2014)构造的 g(z)函数满足 $g(z)=(1+z)^k$，这里我们仍然采用此种函数形式，调整 k 值，将光度 L_0 和红移 z 独立开来直至 $\tau=0$ 收敛结束。根据 Yu 等人(2015)的文章思路，我们采用相同的思想，不断地调整 k 值，直到 k 值满足 $k=3.10^{+0.18}_{-0.20}$ 后，光度 L_0 和红移 z 独立开来。光度演化函数满足 $g(z)=(1+z)^{3.10}$，$k=0$ 被拒绝在 8σ 置信区间内。图 4-2-2 的结果($k=3.10^{+0.18}_{-0.20}$)与 Yonetoku 等人(2004)的结果($k=2.60^{+0.15}_{-0.20}$)相似，$k=0$ 被拒绝在 8σ 置信区间内，与 Wu 等人(2012)的结果($k=2.30^{+0.56}_{-0.51}$)有些差别。

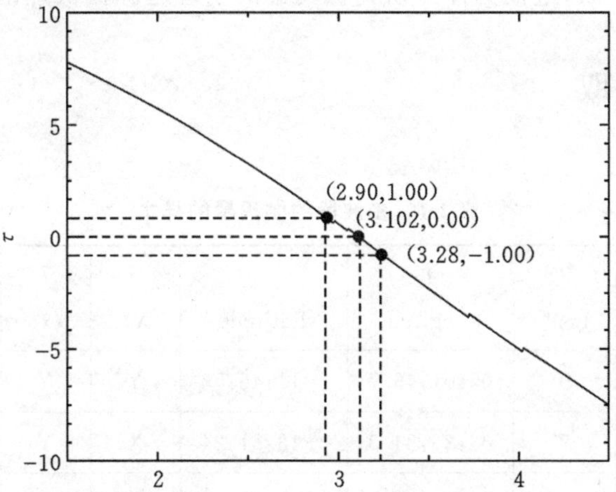

图 4-2-2　k 函数的 τ 统计检测数值

注：图中实线表示 k-τ 关系，点线分别表示 $\tau=0$ 和 $\tau=\pm1\sigma$ 误差下对应的 k 值，1σ 置信区间内的 $k=3.10^{+0.18}_{-0.20}$，当 $k=0$ 时，对应的 $\tau=8.3$，这意味着 $k=0$ 被排除在 8.3σ 置信区间内。

根据前述,我们把观测的光度 L 转化为独立的光度 L_0 需满足 $L_0=L/(1+z)^{3.10}$。使用非参数方法可以得到累积光度函数(Lynden-Bell 1971; Efron & Petrosian, 1992)为:

$$\psi(L_{0i})=\prod_{j<i}\left(1+\frac{1}{N_j}\right) \tag{4-12}$$

这里,$j<i$ 表示伽玛暴的光度值 $L_{0,j}>L_{0,i}$。累积红移分布 $\varphi(z)$表达式为:

$$\varphi(z_i)=\prod_{j<i}\left(1+\frac{1}{M_j}\right) \tag{4-13}$$

这里,$j<i$ 表示伽玛暴的红移值 $z_j<z_i$。伽玛暴的宇宙形成率 $\rho(z)$表达式为:

$$\rho(z)=\frac{\mathrm{d}\varphi(z)}{\mathrm{d}z}(1+z)\left(\frac{\mathrm{d}V(z)^{-1}}{\mathrm{d}z}\right)^{-1} \tag{4-14}$$

这里,$(1+z)$表示宇宙时间膨胀,$\mathrm{d}V(z)/\mathrm{d}z$ 表示移动体积微分(Khokhriakova & Popov,2019),表达式为:

$$\frac{\mathrm{d}V(z)}{\mathrm{d}z}=\frac{c4\pi\mathrm{d}_L^2(z)}{H_0(1+z)^2}\frac{1}{\sqrt{1-\Omega_m+\Omega_m(1+z)^3}} \tag{4-15}$$

这里,在红移 z 处的移动体积为 $V=\frac{4\pi D_M^3}{3}$,移动距离为 $D_M=\frac{d_L}{(1+z)}$。

4.3 伽玛射线暴与超新星的成协性探究

本书收集了部分射电超新星的光度样本和部分射电暴的余辉样本,以探讨射电暴和射电超新星之间的关联,进而为深入研究伽玛暴的物理起源提供理论支撑依据。

4.3.1 样本选取

表 4-1 多波段的伽玛暴的样本

1 GRBs	2 z	3 Inst[a]	4 Longitude	5 Latitude	6 X^b	7 O^c	8 R^d Radio	9 telescope
970228	0.695	B	05:01:46.7	+11:46:53	Y	Y	N	VLA
980326	0.9-1.1	B	08:36:34.3	−18:51:24	X	Y	N	VLA
980425	0.009	B	19:35:03.2	−52:50:46	Y	Y	Y	ATCA
990712	0.433	B	22:31:53.0	−73:24:28	X	Y	N	ATCA
991208	0.706	T	16:33:53.5	+46:27:21	X	Y	Y	VLA

续表

1 GRBs	2 z	3 Inst[a]	4 Longitude	5 Latitude	6 X^b	7 O^c	8 R^d Radio	9 telescope
000911	1.059	*T*	02:18:34.4	+07:44:29	X	Y	Y	VLA
011121	0.362	*B*	11:34:29.7	−76:01:42	X	Y	Y	ATCA
020305	<2.8	*H.T*	12:42:27.94	−14:18:11.8	X	Y	Y	VLA
020405	0.69	T	13:58:03.12	−31:22:21.9	X	Y	Y	VLA
020903	0.25	*H*	22:48:42.34	−20:46:09.3	X	Y	Y	VLA
021211	1.01	*H*	08:08:59.88	+06:43:37.9	X	Y	N	VLA
030329	0.169	*H*	10:44:49.96	+21:31:17.4	Y	Y	Y	VLA
030723	…	*H*	21:49:24.40	−27:42:47.4	Y	Y	Y	VLA
031203	0.105	*I*	08:02:30.36	−39:51:00.1	Y	Y	Y	VLA
040924	0.859	*H.T*	02:06:22.56	+16:06:48.4	X	Y	N	VLA
041006	0.716	*H*	00:54:50.25	+01:14:04.9	Y	Y	N	VLA
050416A	0.65	*S*	12:33:54.60	+21:03:24.0	Y	Y	Y	VLA
050525A	0.606	*ST*	18:32:32.57	+26:20:22.5	Y	Y	Y	VLA
050824	0.83	*S*	00:48:56.05	+22:36:28.5	Y	Y	Y	VLA
060218	0.033	*S*	03:21:39.68	+16:52:01.8	Y	Y	Y	VLA
080319B	0.937	*ST*	14:31:40.98	+36:18:08.8	Y	Y	Y	VLA
090618	0.54	*ST*	19:35:58.68	+78:21:24.4	Y	Y	Y	VLA
091127	0.49	*S.T*	02:26:19.8	−18:57:08.3	Y	Y	N	VLA
100418A	0.62	*S*	17:05:27.18	+11:27:40.1	Y	Y	Y	EVLA
101219B	0.552	*S.T*	00:48:55.35	−34:34:00.8	Y	Y	Y	EVLA

注:a 表示仪器设备。

b 表示 X 射线波段。

c 表示光学波段。

d 表示射电波段。

表 4-2 射电超新星样本

1 Radio supernovae	2 z	3 luminosity	4 Longitude	5 Latitude	6 Wavelength	7 Radio telescope
SN2013df	…	16.6± 0.4Mpc	12:26:29.33	+31:13:38.3	1.5～ 44GHz	VLA
SN2014J	…	3.5MPc	09:55:33.17	+69:03:55.61	1.66GHz	EVN
SN2011dh	…	9Mpc	13:32:45.24	+47:22:22.66	8.4GHz	VLBI
SN2010P	>1	<1kpc	11:28:31.36	+58:33:49.31	5GHz	VLA
SN1970G	…	6.9Mpc	14:03:00.89	+54:14:33.10	…	VLA
SN1994I	…	8.4±0.6Mpc	…	…	4.9GHz	VLA
SN2012aw	…	10Mpc	…	…	…	
SN1987A	…	…	…	…	1～100GHz	ATCA
SN2012au	…	23.5Mpc	12:54:52.18	…	5GHz	VLA
SN1996cr	…	…	…	…	1.4GHz	
SN2007bg	0.0346	152Mpc	…	…	1GHz	VLA/EVLA
SN2006jd	0.0186	…	08:02:07.43	+00:48:31.5	…	Swift/XRT
SN2011fe	…	6.4Mpc	…	…	…	
SN1987N	0	…	…	…	1.5GHz	VLA
SN1989B	…	…	…	…	8.3GHz	VLA
SN2008D	…	27Mpc	09:19:08.78	+33:08:20.45	325MHz～ 8.4GHz	GMRT
SN2007uy	…	27Mpc	09:09:35.3	+33:07:09.55	325MHz～ 8.4GHz	GMRT
SN2007gr	…	11Mpc	…	…	…	VLBI
SN2009bb	…	40Mpc	…	…	…	…

经查阅相关文献，我们收集了 VLA 卫星、EVN 卫星、ATCA 卫星、Swift 卫星、GMRT 卫星、EVLA 卫星和 VLBI 卫星观测的射电超新星样本数据。

4.3.2 超新星分类

科学家根据超新星光谱线中含有的特征谱线不同进行了分类，见表 4-3。首先，依据光谱线中是否含有氢的特征谱线进行分类。没有氢的特征谱线为Ⅰ类超新星，含有氢的特征谱线为Ⅱ类超新星。在Ⅰ类超新星中，再根据光谱线中是否含有硅的特征谱线进行分类：没有硅的特征谱线为Ⅰb/Ⅰc类的超新星，有硅的特征谱线为Ⅰa类的超新星。依据Ⅰb/Ⅰc类的超新星中是否含有电离的氦的特征谱线进行分类：含有电离的氦的特征谱线为Ⅰb类超新星，没有电离的氦的特征谱线为Ⅰc类超新星。其次，Ⅱ类超新星可以根据光谱线中是否含有氢窄线进行分类。没有氢窄线的是ⅡP/ⅡL类超新星，有氢窄线的是ⅡN类超新星。ⅡP/ⅡL类超新星可根据光变曲线形状进一步分类：ⅡP类的超新星流量随时间有一个平滑阶段，ⅡL类超新星流量随时间有一个幂律衰减阶段。Ⅱb类超新星后期有较强的氦特征谱线。

表 4-3　超新星分类表

<table>
<tr><td rowspan="3">类型Ⅰ
无氢
特征谱线</td><td colspan="3">类型 1a　含有硅特征谱线</td><td>热失控型</td></tr>
<tr><td rowspan="2">类型Ⅰb/Ⅰc
无硅特征谱线</td><td colspan="2">类型Ⅰb
含有电离的氦
特征谱线</td><td rowspan="6">核塌缩型</td></tr>
<tr><td colspan="2">类型Ⅰc
含有弱电离的氦
特征谱线</td></tr>
<tr><td rowspan="4">类型Ⅱ
有氢
特征谱线</td><td rowspan="3">类型ⅡP/ⅡL/ⅡN
光变曲线</td><td rowspan="2">类型ⅡP/ⅡL
光谱没有 H
窄线</td><td>类型ⅡP
含有平台期的光变曲线</td></tr>
<tr><td>类型ⅡL
线性下降的光变曲线</td></tr>
<tr><td colspan="2">类型ⅡN
光谱含有氢窄线</td></tr>
<tr><td colspan="3">类型ⅡB　后期有较强的氦特征谱线</td></tr>
</table>

4.3.3　光学波段的超新星与伽玛暴关联

第一章 1.4.3 节中介绍了伽玛暴可作为寻找超新星的探针，例如 GRB 980425、GRB 980326、GRB 011121、GRB 970228、GRB 000911、GRB 020405 等都与 SN 1998bw 在时间上和方向上成协(Galama et al.,1998)，对这些暴的晚期余辉鼓起成分进行分解，可得幂律的余辉衰减成分和 SN1998bw 模版。

根据伽玛暴和超新星的产生途径，如果有的暴起源于大质量的恒星坍缩，那么这个暴的产生就不可避免地会出现暂态亮源的超新星爆炸现象。Bloom 等人(1999)第一次大胆地提出，宇宙学距离内伽玛暴与超新星之间存在关联。如图 4-3-1(a)，他对 GRB 980326 暴后的三周内进行密切观测，并绘制了不同红移处的余辉随时间衰减的关系，发现光度经过早期的迅速衰减后出现了不寻常的演化规律，即出现再增亮成分，增加的流量比预计计算值大 60 倍，光谱变红，这似乎暗示着这个暴暴后出现了超新星成分。经最后理论对比预测，$z=0.9$ 处的伽玛暴的余辉与观测上的超新星成协。

Bloom 等人(2002)对 GRB 011121 的光学余辉也进行了长期观测,绘制了 R 波段的后期余辉成分和超新星成分图样,如图 4-3-1(b),图中是 GRB 011121 的光学余辉在红移 $z=0.365$ 时的预计流量,划线是 SN1998bw,最终的实线(观测线)表现的是:余辉成分叠加上超新星成分的总和(Garnavich et al. ,2002)。

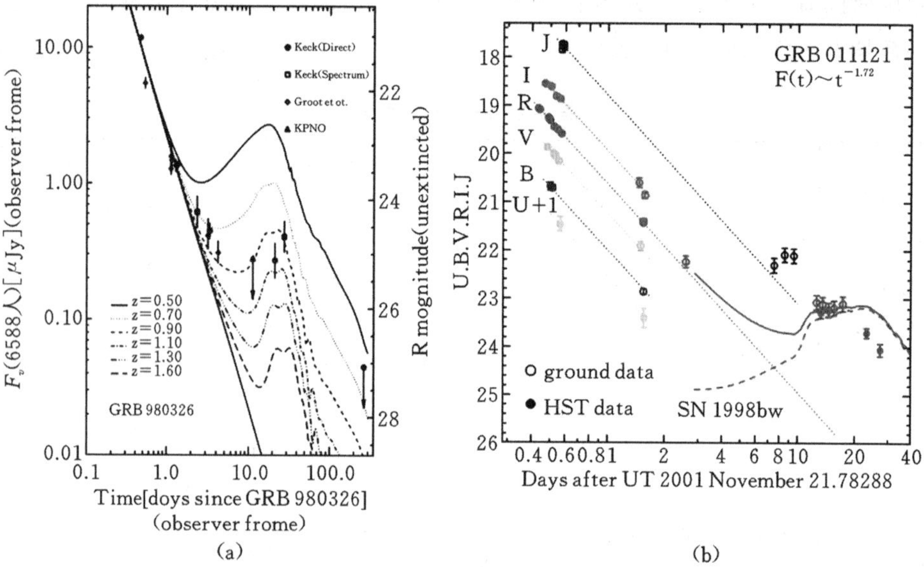

图 4-3-1 光学余辉和与之成协的超新星余辉光变曲线(取自文章 Bloom et al. ,2002)

随着 FAST 数据的不断完善,射电伽玛暴的数据会越来越多,射电暴和射电超新星的样本数据也会逐渐补充完整,这里我们仅挑选了部分暴的典型数据开展研究,希望感兴趣者可以依托 FAST 平台开展进一步研究。

4.3.4 结果分析

图 4-3-2 展示了 GRB 011121 等 7 个伽玛暴在射电波段的余辉流量随时间的变化。

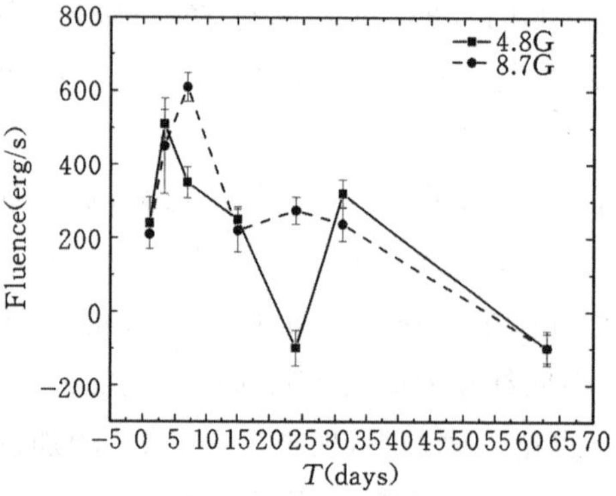

图 4-3-2(a) GRB 011121 射电余辉图

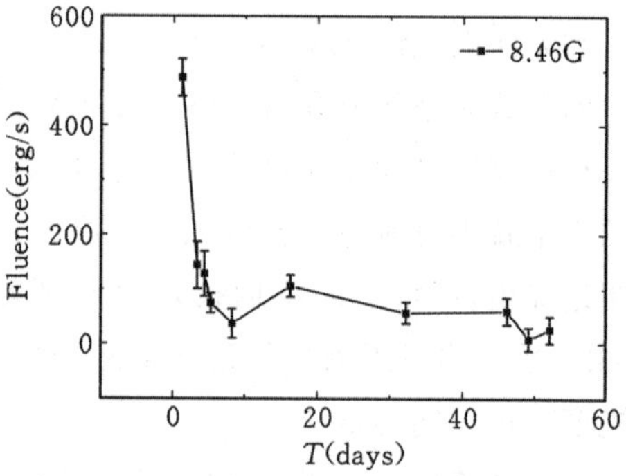

图 4-3-2(b) GRB 020405 射电余辉图

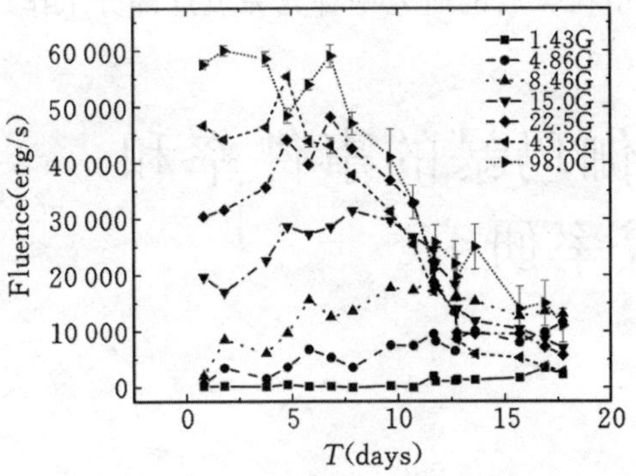

图 4-3-2(c)　GRB 030329 射电余辉图

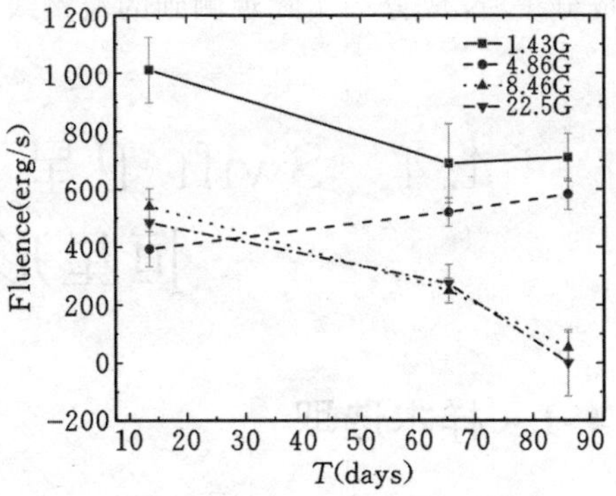

图 4-3-2(d)　GRB 031203 射电余辉图

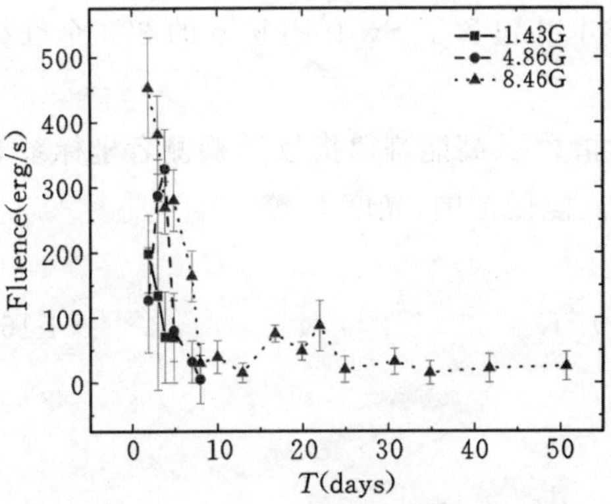

图 4-3-2(e)　GRB 060218 射电余辉图

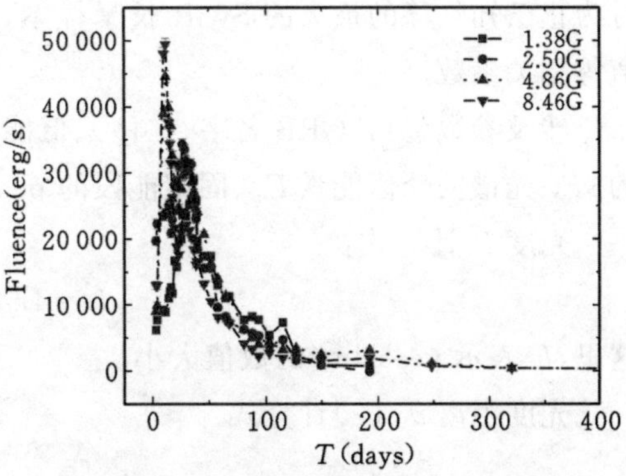

图 4-3-2(f)　GRB 980425 射电余辉图

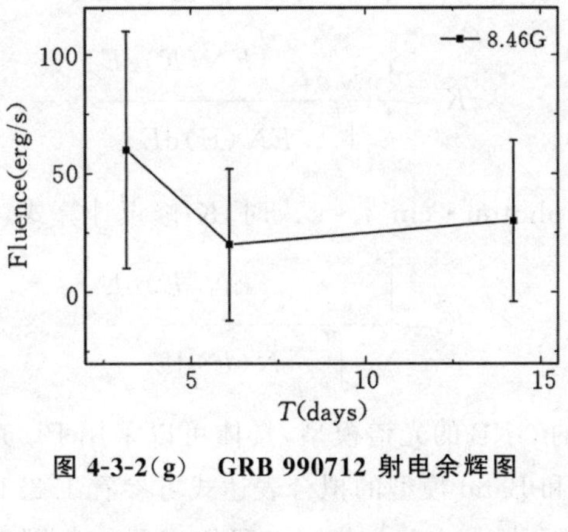

图 4-3-2(g)　GRB 990712 射电余辉图

4.3.5　研究展望

以上重点探讨了多波段的伽玛暴余辉和超新星之间的相关性，展示了 7 个暴在不同频率下的射电余辉图，记录了可采用的射电超新星样本。结合第一章，可知伽玛暴的余辉成分+SN 成分=实际观测到的流量线，希望在今后的研究中补充完成这部分工作。

4.4 Swift 卫星下伽玛暴的事件率和恒星形成率研究

4.4.1 样本选取

Swift 是一个多波段的伽玛暴探测卫星。它可以探测到伽玛暴的 X 射线波段和 UV 波段的光学余辉，并锁定伽玛暴的位置。这里，我们收集了自 Swift 发射之初至 2024 年 2 月为止已知红移的最大的 Swift 长暴样本，该样本共包含了 Swift 卫星下的 379 个红移值等相关参数。

涉及参数包括：GRB 名字、红移 z、低能幂律指数 α、高能幂律指数 β、观测者坐标系下的 $\nu F\nu$ 光谱的峰值能量 $E_{\rm p}$、固定能段的 peakflux、能段范围、光度 L 等。

光度 L 计算式：

$$L=4\pi d_L^2(z)FK \tag{4-16}$$

这里，F 表示 peakflux 的数值大小。

光度距离 $d_L(z)$ 计算式：

$$d_L(z)=\frac{c}{H_0}\int_0^z\frac{{\rm d}z}{\sqrt{1-\Omega_m+\Omega_m(1+z)^3}} \tag{4-17}$$

当 peakflux 单位是 $\rm erg\cdot cm^{-2}\cdot s^{-1}$ 时，K 修正计算式：

$$K=\frac{\int_{1{\rm keV}/(1+z)}^{10^4{\rm keV}/(1+z)}EN(E){\rm d}E}{\int_{E_{\min}}^{E_{\max}}EN(E){\rm d}E} \tag{4-18}$$

当 peakflux 单位是 $\rm photon\cdot cm^{-2}\cdot s^{-1}$ 时，K 修正计算式：

$$K=\frac{\int_{1{\rm keV}/(1+z)}^{10^4{\rm keV}/(1+z)}EN(E){\rm d}E}{\int_{E_{\min}}^{E_{\max}}N(E){\rm d}E} \tag{4-19}$$

这里 $N(E)$ 是一个给定的 GRB 的光谱模型，具体可以采用 PL 光谱模型和 Band 光谱模型来拟合，关于 PL 模型和 Band 模型的拟合表达式可参看 1.2.1 节。

GRB 在静止坐标系下的 peakflux 范围与我们需要的范围不一致，需要转换到给定能段范围下来计算光度的大小。

Swift 探测器的光度限计算式(Li，2008)：

$$L_{\min}=4\pi d_L^2(z)KF_{\min} \tag{4-20}$$

这里，Swift 探测器的 peakflux 阈值(探测下限)为：$F_{\min}=2.0\times10^{-8}\rm erg\cdot s^{-1}\cdot cm^{-2}$。

4.4.2 结果分析

1. 伽玛暴的光度函数

我们根据计算得到光度 L，进而由 $L \xrightarrow{g(z)} L_0$ 得到独立光度 L_0 的散点图。根据非参数的 τ 检测方法，调整了程序参数，直到光度演化方程 $g(z)=(1+z)^{3.10}$ 在 $\tau=0$ 收敛时结束，独立后的光度满足 $L_0=L/(1+z)^{3.10}$。

图 4-4-1 显示了红移(z)与独立光度(L_0)的散点图，独立后的光度与红移满足 $L_0=L/(1+z)^{3.10}$，所有的数据范围误差都在 1σ 内。

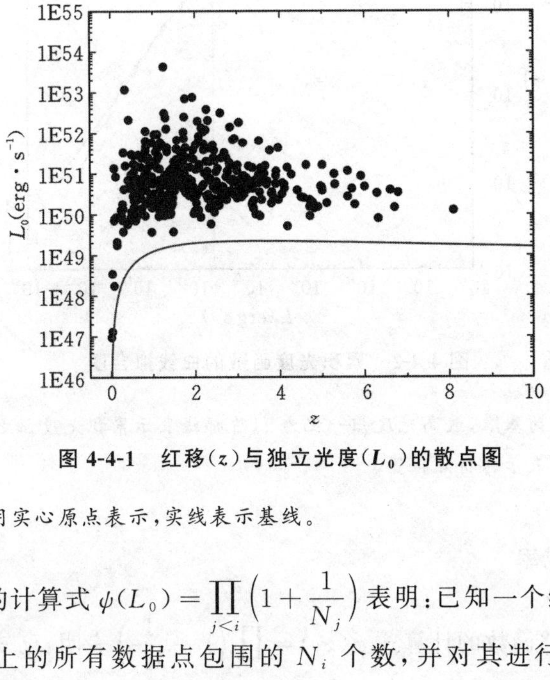

图 4-4-1　红移(z)与独立光度(L_0)的散点图

注：图中 379 个暴用实心原点表示，实线表示基线。

累积光度函数的计算式 $\psi(L_0)=\prod_{j<i}\left(1+\frac{1}{N_j}\right)$ 表明：已知一个给定的光度 L_0，可以求出在这个光度之上的所有数据点包围的 N_i 个数，并对其进行累积运算：$\psi(L_0)=\prod_{j<i}\left(1+\frac{1}{N_j}\right)=\left(1+\frac{1}{N_1}\right)\times\left(1+\frac{1}{N_2}\right)\times\cdots\times\left(1+\frac{1}{N_{i-1}}\right)$。结合图 4-4-2 和图 4-2-1 可以看出：当 $L_0 \geqslant 10^{54}\,\mathrm{erg\cdot s^{-1}}$ 时，累积光度函数几乎为 0，光度 L_0 从 $10^{54}\,\mathrm{erg\cdot s^{-1}}$ 向着 y 轴下方运动时所被包围的范围区间数据点在逐渐增多，每个范围都有一个 N_j 数值，可以求出对应光度 L_0 下的 $\psi(L_0)=\prod_{j<i}\left(1+\frac{1}{N_j}\right)=\left(1+\frac{1}{N_1}\right)\times\left(1+\frac{1}{N_2}\right)\times\cdots\times\left(1+\frac{1}{N_{i-1}}\right)$ 的数值；当 L_0 降低到 $10^{47}\,\mathrm{erg\cdot s^{-1}}$ 时，几乎所有数据点都形成了自己范围下的 N_j 数值，可以求出 $\psi(L_0)$ 的最大值，并可以将其归一化为 1。图 4-4-2 为累积光度函数的曲线拟合图，分析其曲线的大致走势，当 x 轴从右向左运动时，光度 L_0 在逐渐变小，累积光度函数 $\psi(L_0)$ 在逐渐升高，其结果与我们的图 4-2-1 形成完全的映射关系。图 4-4-2 中出现了一个断点 $L_0^b=4.28\times10^{50}\,\mathrm{erg\cdot s^{-1}}$，表征在断点范围附近聚集的暴的个数较多，即大多数的暴的光度都集中在这个光度区间。此外，观察图 4-4-2，累积光度函数 $\psi(L_0)$ 是一个分段

幂律曲线，可分为亮暴和暗暴的幂律形式：$\psi(L_0) \propto \begin{cases} L_0^{-0.14\pm0.35} & L_0 < L_0^b \\ L_0^{-0.68\pm0.02} & L_0 > L_0^b \end{cases}$。我们的分析结果 $\psi(L_0)$ 与其他研究者的结果(Lloyd-Ronning et al.,2002;Yonetoku et al.,2004;Kocevski & Liang 2006;Wu et al.,2012)相似。假定 $z=0$ 表示无红移的累积光度函数，$\psi(L_0)=\psi(L/g(z))=\psi(L/(1+z)^{3.10})$，光度演化函数 $g(z)$ 被移除。假定 z 为任意值，累积光度函数为 $\psi_z(L)=\psi(L/g(z))=\psi(L/(1+z)^{3.10})$，任意 z 处的截断光度为 $L_z^b=L_0^b(1+z)^{3.10}$。

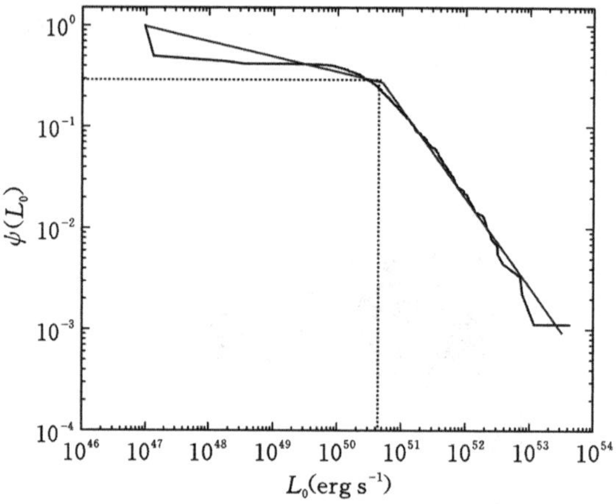

图 4-4-2 累积光度函数的曲线拟合图

注：图中以最高光度为基准，最高光度归一化为 1，阶梯线表示累积光度函数曲线，实线表示分段密率函数的拟合线，虚点线表示转折点位置。

2. 伽玛暴的形成率

同样地，累积红移函数的计算式 $\varphi(z_i)=\prod_{j<i}\left(1+\frac{1}{M_j}\right)$ 表明：已知一个给定的红移 z，可以求出在这个红移之内的所有数据点包围的 M_i 的个数，可对其进行累积运算：$\varphi(z_i)=\prod_{j<i}\left(1+\frac{1}{M_j}\right)=\left(1+\frac{1}{M_1}\right)\times\left(1+\frac{1}{M_2}\right)\times\cdots\times\left(1+\frac{1}{M_{i-1}}\right)$。图 4-4-3 的结果表明：当 $z\leqslant 0$ 时，累积红移函数几乎为 0，红移 z 从 0 向着 x 轴右方运动时所被包围的范围区间数据点 M_i 在逐渐增多，每个范围都有一个 M_j 数值，可以求出对应红移 z 下的 $\varphi(z_i)=\prod_{j<i}\left(1+\frac{1}{M_j}\right)=\left(1+\frac{1}{M_1}\right)\times\left(1+\frac{1}{M_2}\right)\times\cdots\times\left(1+\frac{1}{M_{i-1}}\right)$ 的数值，直到 z 增加到 6 时，几乎所有数据点都形成了自己范围下的 M_j，求出 $\varphi(z)$ 的最大值，将其归一化为 1。图 4-4-3 展示了累积红移函数的分布图，分析其曲线的大致走势，发现当 x 从左向右运动时，红移 z 在逐渐变大，累积红移函数 $\varphi(z)$ 在逐渐升高，其结果与图 4-2-1 形成完全的映射关系。

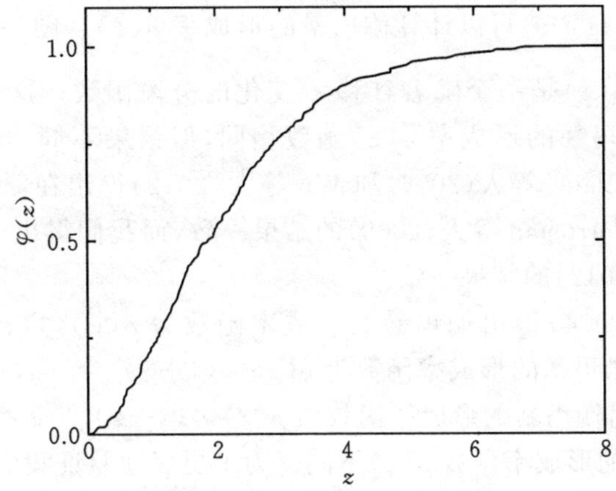

图 4-4-3　累积红移函数的分布图

注:图中以最高红移为基准,最高红移归一化为 1,阶梯线表示累积红移函数曲线。

根据伽玛暴的形成率方程 $\rho(z)=\frac{\mathrm{d}\varphi(z)}{\mathrm{d}z}(1+z)\left(\frac{\mathrm{d}V(z)}{\mathrm{d}z}\right)^{-1}$，已知累积红移函数 $\varphi(z)$,已知随动系中体积微分 $\frac{\mathrm{d}V(z)}{\mathrm{d}z}=\frac{\mathrm{d}\left(\frac{4\pi D_M^3}{3}\right)}{\mathrm{d}z}=\frac{\mathrm{d}}{\mathrm{d}z}\left(\frac{4\pi d_l^3}{3(1+z)^3}\right)$,可以得到伽玛暴的形成率 $\rho(z)$ 的表达式。首先,我们需要获得累积红移函数的微分形式 $\frac{\mathrm{d}\varphi(z)}{\mathrm{d}z}$,图 4-4-4 展示了累积红移函数的微分形式,纵坐标表示 $\frac{\mathrm{d}\varphi(z)}{\mathrm{d}z}(1+z)$,横坐标表示 $(1+z)$。根据图 4-4-4,观察到 $z<1.0$ 处曲线上升得很快,$1.0<z<4.0$ 处曲线几乎为一常量,$z>4.0$ 处曲线下降得非常迅速。

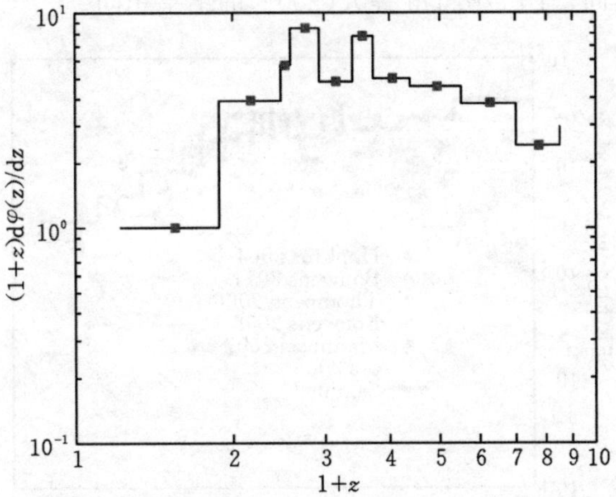

图 4-4-4　函数 $\frac{\mathrm{d}\varphi(z)}{\mathrm{d}z}(1+z)$ 随着红移 z 的演化关系

注:所有数据都归一化到第一个数据点,归一化规则与图 4-4-2 相同。

其次，已知$\frac{d\varphi(z)}{dz}(1+z)$可以计算伽玛暴的形成率$\rho(z)$。图4-4-5展示了伽玛暴的形成率$\rho(z)$的图像，$\rho(z)$是一个随着红移$z$变化的分段函数。这里，我们与Yonetoku(2004)等人得出的伽玛暴的形成率$\rho(z)$函数相同，但结果不同。例如Yonetoku等人(2004)、Kocevski & Liang等人(2006)和Wu等人(2012)得出在$z<1.0$处的伽玛暴的形成率为一常量，与Petrosian等人(2009)的结果一致，而我们得出的伽玛暴的形成率函数$\rho(z)$与Wu等人(2012)的结果一致。

Yonetoku等人(2004)得出伽玛暴的形成率函数为$\rho(z)\propto(1+z)^{6.0\pm1.4}$，$z<1.0$。Wu等人(2012)得出伽玛暴的形成率函数为$\rho(z)\propto(1+z)^{8.24\pm4.48}$，$z<1.0$。Kocevski & Liang等人(2006)得出伽玛暴的形成率函数为$\rho(z)\propto(1+z)^{2.4}$，$z<1.0$。这些结果与我们计算得到的伽玛暴的形成率函数$\rho(z)$不同。为了更好地验证我们程序的准确性，我们采集了Yu等人(2015)的127个数据样本，使用我们的程序计算伽玛暴的形成率函数$\rho(z)$，结果我们得到的伽玛暴形成率函数$\rho(z)$与Yu等人(2015)的结果一致。经过相关推演分析，Yonetoku等人(2004)、Kocevski & Liang等人(2006)和Wu等人(2012)计算伽玛暴的形成率函数$\rho(z)$中可能去除了随动系中的体积$\frac{dV(z)}{dz}$这一项，最终造成伽玛暴的形成率函数$\rho(z)$不一致。

图4-4-5展示了伽玛暴的形成率和恒星形成率之间的相关性，$z<1.0$处伽玛暴的形成率和恒星形成率明显不同，$z>2.0$处伽玛暴的形成率和恒星形成率几乎一致[这里恒星形成率采用Hopkins & Beacon(2006)、Mannucci(2007)、Thompson et al.,(2006)、Hopkins(2004)、Bouwens et al.,(2011)、Bouwens(2008)、Ota(2008)的数据]。这意味着低红移$z<1.0$处伽玛暴的形成率与恒星形成率不一致，$z>2.0$处伽玛暴的形成率与恒星形成率一致吻合，高红移处的结果与Yüksel等人(2008)、Wang & Dai(2009)、Kistler等人(2009)、Wang(2013)的结果相似。基于我们的样本得到的伽玛暴形成率的阶梯线与Lloyd-Ronning等人(2002)、Yonetoku等人(2004)、Kocevski & Liang(2006)、Wu等人(2012)的结果不同，与Petrosian等人(2009)的结果相同。

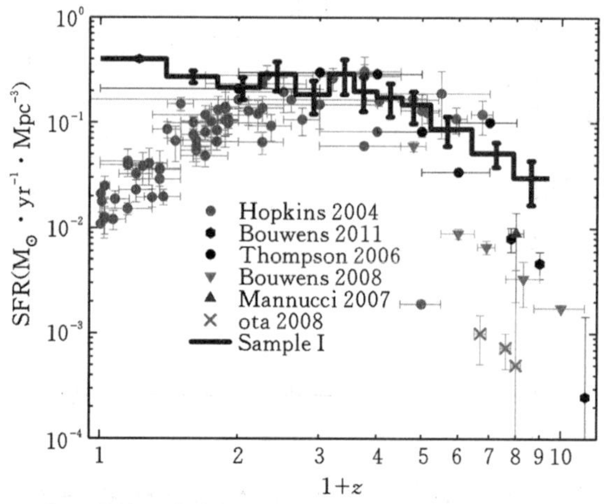

图4-4-5 伽玛暴的形成率$\rho(z)$(实线)与观测到的恒星形成率的比较

注：恒星形成率数据来自Mannucci(2007)、Thompson et al.,(2006)、Hopkins(2004)、Bouwens et al.,(2011)、Bouwens(2008)、Ota(2008)。

先前的研究结果表明,低红移处长暴的形成率和恒星形成率不一定吻合。Perley 等人(2013)发现低红移($z<1.0$)处伽玛暴的形成率对寄主星系的依赖性很强。Perley 等人(2013)还发现宇宙深处的长暴寄主星系的质量分布与期望的观测恒星形成星系红移($z<1.0$)不一致,因此使用伽玛暴追溯低红移($z<1.0$)处的恒星形成率需要谨慎考量,低红移($z<1.0$)处的伽玛暴形成率可能固有地偏离恒星形成率。高红移($z>4.0$)处伽玛暴的形成率与恒星形成率几乎吻合。此外,Yu 等人(2015)的数据样本包括了光度低于 10^{51} erg·s^{-1} 的暴,Kistler 等人(2008)也采用了光度低于 10^{51} erg·s^{-1} 的样本,这些暴在低红移处的贡献较大,因此其影响不能忽略。

很多研究者曾讨论过伽玛暴的累积光度函数 $\psi(L_0)$ 和伽玛暴的形成率函数 $\rho(z)$ 的关系。例如,Butler 等人(2010)、Wanderman & Piran 等人(2010)发现累积光度函数满足:$\psi(L_0)\propto\begin{cases}L_0^{0.22} & L_0<L_0^{52.5}\\ L_0^{1.4} & L_0>L_0^{52.5}\end{cases}$,伽玛暴的形成率 $\rho(z)$ 在 $1.0\leqslant z\leqslant 3.0$ 处快速增加:$\rho(z)\propto(1+z)^{2.1}$,伽玛暴的形成率 $\rho(z)$ 在 $z\geqslant 3.0$ 处快速下降:$\rho(z)\propto(1+z)^{-1.4}$。Butler 等人(2010)使用 Swift 大样本得出低光度暴的幂律指数为 $L_0^{-0.2}$,$L_0<L_0^{52.7}$,高光度暴的幂律指数为 $L_0^{-3.0}$,$L_0>L_0^{52.7}$。我们得到的形成率函数 $\rho(z)$ 与 Yonetoku 等人(2004)、Kocevski & Liang 等人(2006)和 Wu 等人(2012)的都不相似。主要的原因是,我们采用了 Swift 卫星 2004 年 6 月至 2024 年 2 月 18 日的最新的数据,这使得我们得到的光度演化函数 $g(z)$ 和光度数值 $L_0=L/g(z)$ 不同,从而导致累积光度函数 $\psi(L_0)$ 数值不同,进而导致伽玛暴的形成率 $\rho(z)$ 不同。而 Wanderman & Piran(2010)计算伽玛暴事件率过程中,没有考虑到光度演化函数 $g(z)$ 的存在;Lloyd-Ronning 等人(2002)假定光度函数的演化形式为 $g(z)\propto(1+z)^{1.4}$;Yonetoku 等人(2004)和 Wu 等人(2012)假定光度函数的演化形式为 $g(z)\propto(1+z)^{2.60}$ 和 $g(z)\propto(1+z)^{2.30}$;Virgili 等人(2011)假定光度函数的演化形式为 $g(z)\propto(1+z)^{1.0\pm0.2}$。采用不同的光度演化函数 $g(z)$,会得到不同的独立光度 L_0,进而得出伽玛暴的形成率不同。

4.4.3 总结与讨论

本节使用 Lynden-Bell's c-方法研究了 Swift 卫星下 396 个长暴样本的累积光度函数 $\psi(L_0)$ 和伽玛暴的形成率函数 $\rho(z)$。首先,我们采用了非参数的 τ 检测方法把 396 个长暴的光度 L 和红移 z 独立开来,光度演化函数满足 $g(z)=(1+z)^k$,当演化指数 $k=3.10^{+0.18}_{-0.20}$ 时 τ 收敛为 0。其次,根据独立光度的转化方程 $L_0=L/(1+z)^{3.10}$,我们把 396 个非独立的光度 L 转化为独立的光度数值 L_0,根据独立光度数值 L_0 得到累积光度函数分布 $\psi(L_0)$ 和累积红移函数分布 $\varphi(z)$,如图 4-4-2 和图 4-4-3 所示。对于图 4-4-2 中的累积光度函数,使用分段的幂律分布形式来拟合累积光度函数,拟合拐折点为 $L_0^b=4.28\times10^{50}$ erg·s^{-1},低光度暴的表达式为 $\psi(L_0)\propto L_0^{0.14\pm0.35}$,$L_0<L_0^b$。高光度暴的表达式 $\psi(L_0)\propto L_0^{0.68\pm0.02}$,$L_0>L_0^b$。我们对累积红移函数进行微分,图 4-4-4 显示了累积红移函数的微分形式$\frac{d\varphi(z)}{dz}(1+z)$。我们发现累积红移函数的微分形式$\frac{d\varphi(z)}{dz}(1+z)$在低红移($z<1.0$)时增加很快,在$1.0<z<4.0$时几乎不变,而在高红移($z>4.0$)时迅速下降。图4-4-5绘制了伽玛暴的事件率(阶梯线)与恒星形成率(散点)的关系图,可以看到在$z>1.0$时,两者基本吻合,在$z<1.0$时,伽玛暴的事件率相对超出恒星形成率。

我们计算得到的光度演化函数$g(z)=(1+z)^k$的演化指数为$k=3.10^{+0.18}_{-0.20}$,该演化指数与Yonetoku等人(2004)、Wu等人(2002)、Kocevski & Liang(2006)得到的演化指数相似。我们计算出的伽玛暴的事件率$\rho(z)$在低红移处基本为常数,并且超出恒星形成率,而高红移处伽玛暴的事件率基本能够追踪恒星形成率。但Yonetoku等人(2014)、Kocevski & Liang(2006)和Wu等人(2012)得出在低红移处的伽玛暴的事件率增加很快,并且大概能够追踪恒星形成率。我们的结论与其不一致的主要原因是他们在计算中使用的是伪红移而不是观测红移。

关于低红移处的伽玛暴的事件率超出恒星形成率,我们认为有以下几个方面的原因:

第一,使用持续时间T_{90}对伽玛暴进行长短暴分类有着不清晰的界限,导致不能确定真正的长暴样本。Kouveliotou等人(1993)提出以$T_{90}=2s$为界把伽玛暴分为短暴和长暴,并认为短暴的持续时间$T_{90}<2s$,长暴的持续时间$T_{90}>2s$。一般认为长暴的物理起源是大质量的恒星坍缩,短暴的物理起源是中子星与中子星的合并或中子星与黑洞的合并。Zhang(2006)、Zhang等人(2007,2009)、Bromberg等人(2013)指出可以使用长伽玛暴追踪恒星形成率。然而,有些$T_{90}>2s$的伽玛暴的物理起源并不是大质量恒星坍缩。例如,Gal-Yam等人(2006)、Fynbo等人(2006)和Gehrels等人(2006)指出低红移($z=0.125s$)伽玛暴GRB060614的$T_{90}=108.7s$,依据持续时间分类标准应该归为长暴,但在后续的持续观测中并没有在它周围观测到可能与之成协的超新星现象,并且研究表明伽玛暴GRB060614在一些光谱特性上表现出短暴的特质,因此伽玛暴GRB060614虽然从持续时间上看是长暴,但是其物理起源很可能属于短暴的物理起源。本研究中,我们也是简单地选取了$T_{90}>2s$的Swift卫星下的有观测红移的伽玛暴样本来计算伽玛暴的事件率,这类暴在观测时间上划分为长暴,但实际有着其他的物理起源。

第二,探测器观测时的选择效应造成并非所有暴都能被看见。我们知道伽玛暴的红移是距离的探针,伽玛暴的红移数值大则距离我们遥远,反之则距离我们较近。Greiner等人(2011)、Salvaterra等人(2012)和Hjorth等人(2012)指出:由于探测器的选择效应,低红移的暴能够较容易被观测到,而高红移的暴只有在足够亮时才能被探测器观测到。探测器观测时的选择效应会造成给定区域内低红移暴发现的数目多、高红移暴发现的数目少的现象。因此,伽玛暴在低红移处的事件率相对于恒星形成率表现出超出。

第三,伽玛暴在长暴、短暴两类之外可能存在一些其他子类,例如低光度暴。Cobb等人(2006)和Pian等人(2006)指出,低光度暴的形成率为$\rho(0)=100\sim1\,000\mathrm{Gpc^{-3}\cdot yr^{-1}}$。Soderberg等人(2006)、Mazzali等人(2006)和Liang等人(2007)指出,低光度暴的形成率要比高光度暴的形成率高很多，低光度暴的前身星和高光度暴的前身星也可能是不相同的，因此低红移部分的超出也可能是低光度暴的参与多造成的。

4.5　探测器通量阈值对光度函数和事件率的影响

得益于 Swift 望远镜能够快速准确地定位伽玛暴的空间位置，并能够对其余辉进行观测，因此 Swift 望远镜具有目前为止可观测红移量最多的伽玛暴样本。我们已经研究了 Swift 已知红移的样本的累计光度函数、累计红移函数、伽玛暴的事件率和恒星形成率两者之间的关系，得到低红移处的伽玛暴的事件率超出恒星形成率，高红移处的伽玛暴的事件率基本能够追踪恒星形成率。但关于 Swift/BAT 探测器通量 flux 阈值的选择效应对伽玛暴的光度函数以及伽玛暴的事件率的影响有多大，仍值得探讨。为了检验探测器的通量 flux 选择效应对伽玛暴光度函数与事件率的影响，我们尝试调整探测器观测阈值得到两个不同的样本，并对这两个样本分别进行分析。

4.5.1　样本选取

1. 样本

自 Swift 卫星升空以来，越来越多的已知红移的伽玛暴样本被获得，这使得光度函数随红移的演化特性变得越来越确定。Bryant 等人(2021)指出不同探测器由于自身特点的不同(如观测能段、通量 flux 阈值等因素的不同)，会出现不可避免的观测偏差，进而导致伽玛暴样本的完整性问题。然而，观测偏差是不可避免的，Hjorth 等人(2012)、Salvaterra 等人(2012)和 Perley 等人(2016)对样本的完整性问题进行了较为详细的讨论。这里，我们的目的是验证通量 flux 阈值的选择效应对伽玛暴光度函数以及事件率的影响，因此，我们选择的伽玛暴样本的红移值的范围应该尽可能大，最好能够覆盖目前所有已知红移的伽玛暴。我们选取了自 Swift 发射之初至 2024 年 2 月为止的 Swift 卫星已知红移的最大的伽玛暴样本，包含了 379 个 $T_{90}>2$s 的长暴样本。

2. 通量阈值选择

由于 Swift 卫星探测伽玛暴的机制复杂，使得 Swift 卫星的真实通量 flux 阈值下限难以准确确定，因此关于 Swift 探测器通量 flux 阈值的选择，我们考虑了两个阈值下限。第一个阈值是依据 Gehrels 等人(2004)、Li (2008)、Yu 等人(2015)采用的 $2.0\times10^{-8}\,\mathrm{erg\cdot cm^{-2}\cdot s^{-1}}$，记作 $F_{\mathrm{lim},1}=2.0\times10^{-8}\,\mathrm{erg\cdot cm^{-2}\cdot s^{-1}}$。Bryant 等人(2021)指出 Swift 卫星的通量 flux 阈值下限可能被低估了，因此我们的第二个阈值下限选择为 1.0×

10^{-7} erg · cm^{-2} · s^{-1}，记作 $F_{\lim,2}=1.0\times10^{-7}$ erg · cm^{-2} · s^{-1}。对于这两个不同的阈值下限，对应的峰值光度下限使用 $L_{\min}=4\pi d_L^2 F_{\lim}$ 计算，结果分别记作 $L_{\min,1}$，$L_{\min,2}$，且 $L_{\min,2}$ 大于 $L_{\min,1}$。$d_L=\frac{c}{H_0}\int_0^z \frac{dz}{\sqrt{1-\Omega_m+\Omega_m(1+z)^3}}$，表示在红移 z 处的光度距离。对于样本中每个伽玛暴的峰值光度，使用 $L_p=4\pi d_L^2 FK$ 可以求出。在计算中我们假设一个平坦的 Λ 冷暗物质宇宙，其参数 $\Omega_m=0.27$，$H_0=70$ km · s^{-1} · Mpc^{-1}。

以上所选的 379 个伽玛暴长暴组成的样本记作样本 1，样本 1 中所有伽玛暴的峰值光度 L_p 都大于 $L_{\min,1}$，样本 1 中有 11 个伽玛暴的峰值光度 L_p 小于 $L_{\min,2}$，因此把样本 1 中这 11 个伽玛暴的数据去掉以后，剩余的 368 个样本组成样本 2。图 4-5-1 显示了样本 1 的散点图、对于任何数据点 i 的 M_i 区域和 N_i 区域以及两个通量阈值 $F_{\lim,1}$，$F_{\lim,2}$ 下对应的光度下限，各类线形表示图中均已标出。据图观察 $L_{\min,1}$ 之上包含了 379 个样本，$L_{\min,2}$ 之上包含了 368 个样本。

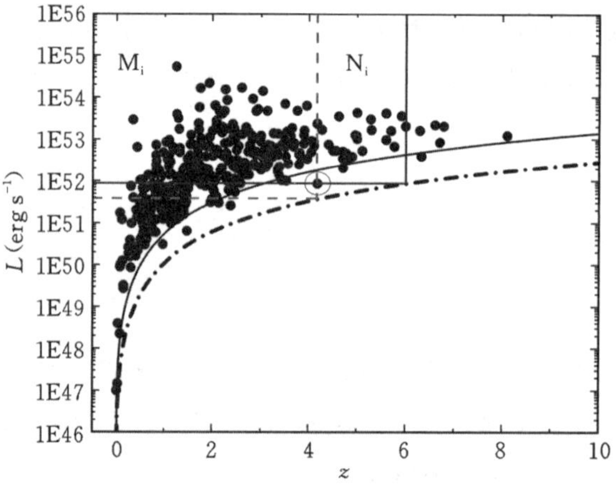

图 4-5-1 379 个样本的红移 z 和光度 L 的散点图

注：黑色的圆点表示 379 个伽玛暴的数据点，点划线表示通量 flux 阈值选择 $F_{\lim,1}=2.0\times10^{-8}$ erg · cm^{-2} · s^{-1} 时对应的光度下限，实线表示通量 flux 阈值选择 $F_{\lim,2}=1.0\times10^{-7}$ erg · cm^{-2} · s^{-1} 时对应的光度下限。

相似地，我们依旧使用非参数 τ 检测方法来确定光度随红移的演化关系 $L=L_0(1+z)^k$。图 4-5-2 显示了样本 1 和样本 2 的 k 和 τ 关系图。对于样本 1，$\tau=0$ 时，$k=3.1027$，$\tau=1$ 时，$k=2.9023$，$\tau=-1$ 时，$k=3.2829$。对于样本 2，$\tau=0$ 时，$k=2.6119$，$\tau=1$ 时，$k=2.3614$，$\tau=-1$ 时，$k=3.3080$。对于样本 1，在通量 flux 阈值下限选择为 $F_{\lim,1}$ 时，$k=3.10^{+0.20}_{-0.20}$，误差在 1σ 置信区间内。对于样本 2，在通量 flux 阈值下限选择为 $F_{\lim,2}$ 时，$k=2.61^{+0.67}_{-0.25}$，误差在 1σ 置信区间内。计算结果表明，当通量 flux 阈值下限选择为 $F_{\lim,2}$ 时，非参数 τ 检测给出的 k 值会相对较小，这一结论与 Yu 等人(2015)得到的结论是一致的。值得注意的是，虽然样本 1 和样本 2 所使用的通量 flux 阈值不同，但是非参数 τ 检

测给出的光度随红移的演化的 k 值是相似的，并且与 Wu 等人（2012）、Pescalli 等人（2016）、Yu 等人（2015）的结果相似。

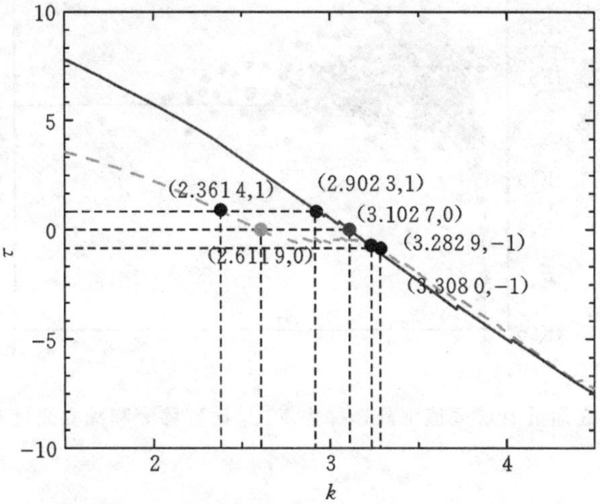

图 4-5-2　样本 1 和样本 2 的 k 和 τ 关系图

注：实线表示样本 1 在通量 flux 阈值选择 $F_{\lim,1}=2.0\times10^{-8}\,\mathrm{erg\cdot cm^{-2}\cdot s^{-1}}$ 时的 k-τ 关系，虚线表示样本 2 在通量 flux 阈值选择 $F_{\lim,2}=1.0\times10^{-7}\,\mathrm{erg\cdot cm^{-2}\cdot s^{-1}}$ 时的 k-τ 关系。

因此，光度 L 与红移 z 之间确实存在演化关系，并且通量 flux 阈值的改变对光度与红移的演化关系影响较小，即探测器的选择效应在一定程度上会影响 k 的变化。

图 4-5-3 显示了样本 1 在通量 flux 阈值下限选择为 $F_{\lim,1}$ 时红移 z 和独立光度 L_0 之间的关系。根据观察，样本 1 中 379 个伽玛暴的独立光度 L_0 都在独立基线 $L_{\min,1}$ 之上。

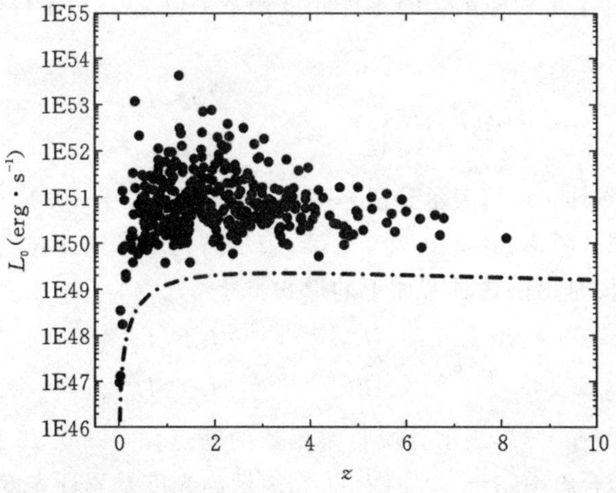

图 4-5-3　样本 1 在通量 flux 阈值下限选择为 $F_{\lim,1}$ 时红移 z 和独立光度 L_0 之间的关系图

图 4-5-4 显示样本 2 在通量 flux 阈值下限选择为 $F_{\lim,2}$ 时红移 z 和独立光度 L_0 之间的关系。可以看出，样本 2 中 368 个伽玛暴的独立光度 L_0 也都在独立基线 $L_{\min,2}$ 之上。

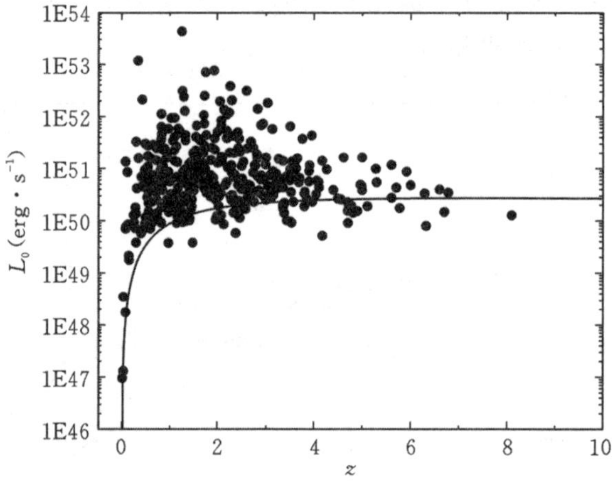

图 4-5-4 样本 2 在通量 flux 阈值下限选择为 $F_{\mathrm{lim},2}$ 时红移 z 和独立光度 L_0 之间的关系图

4.5.2 结果分析

在得到了样本 1 和样本 2 的光度随红移的演化关系之后，我们可以很容易得到样本 1 和样本 2 的独立光度 L_0，并使用 Lynden-Bell's c^- 方法计算样本 1 和样本 2 的光度函数 $\psi(L_0)$ 和事件率 $\rho(z)$。

1. 样本 1 和样本 2 的光度函数 $\psi(L_0)$

图 4-5-5 显示了归一化的累计光度函数 $\psi(L_0)$ 与独立光度 L_0 的关系。我们使用分段幂率函数去拟合样本 1 和样本 2 的累计光度函数 $\psi(L_0)$。对于样本 1，分段幂率函数具有如下的形式：

$$\psi(L_0)\propto\begin{cases}L_0^{-0.17\pm0.04} & L_0<L_0^b\\ L_0^{-0.79\pm0.02} & L_0>L_0^b\end{cases}\tag{4-21}$$

式中，$L_0^b=5.6\times10^{50}\,\mathrm{erg\cdot s^{-1}}$，表示分段幂率函数的断点，$\alpha=-0.17\pm0.04$，表示低光度暴累计光度函数的拟合斜率，$\beta=-0.79\pm0.02$，表示高光度暴累计光度函数的拟合斜率。

对于样本 2，分段幂率函数具有如下的形式：

$$\psi(L_0)\propto\begin{cases}L_0^{-0.19\pm0.02} & L_0<L_0^b\\ L_0^{-0.81\pm0.01} & L_0>L_0^b\end{cases}\tag{4-22}$$

其中，$L_0^b=1.6\times10^{51}\,\mathrm{erg\cdot s^{-1}}$，表示分段幂率函数的断点，$\alpha=-0.19\pm0.02$，表示低光度暴累计光度函数的拟合斜率，$\beta=-0.81\pm0.01$，表示高光度暴累计光度函数的拟合斜率。

以上计算与拟合分析表明，样本 1 和样本 2 的累积光度函数 $\psi(L_0)$ 与独立光度 L_0 的关系彼此非常相似。具体而言，二者分别拟合后的拐折位置相似，并且拟合拐折前后的斜率也高度相似。我们的计算结果与 Yu 等人(2015)、Pescalli 等人(2016)、lan 等人(2019)的结论具有一致性。通过以上计算分析，我们可以得到如下结论：探测器通量

flux 阈值的改变对累积光度函数 $\psi(L_0)$ 几乎没有影响。

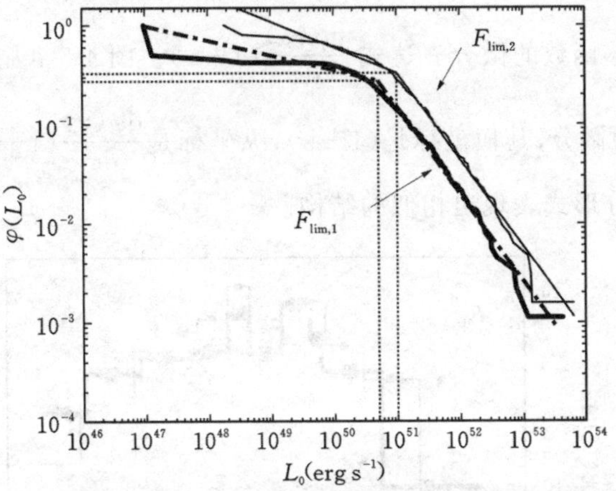

图 4-5-5　样本 1 和样本 2 的累计光度函数 $\psi(L_0)$ 与独立光度 L_0 的关系

注：光度函数 $\psi(L_0)$ 的最大值归一化为 1。图中黑色加粗阶梯线表示样本 1 在通量 flux 阈值下限为 $F_{\rm lim,1}$ 时 $\psi(L_0)$ 与 L_0 的变化情况，图中黑色阶梯线表示样本 2 在通量 flux 阈值下限为 $F_{\rm lim,2}$ 时 $\psi(L_0)$ 与 L_0 的变化情况。实线折线表示样本 2 的分段幂率函数拟合线，点划折线表示样本 1 的分段幂率函数拟合线。

2. 样本 1 和样本 2 的累积红移函数 $\varphi(z)$

图 4-5-6 展示了样本 1 和样本 2 的累积红移函数 $\varphi(z)$ 的分布。据图观察，样本 1 和样本 2 的累积红移函数 $\varphi(z)$ 非常相似，它们在低红移处相对陡峭，在高红移处比较平滑，累积红移函数 $\varphi(z)$ 随着红移 z 的增大而逐渐增大，这表明累积红移函数不受探测器的阈值影响，该结论与 Yu 等人(2015)、Pescalli 等人(2016)的结论具有一致性。

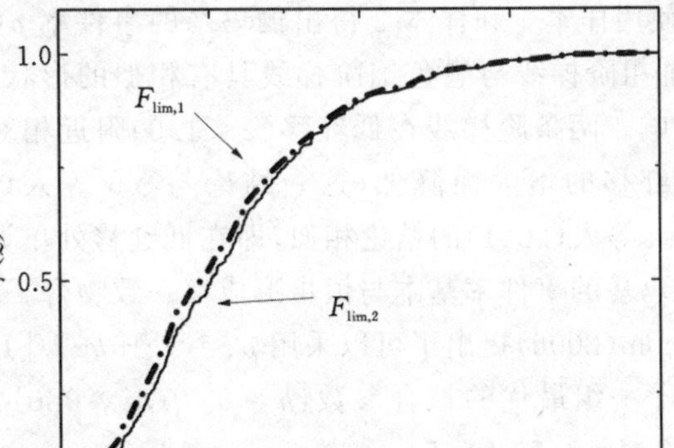

图 4-5-6　样本 1 和样本 2 的累积红移函数 $\varphi(z)$ 的分布

注：点划线代表样本 1 的累计红移分布，实线代表样本 2 的累计红移分布，所有数据都归一化到最大红移数据点。

伽玛暴事件率的表达式为 $\rho(z)=\frac{\mathrm{d}\varphi(z)}{\mathrm{d}z}(1+z)\left(\frac{\mathrm{d}V(z)}{\mathrm{d}z}\right)^{-1}$，因此要想得到 $\rho(z)$，首先需要得到累积红移函数的微分表达式 $\frac{\mathrm{d}\varphi(z)}{\mathrm{d}z}(1+z)$。图 4-5-7 显示的是样本 1 和样本 2 的累积红移函数的微分，其横坐标是 $(1+z)$，纵坐标是 $\frac{\mathrm{d}\varphi(z)}{\mathrm{d}z}(1+z)$。样本 1 和样本 2 的累积红移函数微分形式表现出相似的结构。

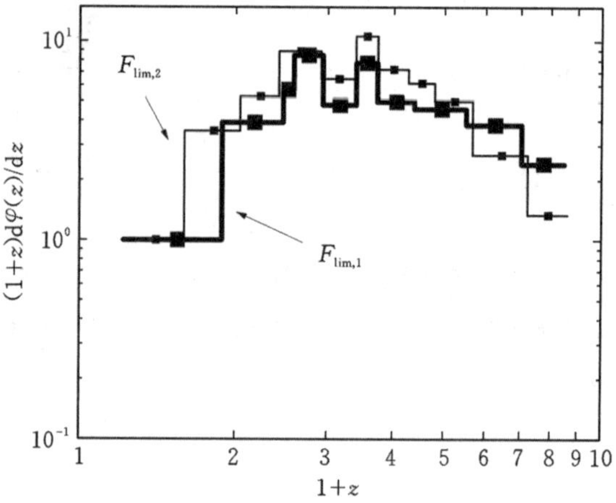

图 4-5-7 样本 1 和样本 2 的累积红移函数微分 $\frac{\mathrm{d}\varphi(z)}{\mathrm{d}z}$

注：黑色加粗实线表示样本 1 的累计红移函数微分，黑色细实线表示样本 2 的累计红移函数微分，所有数据都相对于第一段进行归一化。

3. 样本 1 和样本 2 的伽玛暴的事件率及其与恒星形成率的关系

图 4-5-8 显示了使用样本 1 和样本 2 得出伽玛暴的事件率 $\rho(z)$ 随红移 z 的演化关系。据图观察，黑色加粗阶梯线与黑色细阶梯线具有相似的形状，这说明伽玛暴的事件率不受阈值选择的影响。两条阶梯线在低红移（$z<1.0$）附近相对于恒星形成率表现出相似的超出，并随着红移的增大而降低，这一结论与 Yu 等人（2015）、Petrosian 等人（2015）以及 Tsvetkova 等人（2021）的结论相似，即在低红移处单调衰减。在 $z>1.0$ 时，样本 1 和样本 2 的伽玛暴的事件率基本与恒星形成率一致吻合。

Hopkins & Beacom（2006）提出了可以采用 $\rho_*=(a+bz)/[1+(z/c)^d]$ 形式拟合恒星形成率 ρ_*，并给出了一组最优的拟合参数：$h=0.70$，$a=0.014\pm0.009$，$b=0.140\pm0.018$，$c=2.98\pm0.22$，$d=4.55\pm0.54$。

Li 等人（2018）指出，无论是基于理论上的预测还是观测上的计算，长暴在高红移处的事件率总是能够较好地追踪恒星形成率，而低红移处的伽玛暴事件率总是超出恒星形成率，在 $z>1.0$ 时长暴可以作为恒星形成率的探针。另外，Daigne 等人（2006）、Kistler 等人（2008）提出，在低红移处伽玛暴的事件率相对于恒星形成率的超出可能是由宇宙金属丰度演化的物理效果导致的。

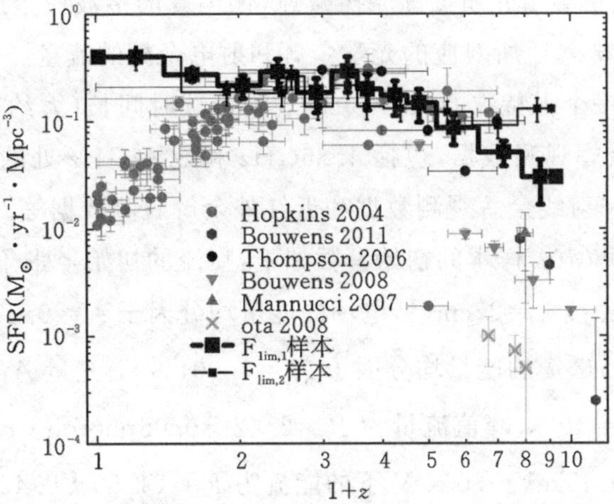

图 4-5-8　样本 1 和样本 2 的伽玛暴事件率 $\rho(z)$ 随红移 z 的演化关系

注：黑色加粗阶梯线代表样本 1 在探测器通量 flux 阈值下限为 $F_{\rm lim,1}$ 时的伽玛暴事件率随红移的演化关系，图中的黑色细阶梯线代表样本 2 在探测器通量 flux 阈值下限为 $F_{\rm lim,2}$ 时的伽玛暴事件率随红移的演化关系。灰色的实心圆形、黑色的实心圆形、倒三角、正三角、五边形、叉形都代表了恒星形成率数据 SFR(数据分别取自 Hopkins，2004；Thompson et al.，2006；Bouwens et al.，2008，2011；Mannucci，2007；ota，2008)。

4.5.3　总结与讨论

本节研究了探测器通量 flux 阈值选择效应对光度函数 L 和伽玛暴事件率 $\rho(z)$ 的影响。在研究中我们选择了两个阈值 $F_{\rm lim,1}=2.0\times10^{-8}\,{\rm erg\cdot cm^{-2}\cdot s^{-1}}$，$F_{\rm lim,2}=1.0\times10^{-7}\,{\rm erg\cdot cm^{-2}\cdot s^{-1}}$，使用这两个阈值构建出样本 1 和样本 2，并进行比较研究，结论如下：

(1)Swift 长暴的光度函数 L 与宇宙学红移 z 之间确实存在演化关系。演化关系可以表示为 $L\propto(1+z)^k$，k 值在 2.60 至 3.10 之间。探测器通量 flux 阈值的变化对 k 值的影响较小。

(2)计算与分析表明，在 $z<1.0$ 处伽玛暴事件率相对于恒星形成率表现出超出，但在 $z>1.0$ 处 Swift 伽玛暴事件率与恒星形成率吻合较好。

(3)探测器通量 flux 阈值的选择对伽玛暴累积光度函数 $\psi(L_0)$、累积红移函数 $\varphi(z)$、事件率 $\rho(z)$ 的影响非常小。

4.6　伽玛射线暴喷流的可能物理模型

第一章 1.3 节介绍过伽玛暴最初爆发的过程像一个大火球向外喷射能量，经过一段时间后火球的激波能量会与介质逐渐摩擦减速，伽玛暴的多波段余辉开始表现出来。我们分析了 GRB 980703 暴后所对应的光学余辉和射电余辉的流量。

GRB 980703 是一个很特殊的样本，余辉观测持续时间长(大约 1 天至 1 000 天)，并拥有丰富的多波段余辉观测数据，包括 4.86GHz 和 8.46GHz 处的射电余辉观测数据、光学余辉观测数据、X 射线余辉观测数据和近红外余辉观测数据等。

假定模拟 GRB 980703 样本的初始参数如下：喷流的初始半张角 $\theta=0.23\text{rad}$，谱指数 $p=2.1$，星际介质数密度 $n=27\text{cm}^{-3}$，电场的能量均分因子 $\xi_e=0.27$，火球模型下的初动能 $E_0\approx3.8\times10^{52}\text{erg}$，磁场的能量均分因子 $\xi_B=0.001\ 8$，消光量 $A_V\approx25\text{mag}$，红移 $z=0.966$，持续时间 $T_{90}=400\text{s}$，峰值流量为 $P=2.42\pm0.06\text{photon}\cdot\text{cm}^{-2}\cdot\text{s}^{-1}$，光度距离 $D_L=6.81\times10^6\text{kpc}$，在 15keV～300keV 下的能流为 $F=(4.59\pm0.42)\times10^{-5}\text{erg}\cdot\text{cm}^{-2}$，角距离 $D_A=1.76\times10^6\text{kpc}$。

Bloom 等人、Djorgovski 等人、Castro-Tirado 等人、Vreeswijk 等人、Holland 等人、Sokolov 等人对 GRB 980703 样本的光学和近红外观测数据进行了记录，然后利用上面的初始参数进行数值模拟，观测 K、H、J、I、R、V、B 波段的流量随时间的演化。图 4-6-1 展示了 GRB 980703 样本在 K、H、J、I、R、V，B 波段的观测值和数值模拟结果。由图可知，数值模拟的理论值和观测值吻合度很高。

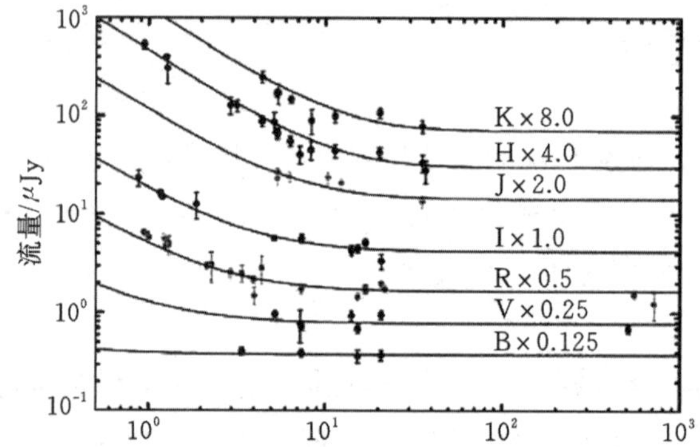

图 4-6-1　GRB 980703 的光学及近红外波段的余辉观测值和数值模拟结果

注：带误差棒的实心圆点数据表示观测值，实线表示数值模拟结果。

Berger 和 Frail 等人对 GRB 980703 样本爆发后大约 1 000 天左右的射电余辉进行了观测记录，并采用上述同一套初始参数分别在 8.46GHz，4.86GHz 和 1.43GHz 处对 GRB 980703 进行数值模拟，拟合结果如图 4-6-2 所示。在图 4-6-2 中，最上面的图展示了 8.46GHz 下的射电余辉观测值和理论预测结果，中间的图展示了 4.86GHz 下的射电余辉观测值和理论预测结果，最下面的图展示了 1.43GHz 下的射电余辉观测值和理论预测结果，经对比发现，这些理论值和观测值吻合度很高。

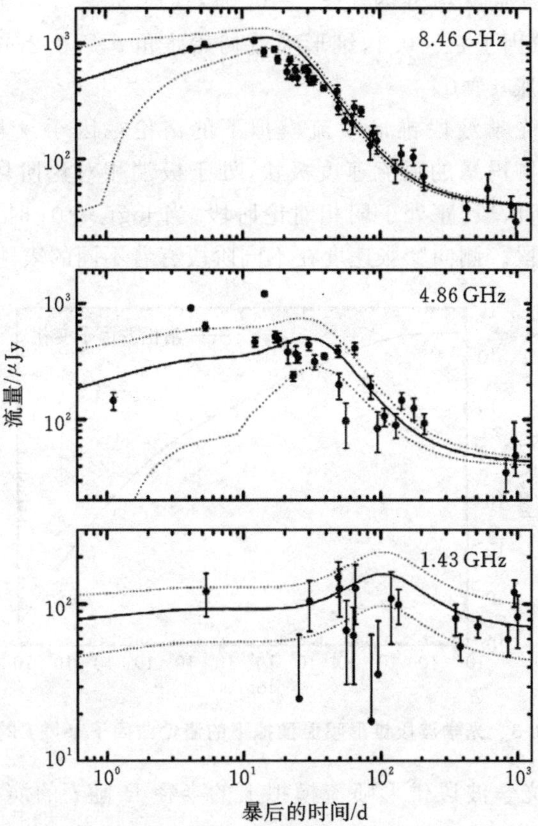

图 4-6-2 8.46GHz,4.86GHz 和 1.43GHz 三个射电波段下对 GRB 980703 的余辉进行模拟的结果

注:带误差棒的实心圆点是观测的射电余辉流量强度,实线是理论模拟的结果。

4.6.1 伽玛暴光学余辉的喷流模拟

伽玛暴余辉的发现是伽玛暴研究领域中的一项重大突破(Van paradijs et al.,1997)。伽玛暴的余辉观测数据中大约有一半具有光学余辉(Galama et al.,1998;Akerlof et al.,1999;Groot et al. 1997;Metzger et al. 1997;Garcia et al. 1998),其中大约三分之一来自射电余辉样本(Frail et al.,2005)。

关于伽玛暴的喷流形状,不同的学者提出了不同的见解,Meszaros & Rees(1997)、Waxman(1997)、Tavani(1997)、Sari Piran & Narayan(1998)以及 Wijers 等人(1998)提出伽玛暴的余辉喷流模型可能是光学锥形喷流模型、光学柱形喷流模型等。

1. 光学锥形喷流模拟

我们根据 Huang 等人(2000)提出的伽玛暴爆发的火球模型模拟了光学锥形喷流满足的大致情况。初始参数设置:单位立体角内的初动能 $E_0/\Omega_0=10^{54}$ erg/4π,最初的洛伦兹因子 $\gamma_0=300$,单位立体角内初始喷射物质量 $M_{ej}/\Omega_0=0.001\ 867M_\odot/4\pi$,星际介质数

密度 $n=1\text{cm}^{-3}$，磁场能量均分因子 $\xi_B=0.01$，压强 $p=2.5$，光度距离 $d_L=1.0\times 10^6\text{kpc}$，电场能量均分因子 $\xi_e=0.1$，锥形喷流初始张角 $\theta_0=0.2\text{rad}$，假定喷流在整个膨胀过程中都是绝热膨胀，$\varepsilon\equiv 0$。

图 4-6-3 显示了光学波段锥形喷流模拟下的洛伦兹因子 γ 随 t 的演化情况。当 $10^{-1}\leqslant \log t\leqslant 10^5$ 时，伽玛暴的喷流速度极快，处于极端相对论阶段；当 $10^5\leqslant \log t\leqslant 10^6$ 时，喷流速度处于转折阶段，正处于弱相对论阶段；当 $\log t\geqslant 10^7$ 时，喷流速度迅速下降，此后处于非相对论阶段。侧向膨胀速度在不同阶段有着不同的表达形式。

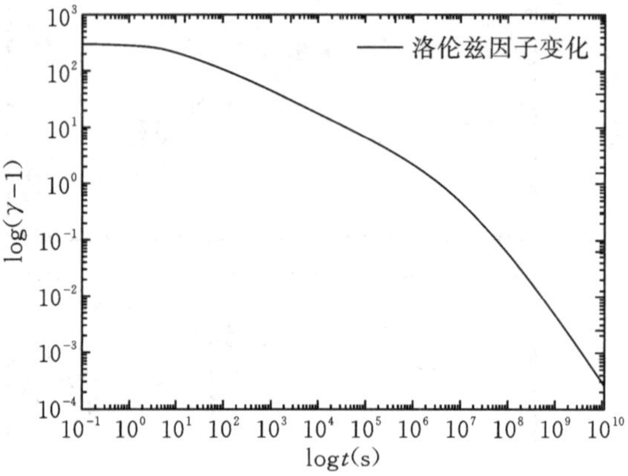

图 4-6-3　光学波段锥形喷流模拟下的洛伦兹因子 γ 随 t 的演化

图 4-6-4 显示了光学波段锥形喷流模拟下的半径 R 随 t 的演化。当 $10^{-1}\leqslant \log t\leqslant 10^1$ 时，半径不发生变化；当 $10^1\leqslant \log t\leqslant 10^8$ 时，半径随时间呈幂律增加(侧向膨胀速度开始起作用)；当 $10^8\leqslant \log t$ 时，半径随时间迅速增加。

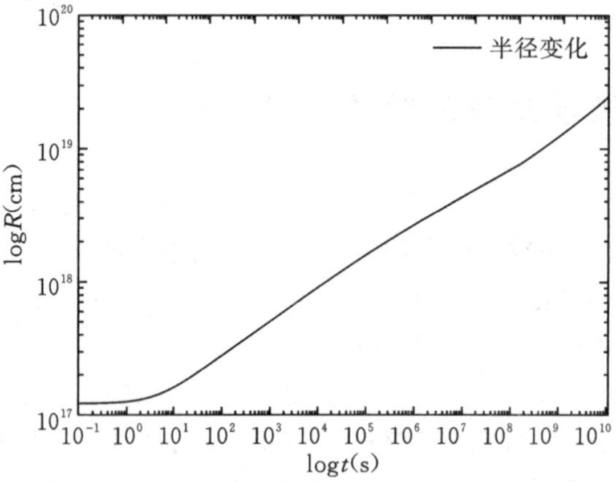

图 4-6-4　光学波段锥形喷流模拟下的半径 R 随时间 t 的演化

图 4-6-5 显示了光学波段锥形喷流模拟下的喷流张角 θ 随时间 t 的演化。当 $10^2\leqslant \log t\leqslant 10^6$ 时，喷流张角 θ 不发生变化(极端相对论阶段)；当 $10^6\leqslant \log t\leqslant 10^7$ 时，喷流张角 θ 缓慢增加(侧向膨胀速度开始起作用)；当 $\log t\geqslant 10^7$ 时，喷流张角 θ 迅速增加(非相对论阶段或牛顿阶段)。

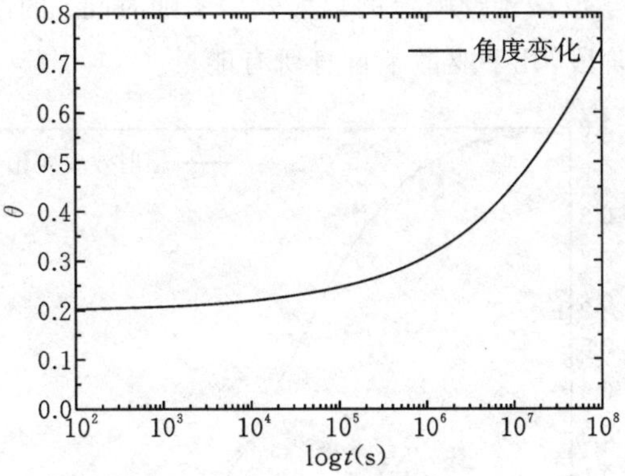

图 4-6-5　光学波段锥形喷流模拟下的喷流张角 θ 随时间 t 的演化

图 4-6-6 显示了光学波段锥形喷流在 y-z 平面内的演化。当 $z\approx 3.2\times 10^{18}$ cm 时，锥形喷流满足标准的锥形形状；当 $z\geqslant 3.2\times 10^{18}$ cm 时，锥形喷流偏离原有的锥形形状（非相对论阶段，侧向膨胀速度起作用）。

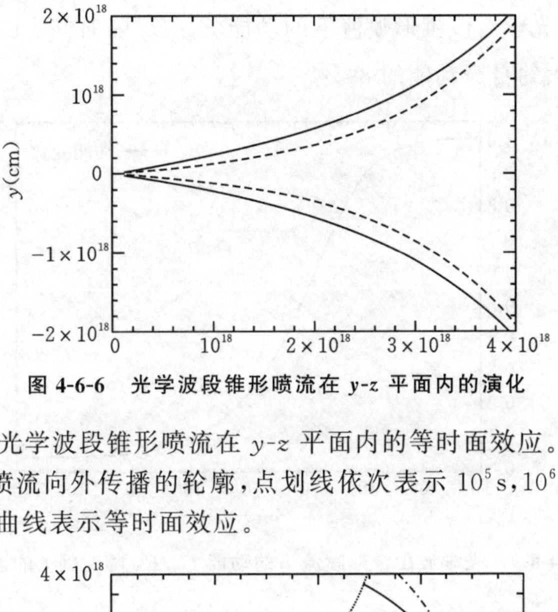

图 4-6-6　光学波段锥形喷流在 y-z 平面内的演化

图 4-6-7 显示了光学波段锥形喷流在 y-z 平面内的等时面效应。假设观测者视线与 z 轴平行，点线表示喷流向外传播的轮廓，点划线依次表示 10^5 s，10^6 s，10^7 s，10^8 s 时间下的 y-z 对应关系，实曲线表示等时面效应。

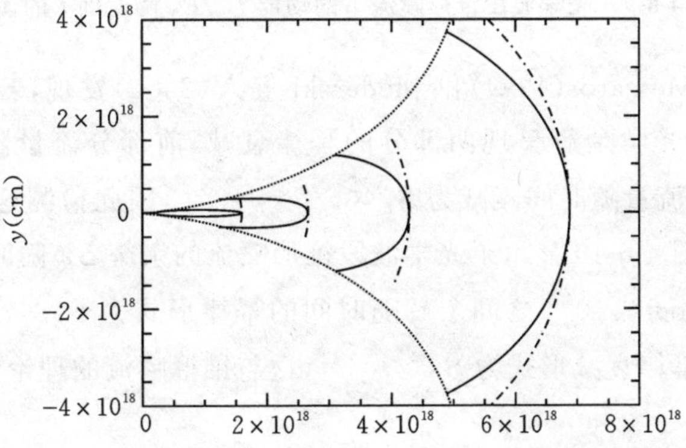

图 4-6-7　光学波段锥形喷流在 y-z 平面内的等时面效应

图 4-6-8 显示了光学波段锥形喷流的辐射效率 ε 随时间 t 的演化，当 $10^1 \leqslant \log t \leqslant 10^6$ 时，喷流处于高度辐射阶段，几乎驱散了自身所有能量。

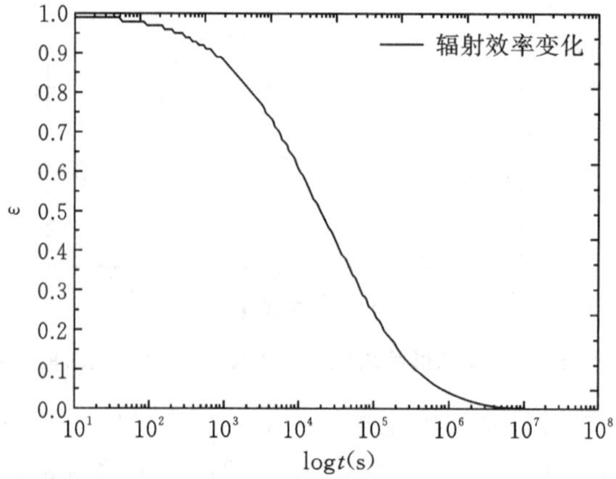

图 4-6-8 光学波段锥形喷流的辐射效率 ε 随时间 t 的演化

图 4-6-9 显示了光学波段锥形喷流下的动能 E_k/E_0 随时间 t 的演化，当 $10^{-2} \leqslant \log t \leqslant 10^4$ 时，会消耗掉大约自身动能的 89%。

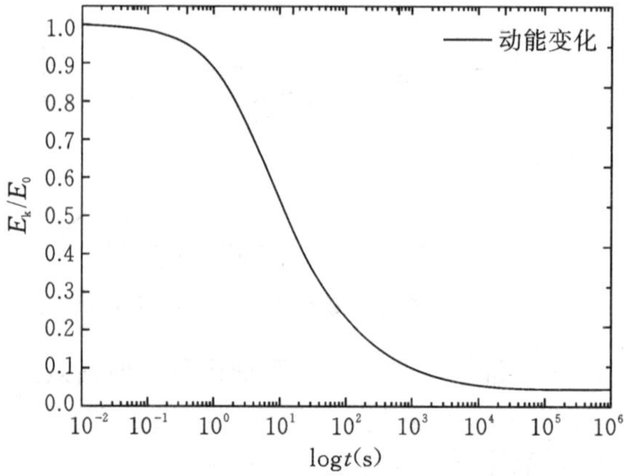

图 4-6-9 光学波段锥形喷流下的动能 E_k/E_0 随时间 t 的演化

Panaitescu & Meszaros(1999)和 Moderski 等人(2000)发现，若对某个暴采用初始参数进行数值模拟，光学余辉呈现两部分的幂律衰减，前部分流量随时间衰减为 $S_R \propto t^{-1.0} - t^{-1.3}$，后部分流量随时间衰减为 $S_R \propto t^{-2.0} - t^{-2.5}$，因此猜测这类暴可能来自锥形模型的物理喷流。图 4-6-10 显示了光学波段锥形喷流的余辉 S_R 随时间 t 的演化。据图分析，点线在 $10^4 \leqslant \log t \leqslant 10^{6.5}$ 之间余辉随时间的幂律形式为 $S_R \propto t^{-1.06}$，在 $\log t \geqslant 10^{6.5}$ 之后余辉随时间的幂律衰减形式为 $S_R \propto t^{-2.14}$，这与锥形喷流的理论预言一致。

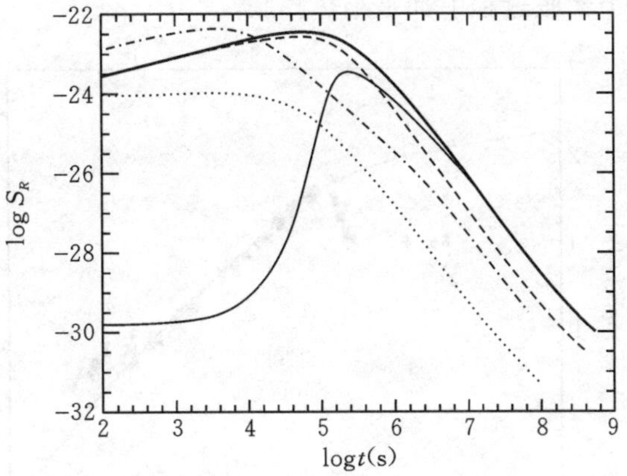

图 4-6-10　光学波段锥形喷流的余辉 S_R 随时间 t 的演化

注：图中点线采用初始参数模拟，粗实线的喷流初始张角设为 $\theta_0=0.0\text{rad}$，细实线的喷流初始张角设为 $\theta_0=0.3\text{rad}$，划线的喷流初始张角设为 $\theta_0=0.1\text{rad}$，点划线的电场能量均分因子设为 $\xi_e=0.1$。

2. 光学柱形喷流模拟

随着研究的不断深入，Dar 等人（1998，1999）提出光学波段的伽玛暴喷流演化后期可能由锥形喷流转为柱形喷流，柱形喷流的余辉衰减指数 $S_R \propto t^{-1.0}-t^{-1.3}$ 之间。演化后期喷流缓慢向外运动，侧向膨胀速度不再改变，喷流的张角极大，类似于一个柱形的喷流。对于柱型喷流的伽玛暴，喷流形状总是按照均匀等截面向外传播的，质量随半径的演化为：$\frac{\mathrm{d}m}{\mathrm{d}R}=\pi a^2 n m_p$，侧向膨胀速度 $c_s=0$，喷流截面积 $a=10^{14}\,\text{cm}$。

下面我们分别展示了 GRB 970508，GRB 971214，GRB 981214 三个暴的观测值和柱形喷流的模拟曲线，单个暴的初始参数设定如下：

GRB 970508，单位立体角内的初动能 $E_0/\Omega_0=4\times10^{51}\,\text{erg}/4\pi$，最初的洛伦兹因子 $\gamma_0=300$，光学余辉的能流 $F=3.1\times10^{-6}\,\text{erg/cm}^2$，星际介质数密度 $n=1\,000\,\text{cm}^{-3}$，磁场能量均分因子 $\xi_B=7\times10^{-7}$，压强 $p=2.1$，光度距离 $d_L=5.19\text{Gpc}$，电场能量均分因子 $\xi_e=0.5$，假定喷流在整个膨胀过程中都是绝热膨胀，$\varepsilon\equiv0$。

图 4-6-11 显示了 GRB 970508 的光学余辉观测值和柱形模型的模拟曲线。当观测时间 $10^5\leqslant\log t\leqslant10^{5.5}$ 时观测余辉出现再增亮，可能是主暴的二次爆发引起的。当观测时间 $10^{5.5}\leqslant\log t\leqslant10^7$ 时观测余辉呈幂律衰减，余辉衰减指数为 $S_R\propto t^{-1.2}$。当观测时间 $\log t\geqslant10^7$ 时观测余辉再次出现轻微增加，可能是寄主星系造成的。GRB 970508 的光学余辉演化后期的观测值和柱形喷流模型的拟合值相当吻合。

GRB 971214，单位立体角内的初动能 $E_0/\Omega_0=6\times10^{53}\,\text{erg}/4\pi$，最初的洛伦兹因子 $\gamma_0=300$，光学余辉的能流 $F=1.09\times10^{-5}\,\text{erg/cm}^2$，星际介质数密度 $n=100\,\text{cm}^{-3}$，磁场能量均分因子 $\xi_B=10^{-6}$，压强 $p=3$，光度距离 $d_L=34.2\text{Gpc}$，电场能量均分因子 $\xi_e=$

0.125，假定喷流在整个膨胀过程中都是绝热膨胀，$\varepsilon\equiv0$。

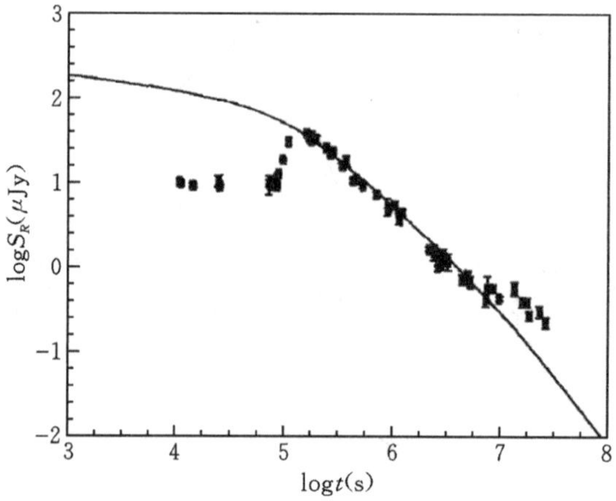

图 4-6-11 GRB970508 的光学余辉观测值和柱形模型的模拟曲线

注：图中散点表示观测值，实线表示模拟线。

图 4-6-12 显示了 GRB 971214 光学波段的余辉观测值和柱型喷流模型的模拟曲线。观察发现，GRB 971214 的光学余辉演化后期的观测值和柱形喷流模型的拟合值相当吻合。

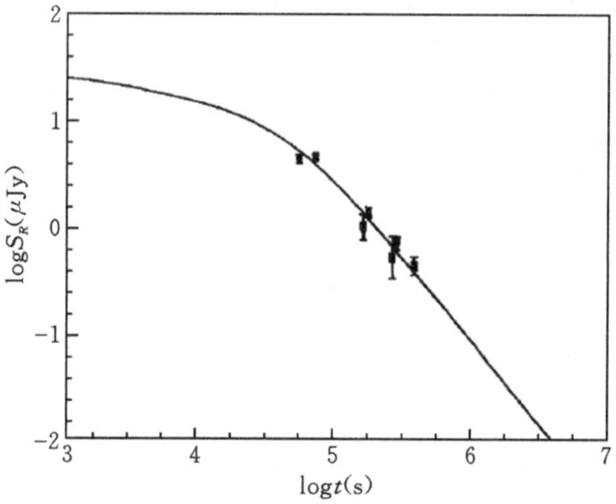

图 4-6-12 GRB971214 的光学余辉观测值和柱喷流型模型的模拟曲线

GRB 980703，单位立体角内的初动能 $E_0/\Omega_0=2\times10^{53}\,\mathrm{erg}/4\pi$，最初的洛伦兹因子 $\gamma_0=300$，光学余辉的能流 $F=4.59\times10^{-5}\,\mathrm{erg/cm^2}$，星际介质数密度 $n=100\,\mathrm{cm^{-3}}$，磁场能量均分因子 $\xi_B=10^{-6}$，压强 $p=2.1$，光度距离 $d_L=6.24\,\mathrm{Gpc}$，电场能量均分因子 $\xi_e=0.1$，假定喷流在整个膨胀过程中都是绝热膨胀，$\varepsilon\equiv0$。

图 4-6-13 显示了 GRB 980703 的光学余辉的观测值和柱形喷流模型的数值模拟曲线。观察发现，GRB 980703 的光学余辉演化后期的观测值和柱形喷流模型的拟合值相当吻合。

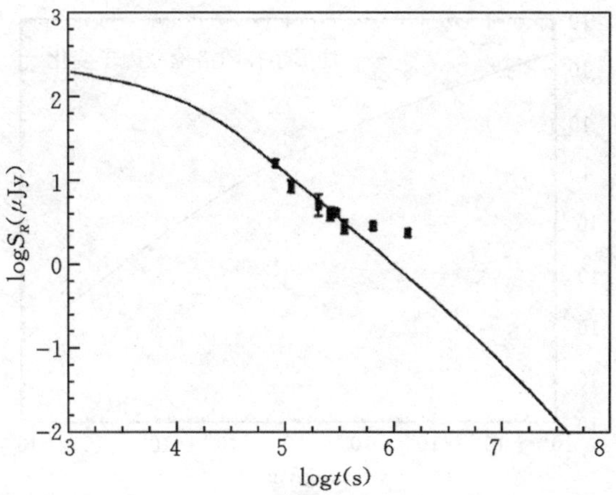

图 4-6-13　GRB980703 光学的观测值和柱形喷流模型的数值模拟曲线

我们采用了如下初始参数：喷流的初始半张角 $\theta=0.23$rad，压强 $p=2.1$，星际介质数密度 $n=27\text{cm}^{-3}$，电场的能量均分因子 $\xi_e=0.27$，喷流模型下的初动能 $E_0\approx3.8\times10^{52}$erg，磁场的能量均分因子 $\xi_B=0.0018$，消光量 $A_V\approx25$mag，红移 $z=0.966$，持续时间 $T_{90}=400$s，峰值流量 $P=2.42\pm0.06$ photons $\text{cm}^{-2}\cdot\text{s}^{-1}$，光度距离 $d_L=6.81\times10^6$kpc，在 15keV～350keV 下的能流 $F=(4.59\pm0.42)\times10^{-5}\text{erg}\cdot\text{cm}^{-2}$，角距离 $D_A=1.76\times10^6$kpc。模拟光学波段柱形喷流余辉 S_R 随时间 t 的演化，观察发现余辉随着时间均匀衰减，并且余辉衰减指数在 $S_R\propto t^{-1.0}-t^{-1.3}$ 之间，如图 4-6-14。

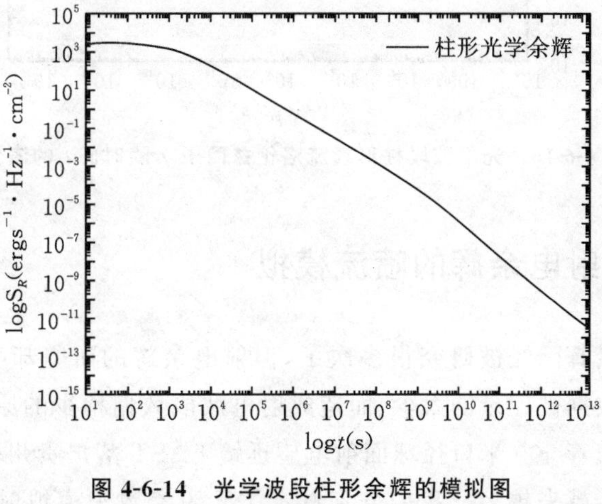

图 4-6-14　光学波段柱形余辉的模拟图

根据光学波段下的锥形喷流的初始参数，我们还分别模拟了光学波段下柱形喷流的洛伦兹因子 γ 随半径 R 的演化图和洛伦兹因子 γ 随时间 t 的演化。图 4-6-15 中，半径在 $10^{17}\text{cm}\leqslant R\leqslant10^{21}\text{cm}$ 范围内 γ 衰减得慢，半径 $R\geqslant10^{21}$cm 后 γ 衰减得快。图 4-6-16 中，$10^0\leqslant\log t\leqslant10^9$ 范围内 γ 衰减得慢，$\log t\geqslant10^9$ 后 γ 衰减得快。

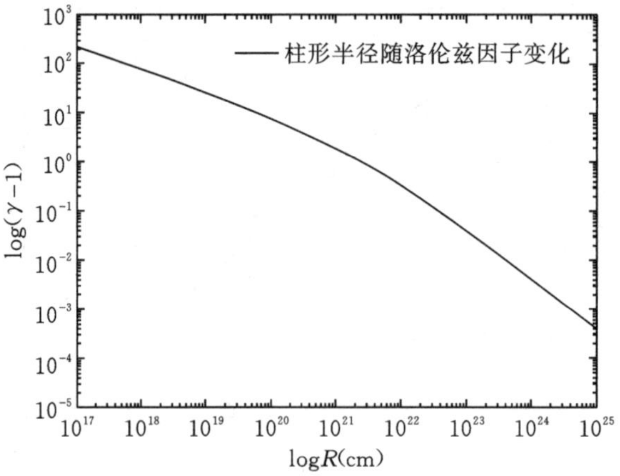

图 4-6-15 光学波段柱形喷流的洛伦兹因子 γ 随半径 R 的演化

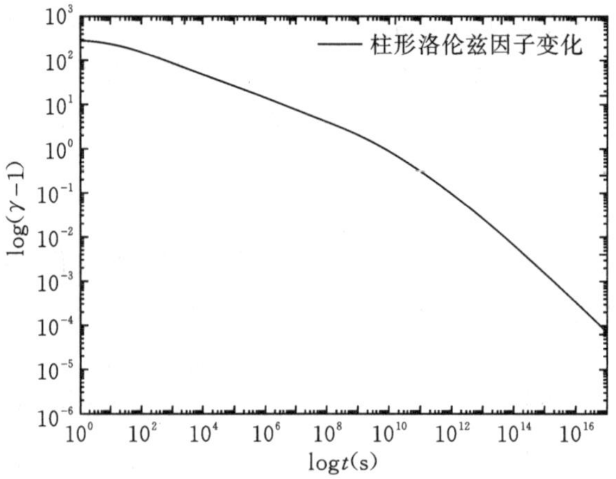

图 4-6-16 光学波段柱形喷流洛伦兹因子 γ 随时间 t 的演化

4.6.2 伽玛暴射电余辉的喷流模拟

伽玛暴的光学余辉已经被研究很多次了，但射电余辉的研究却少之又少，主要原因是射电波段的余辉数据被记录的太少，而造成射电波段数据稀少的原因是射电望远镜的可观测数目太少。随着 500 米口径球面射电望远镜 FAST 落户贵州平塘，伽玛暴在射电余辉方面上的数据会越来越多。我们分别选定了几组参数来模拟射电波段下锥形喷流的洛伦兹因子 γ 随时间 t 的演化、半径 R 随时间 t 的演化、余辉 S_ν 随时间 t 的演化，以及射电波段下柱形喷流的洛伦兹因子 γ 随时间 t 的演化、半径 R 随时间 t 的演化、余辉 S_ν 随时间 t 的演化。

1. 射电锥形喷流模拟

射电波段下锥形喷流初始参数如下：喷流的初始半张角 $\theta=0.4\text{rad}$，压强 $p=3.0$，星

际介质数密度 $n=1\mathrm{cm}^{-3}$，电场的能量均分因子 $\xi_e=0.1$，喷流模型下的初动能 $E_0\approx 10^{53}\mathrm{erg}$，初始洛伦兹因子 $\gamma_0=300$，磁场的能量均分因子 $\xi_B^2=0.01$，红移 $z=0.47$，光度距离 $d_L=2.5\mathrm{Gpc}$。

图 4-6-17 显示了射电波段下锥形喷流的洛伦兹因子 γ 随时间 t 的演化，当 $\log t\approx 10^1$ 时，伽玛暴的喷流速度极快，处于极端相对论阶段；当 $10^1\leqslant\log t\leqslant 10^8$ 时，伽玛暴的喷流速度呈幂律衰减阶段，处于弱相对论阶段；当 $\log t\geqslant 10^8$ 时，伽玛暴的喷流速度保持不变，此后处于非相对论阶段。

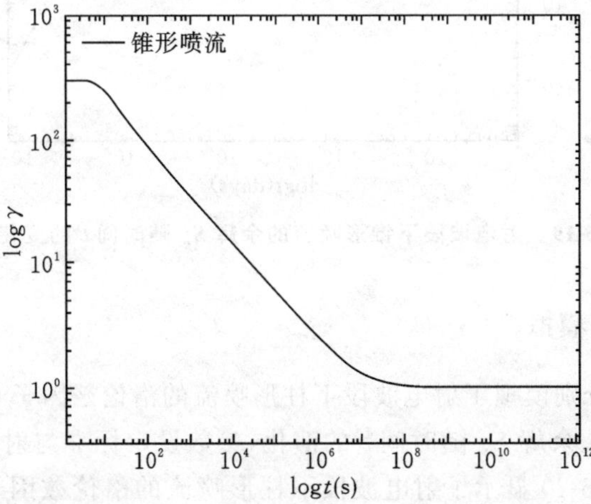

图 4-6-17　射电波段下锥形喷流的洛伦兹因子 γ 随时间 t 的演化

图 4-6-18 显示了射电余辉下锥形喷流的半径 R 随时间 t 的演化。当 $10^0\leqslant\log t\leqslant 10^2$ 时，半径呈幂律增加；当 $\log t\geqslant 10^2$ 后，半径再次呈幂律增加(增加斜率较之前低)。

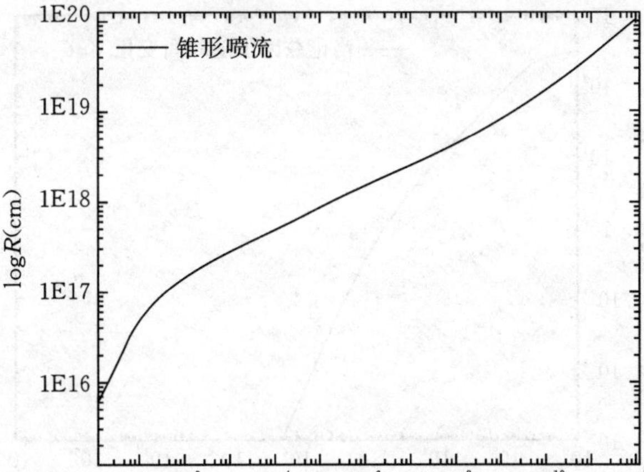

图 4-6-18　射电波段下锥形喷流的半径 R 随时间 t 的演化

图 4-6-19 显示了射电波段下锥形喷流的余辉 S_ν 随时间 t 的变化曲线。据图分析，

余辉 S_υ 随时间 t 的变化大致分成两个阶段：在 $10^{-4} \leqslant \log t \leqslant 10^3$ 之间，余辉随时间幂律增加；在 $\log t \geqslant 10^3$ 之后，余辉随时间幂律衰减。

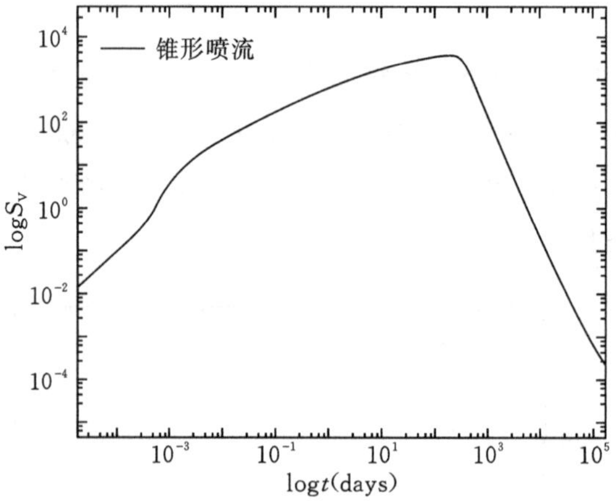

图 4-6-19 射电波段下锥形喷流的余辉 S_υ 随时间 t 的变化曲线

2. 射电柱形喷流模拟

类似地，我们也分别模拟了射电波段下柱形喷流的洛伦兹因子 γ 随时间 t 的演化、半径 R 随时间 t 的演化、余辉 S_υ 随时间 t 的演化，参数设定标准与射电波段下锥形喷流的数值模拟相同。图 4-6-20 显示了射电波段下柱形喷流的洛伦兹因子 γ 随时间 t 的演化(考虑侧向膨胀速度为常数)，图 4-6-21 显示了射电波段下柱形喷流的半径 R 随洛伦兹因子 γ 的演化(考虑侧向膨胀速度为常数)，图 4-6-22 显示了射电波段下柱形喷流的余辉 S_υ 随时间 t 的演化(考虑侧向膨胀速度为常数)，图 4-6-23 显示了射电波段下柱形喷流的余辉 S_υ 随时间 t 的演化(不考虑侧向膨胀速度)。

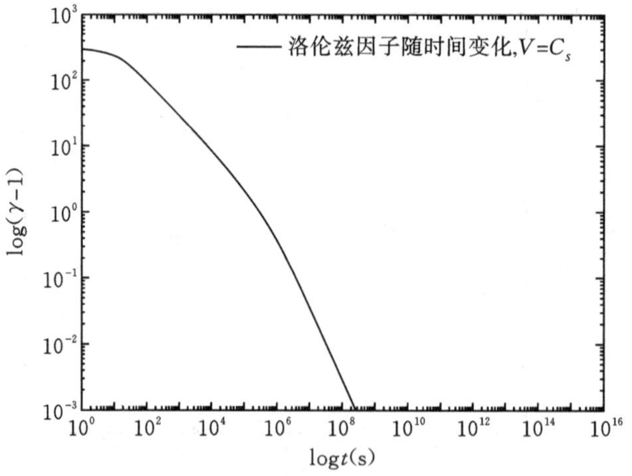

图 4-6-20 射电波段下柱形喷流的洛伦兹因子 γ 随时间 t 的演化

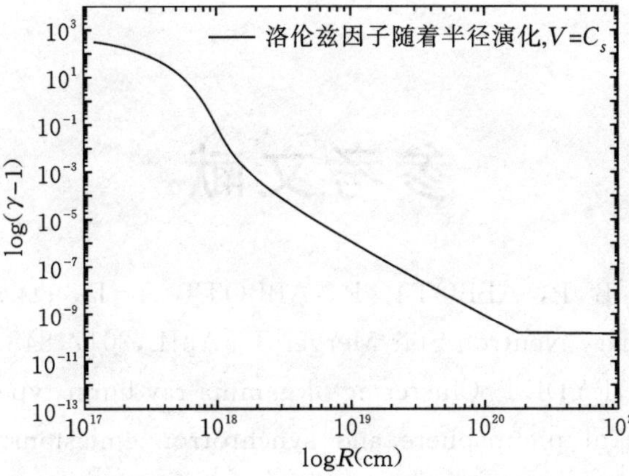

图 4-6-21　射电波段下柱形喷流的洛伦兹因子 γ 随半径 R 的演化

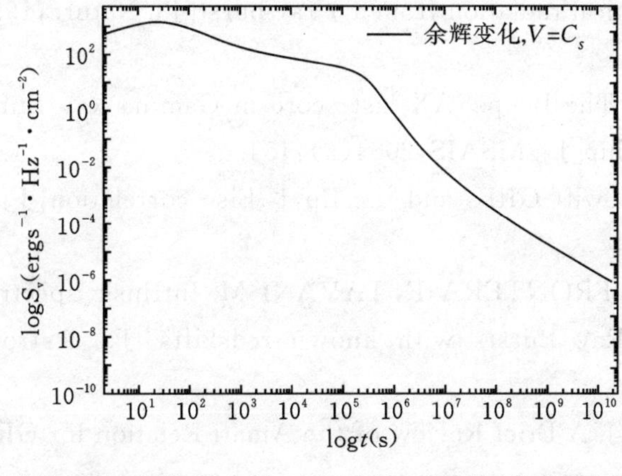

图 4-6-22　射电波段下柱形喷流的余辉 S_ν 随时间 t 的演化（考虑侧向膨胀速度为常数）

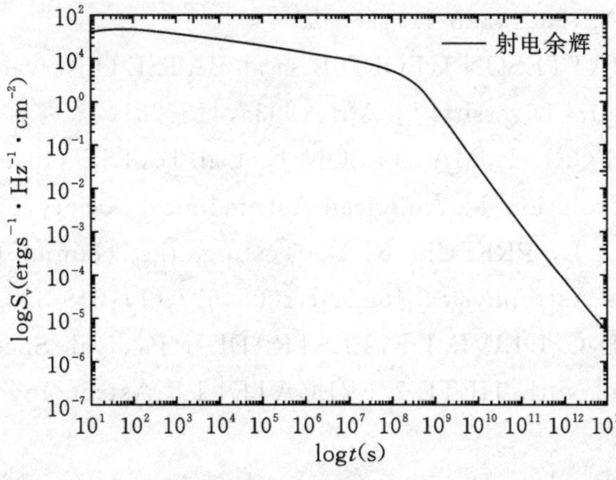

图 4-6-23　射电波段下柱形喷流的余辉 S_ν 随时间 t 的演化（不考虑侧向膨胀速度）

参考文献

[1] ABBOTT B P, ABBOTT R, ABBOTT T D, et al. Multi-messenger Observations of a Binary Neutron Star Merger[J]. ApJL,2017,848 (2):L12.

[2] ACUNER Z,RYDE F. Clustering of gamma-ray burst types in the Fermi GBM catalogue: indications of photosphere and synchrotron emissions during the prompt phase[J]. MNRAS,2018,475 (2):1708-1724.

[3] AKERLOF C, BALSANO R, BARTHELMY S, et al. Observation of contemporaneous optical radiation from a γ-ray burst[J]. Nature,1999,398 (6726):400-402.

[4] AMATI L. The BeppoSAX last score in Gamma-Ray Burst astrophysics: the Ep,i - Eiso relationship[J]. MSAIS,2004(5):154.

[5] AMATI L. Swift GRBs and the Ep,i -Eiso correlation[J]. NCIMB,2006,121 (10):1081-1086.

[6] AMATI L,FRONTERA F,TAVANI M. Intrinsic spectra and energetics of BeppoSAX Gamma-Ray Bursts with known redshifts[J]. Astron. Astrophys, 2002 (390):81-89.

[7] AZZAM W J. A Brief Review of the Amati Relation for GRBs[J]. IJAA,2016, 6 (4):378-383.

[8] BALASTEGUI A,RUIZ-LAPUENTE P,Canal R. Reclassification of gamma-ray bursts[J]. MNRAS,2001,328 (1):283-290.

[9] BAND D,MATTESON J,FORD L,et al. BATSE Observations of Gamma-Ray Burst Spectra. I. Spectral Diversity[J]. ApJ,1993a,413:281.

[10] BAND D,FORD L,MATTESON J,et al. BATSE Observations of Gamma Ray Burst Spectral Evolution[J]. American Astronomical Society,1993b,182:74.

[11] BAND D L, PREECE R D. Testing the Gamma-Ray Burst Energy Relationships[J]. The Astrophysical Journal,2005,627 (1):319-323.

[12] BARRAUD C,OLIVE J F,LESTRADE J P,et al. Spectral analysis of 35 GRBs/XRFs observed with HETE-2/FREGATE[J]. Astronomy and Astrophysics, 2003(400):1021-1030.

[13] BERGER E. Short-Duration Gamma-Ray Bursts[J]. ARA&A, 2014(52): 43-105.

[14] BHATTACHARYYA S,TIWARI H,BHARADWAJ S,et al. A maximum-likelihood estimate of the parameters of the fast radio burst population[J]. MNRAS,

2022(513):L1.

[15] BLOOM J S, KULKARNI S R, DJORGOVSKI S G, et al. The unusual afterglow of the γ-ray burst of 26 March 1998 as evidence for a supernova connection [J]. Nature,1999,401 (6752):453-456.

[16] BLOOM J S, KULKARNI S R, PRICE P A. Detection of a Supernova Signature Associated with GRB 011121[J]. The Astrophysical Journal,2002,572 (1): L45-L49.

[17] BOUWENS R J,ILLINGWORTH G D,LABLE I,et al. A candidate redshift z~10 galaxy and rapid changes in that population at an age of 500Myr[J]. Nature,2011, 469 (7331):504-507.

[18] BOUWENS R J,ILLINGWORTH G D,FRANX M,et al. z ~ 7-10 Galaxies in the HUDF and GOODS Fields: UV Luminosity Functions[J]. The Astrophysical Journal,2008,686 (1):230-250.

[19] BOSTANCı Z F,KANEKO Y,GÖĞÜŞ E. Gamma-ray bursts with extended emission observed with BATSE[J]. MNRAS,2013,428 (2):1623-1630.

[20] BROMBERG O, NAKAR E, PIRAN T, et al. Short versus Long and Collapsars versus Non-collapsars: A Quantitative Classification of Gamma-Ray Bursts [J]. ApJ,2013,764 (2):179.

[21] BRYANT C,OSBORNE J A,SHAHMORADI A. How unbiased statistical methods lead to biasedscientific discoveries:A case study of the Efron-Petrosian statistic applied to the luminosity-redshift evolution of gamma-ray bursts[J]. MNRAS,2021,504 (3):4192-4203.

[22] BUTLER N R, KOCEVSKI D, BLOOM J S, et al. A Complete Catalog of Swift Gamma-Ray Burst Spectra and Durations: Demise of a Physical Origin for Pre-Swift High-Energy Correlations[J]. ApJ,2007,671 (1):656-677.

[23] BUTLER N R,BLOOM J S,POZNANSKI D. The Cosmic Rate,Luminosity Function,and Intrinsic Correlations of Long Gamma-Ray Bursts[J]. ApJ,2010,711 (1): 495-516.

[24] BYSTRICKY P, MÉSZÁROS A, ŘÍPA J. Proceedings of the 21st Annual Conference of Doctoral Students,May 29-June 1,2012[C]. Prague:Matfyz Press,2012.

[25] CASTRO-TIRADO A J,SÁNCHEZ-RAMÍREZ R,ELLISON S L,et al. GRB 130606A within a sub-DLA at redshift 5. 91[Z]. eprint arXiv,2013,arXiv:1312. 5631.

[26] CHATTOPADHYAY S,MAITRA R. Gaussian-mixture-model-based cluster analysis finds five kinds of gamma-ray bursts in the BATSE catalogue[J]. MNRAS, 2017,469 (3):3374-3389.

[27] CHATTOPADHYAY T, MISRA R, CHATTOPADHYAY A K, et al. Statistical Evidence for Three Classes of Gamma-Ray Bursts[J]. ApJ,2007,667 (2): 1017-1023.

[28] CHANDRA P, FRAIL D A. A Radio-selected Sample of Gamma-Ray Burst Afterglows[J]. The Astrophysical Journal, 2012, 746 (2): 28.

[29] CHROMEY A, VERITAS Collaboration. 37th International Cosmic Ray Conference, July 12-23, 2021[C]. Berlin: Online published, 2022.

[30] COBB B E, BAILYN C D, VAN DOKKUM P G, et al. SN 2006aj and the Nature of Low-Luminosity Gamma-Ray Bursts[J]. ApJL, 2006, 645 (2): L113-L116.

[31] COBURN W, BOGGS S E. Polarization of the prompt γ-ray emission from the γ-ray burst of 6 December 2002[J]. Nature, 423 (6938): 415-417.

[32] COSTA E, FRONTERA F, HEISE J, et al. Discovery of an X-ray afterglow associated with the γ-ray burst of 28 February 1997[J]. Nature, 1997, 387 (6635): 783-785.

[33] COWARD D. Open issues with the gamma-ray burst redshift distribution[J]. NewAR, 2007, 51 (7): 539-546.

[34] DAI Z G, HUANG Y F, LU T. Gamma-Ray Burst Afterglows from Realistic Fireballs[J]. ApJ, 1999, 520 (2): 634-640.

[35] DAIGNE F, ROSSI E M, MOCHKOVITCH R. The redshift distribution of Swift gamma-ray bursts: evidence for evolution[J]. MNRAS, 2006, 372 (3): 1034-1042.

[36] DAINOTTI M G, DEL VECCHIO R, SHIGEHIRO N, et al. Selection Effects in Gamma-Ray Burst Correlations: Consequences on the Ratio between Gamma-Ray Burst and Star Formation Rates [J]. ApJ, 2015, 800 (1): 31.

[37] DAR A. Can Fireball Models Explain Gamma-Ray Bursts [J]? The Astrophysical Journal, 1998, 500 (2): L93-L96.

[38] DEZALAY J P, LESTRADE J P, BARAT C, et al. The Hardness-Duration Diagram of Gamma-Ray Bursts[J]. ApJ, 1996(471): L27.

[39] DRENKHAHN G. Acceleration of GRB outflows by Poynting flux dissipation [J]. A&A, 2002(387): 714-724.

[40] EFRON B, PETROSIAN V. A Simple Test of Independence for Truncated Data with Applications to Redshift Surveys[J]. ApJ, 1992(399): 345.

[41] EICHLER D, LIVIO M, PIRANS T, et al. Nucleosynthesis, neutrino bursts and γ-rays from coalescing neutron stars[J]. Nature, 1989, 340 (6229): 126-128.

[42] ELLIOTT J, GREINER J, Khochfar S, et al. The long γ-ray burst rate and the correlation with host galaxy properties[J]. A&A, 2012(539): A113.

[43] FENIMORE E E, RAMIREZ-RUIZ E. Redshifts For 220 BATSE Gamma-Ray Bursts Determined by Variability and the Cosmological Consequences [J]. arXiv e-prints, 2000, astro-ph/0004176.

[44] FILIPPENKO A V. Optical Spectra of Supernovae[J]. ARA&A, 1997(35): 309-355.

[45] FIRMANI C, AVILA-REESE V, GHISELLINI G, et al. Formation Rate,

Evolving Luminosity Function, Jet Structure, and Progenitors for Long Gamma-Ray Bursts[J]. ApJ,2004,611 (2):1033-1040.

[46] FRAIL D A, KULKARNI S R, NICATRO S R, et al. The radio afterglow from the γ-ray burst of 8 May 1997[J]. Nature,1997,389 (6648):261-263.

[47] FRAIL D A, WAXMAN E, KULKARNI S R. A 450 Day Light Curve of the Radio Afterglow of GRB 970508: Fireball Calorimetry[J]. The Astrophysical Journal, 2000,537 (1):191-204.

[48] FYNBO J P U, WATSON D, THÖNE C C, et al. No supernovae associated with two long-duration γ-ray bursts[J]. Nature,2006,444 (7122):1047-1049.

[49] GALAMA T J, TANVIR N, VREESWIJK P M, et al. Evidence for a Supernova in Reanalyzed Optical and Near-Infrared Images of GRB 970228[J]. The Astrophysical Journal,2000,536 (1):185-194.

[50] GALAMA T J, WIJERS R A M J, BREMER M. The Radio-to-X-Ray Spectrum of GRB 970508 on 1997 May 21.0 UT[J]. ApJ,1998,500 (2):L97-L100.

[51] GAL-YAM A, FOX D B, PRICE P A, et al. A novel explosive process is required for the γ-ray burst GRB 060614[J]. Nature,2006,444 (7122):1053-1055.

[52] GARCIA M R, CALLANAN P J, MORARU D, et al. Power-Law Decays in the Optical Counterparts of GRB 970228 and GRB 970508[J]. The Astrophysical Journal,1998,500(2):L105-L109.

[53] GARNAVICH P M, HOLLAND S T, SCHMIDT B P, et al. ESSENCE: Constraining Properties of the Dark Energy with Supernovae [J]. American Astronomical Society,2002(34):1233.

[54] GEHRELS N, et al. The Swift Gamma-Ray Burst Mission[J]. ApJ,2004,611 (2):1005-1020.

[55] GEHRELS N, et al. A new γ-ray burst classification scheme from GRB060614 [J]. Nature,2006,444 (7122):1044-1046.

[56] GEHRELS N, RAMIREZ-RUIZ E, FOX D B. Gamma-Ray Bursts in the Swift Era[J]. ARA&A,2009,47 (1):567-617.

[57] GHIRLANDA G, GHISELLINI G, LAZZATI D. The Collimation-corrected Gamma-Ray Burst Energies Correlate with the Peak Energy of Their νFν Spectrum[J]. ApJ,2004,616 (1):331-338.

[58] GHISELLINI G. Gamma ray bursts: some facts and ideas[J]. eprint arXiv, 2001, arXiv:astro-ph/0111584.

[59] GOLDSTEIN A, VERES P, BURNS E, et al. An Ordinary Short Gamma-Ray Burst with Extraordinary Implications: Fermi-GBM Detection of GRB 170817A[J]. ApJ,2017,848 (2):L14.

[60] GREGORY P C. A Bayesian Analysis of Extrasolar Planet Data for HD 73526 [J]. ApJ,2005,631 (2):1198-1214.

[61] GREINER J, KRÜHLER T, KLOSE S, et al. The nature of "dark" gamma-ray bursts[J]. A&A, 2011(526): A30.

[62] GROOT P J, GALAMA T J, VAN PARADIJS J, et al. Optical afterglow of a gamma-ray burst: GRB 970228[J]. IEEES, 1997(14): 8-11.

[63] GUETTA D, PIRAN T. Do long duration gamma ray bursts follow star formation? [J]. JCAP, 2007(7): 3.

[64] HAKKILA J, GIBLIN T W, ROIGER R J, et al. How Sample Completeness Affects Gamma-RayBurst Classification[J]. ApJ, 2003(582): 320.

[65] HAKKILA J, HAGLIN D J, PENDLETON G N, et al. Gamma-Ray Burst Class Properties[J]. ApJ, 2000, 538 (1): 165-180.

[66] HEISE J. X-Ray Flashes and X-Ray Counterparts of Gamm-Ray Bursts[J]. American Institute of Physics, 2003(662): 229-236.

[67] HEISE J, ZAND J I. X-ray Transients from X-ray Binaries to Gamma Ray Bursts[J]. eprint arXiv, 2001, arXiv: astro. ph/0112353.

[68] HEISE J, ZAND J I, KIPPEN R M, et al. Proceedings of the International Workshop Held in Rome, October 17-20, 2001[C]. Italy: Springer-Verlag, 2001.

[69] HJORTH J, MALESANI D, JAKOBSSON P, et al. The Optically Unbiased Gamma-Ray Burst Host (TOUGH) Survey. I. Survey Design and Catalogs[J]. ApJ, 2012, 756 (2): 187.

[70] HJORTH J, SOLLERMAN J, MØLLER P, et al. A very energetic supernova associated with the γ-ray burst of 29 March 2003[J]. Nature, 2003, 423 (6942): 847-850.

[71] HOPKINS A M. On the Evolution of Star-forming Galaxies[J]. ApJ, 2004, 615 (1): 209-221.

[72] HOPKINS A M, BEACON J F. On the Normalization of the Cosmic Star Formation History[J]. ApJ, 2006, 651 (1): 142-154.

[73] HORVÁTH I. A Third Class of Gamma-Ray Bursts[J]? ApJ, 1998, 508 (2): 757-759.

[74] HORVÁTH I. A further study of the BATSE Gamma-Ray Burst duration distribution[J]. A&A, 2002(392): 791-793.

[75] HORVÁTH I, BAGOLY Z, BALÁZS L G, et al. Detailed Classification of Swift's Gamma-ray Bursts[J]. ApJ, 2010, 713 (1): 552-557.

[76] HORVÁTH I, BALÁZS L G, BAGOLY Z, et al. A new definition of the intermediate group of gamma-ray bursts[J]. A&A, 2006, 447 (1): 23-30.

[77] HORVÁTH I, BALÁZS L G, BAGOLY Z, et al. Classification of Swift's gamma-ray bursts[J]. A&A, 2008, 489 (1): L1-L4.

[78] HU Y D, LIANG E W, XI S Q, et al. Internal Energy Dissipation of Gamma-Ray Bursts Observed with Swift: Precursors, Prompt Gamma-Rays, Extended Emission, and Late X-Ray Flares[J]. ApJ, 2014, 789 (2): 145.

[79] HUANG Y F,DAI Z G,LU T,et al. Gamma-Ray Bursts from Neutron Star Kicks[J]. ApJ,2003,594 (2):919-923.

[80] HUANG Y F,GOU L J,DAI Z G. Overall Evolution of Jetted Gamma-Ray Burst Ejecta[J]. Astronomy Physics of Journal,2000,543 (1):90-96.

[81] HURLEY K J,MCBREEN B,RABBETTE M,et al. The lognormal properties of the soft gamma-ray repeater SGR 1806-20 and the VELA pulsar[J]. A&A,1994 (288):L49-L52.

[82] ITO H,MATSUMOTO J,NAGATAKI S,et al. The photospheric origin of the Yonetoku relation in gamma-ray bursts [J]. Nature Communications, 2019 (10):1504.

[83] JESPERSEN C K, SEVERIN J B, STEINHARDT C L, et al. An Unambiguous Separation of Gamma-Ray Bursts into Two Classes from Prompt Emission Alone[J]. ApJ,2020,896 (2):L20.

[84] KANEKO Y,BOSTANCı Z F,GÖĞÜŞ E,et al. Short gamma-ray bursts with extended emission observed with Swift/BAT and Fermi/GBM[J]. MNRAS,2015,452 (1):824-837.

[85] KANEKO, YUKI P, ROBERT D, et al. The Complete Spectral Catalog of Bright BATSE Gamma-Ray Bursts[J]. ApJS,2006,166 (1):298-340.

[86] KANN D A, KLOSE S, ZHANG B, et al. The Afterglows of Swift-era Gamma-Ray Bursts. II. Type I GRB versus Type II GRB Optical Afterglows[J]. ApJ, 2011,734 (2):96.

[87] KHOKHRIAKOVA A D,POPOV S B. Detectability of neutron star - White dwarf coalescences by eROSITA and ART-XC[J]. Journal of High Energy Astrophysics,2019 (24):1-5.

[88] KING A,OLSSON E,DAVIES M B. A new type of long gamma-ray burst [J]. MNRAS,2007,374 (1):L34-L36.

[89] KIPPEN R M,PACIESAS W S,PENDLETON G N,et al. Simulation study of COSMIC-a Compton telescope all-sky monitor concept for low-energy gamma-ray astronomy[J]. ITNS,2000,47 (6):2050-2054.

[90] KIPPEN R M,WOODS P M,HEISE J,et al. Spectral Characteristics of X-Ray Flashes Compared to Gamma-Ray Bursts[J]. American Institute of Physics,2003(662): 244-247.

[91] KIRK J G, DUFFY P. TOPICAL REVIEW: Particle acceleration and relativistic shocks[J]. Phys. G,1999,25 (8):R163-R194.

[92] KISTLER M D,YÜKSEL H,BEACOM J F,et al. The Star Formation Rate in the Reionization Era as Indicated by Gamma-Ray Bursts [J]. ApJ, 2009, 705 (2): L104-L108.

[93] KISTLER M D, YÜKSEL H, BEACOM J F, et al. An Unexpectedly Swift

Rise in the Gamma-Ray Burst Rate[J]. ApJL,2008,673 (2):L119.

[94] KLUŹNIAK W, RUDERMAN M. The Central Engine of Gamma-Ray Bursters[J]. ApJ,1998,505 (2):L113-L117.

[95] KNUTH K H. Optimal Data-Based Binning for Histograms[J]. physics, 2006,5197.

[96] KOCEVSKI D,LIANG E. Quantifying the Luminosity Evolution in Gamma-Ray Bursts[J]. ApJ,2006,642 (1):371-381.

[97] KOEN C,BERE A. On multiple classes of gamma-ray bursts,as deduced from autocorrelation functions or bivariate duration/hardness ratio distributions [J]. MNRAS,2012,420 (1):405-415.

[98] KOMMERS J M,LEWIN W H G,KOUVELIOTOU C,et al. The Intensity Distribution of Faint Gamma-Ray Bursts Detected with BATSE[J]. ApJ,2000,533 (2): 696-709.

[99] KOSHUT T M, PACIESAS W S, KOUVELIOTOU C, et al. T90 as a Measurment of the Duration of GRBs[J]. AAS,1995(27):886.

[100] KOSHUT T M, PACIESAS W S, KOUVELIOTOU C, et al. Systematic Effects on Duration Measurements of Gamma-Ray Bursts[J]. ApJ,1996(463):570.

[101] KOUVELIOTOU C, DIETERS S, STROHMAYER T, et al. An X-ray pulsar with a superstrong magnetic field in the soft γ-ray repeater SGR1806-20[J]. Nature,1998,393 (6682):235-237.

[102] KOUVELIOTOU C,KOSHUT T,BRIGGS M S,et al. Correlations between duration,hardness and intensity in GRBs[J]. American Institute of Physics,1996(384): 42-46.

[103] KOUVELIOTOU C,MEEGAN C A,FISHMAN G J,et al. Identification of Two Classes of Gamma-Ray Bursts[J]. ApJ,1993(413):L101-L104.

[104] KULKARNI S,DESAI S. Classification of gamma-ray burst durations using robust model-comparison techniques[J]. Ap&SS,2017,362 (4):70.

[105] KULKARNI S R,BERGER E,BLOOM J S,et al. The afterglows of gamma-ray bursts[J]. AIP,2000(526):227-297.

[106] KUMAR P,PANAITESCU A. A unified treatment of the gamma-ray burst 021211 and its afterglow[J]. Monthly Notices of the Royal Astronomical Society,2003, 346 (3):905-914.

[107] KWONG H S, NADARAJAH S. A note on'Analysis of gamma-ray burst duration distribution using mixtures of skewed distributions'[J]. MNRAS, 2018, 473 (1):625-646.

[108] LAN G X,ZENG H D,WEI J J,et al. The luminosity function and formation rate of a complete sample of long gamma-ray bursts[J]. MNRAS, 2019, 488 (4): 4607-4613.

[109] LAZZATI D, COVINO S, GHISELLINI G, et al. The optical afterglow of GRB 000911: Evidence for an associated supernova? [J] Astronomy and Astrophysics, 2001, 378: 996-1002.

[110] LI L X. Star formation history up to z=7.4: implications for gamma-ray bursts and cosmic metallicity evolution[J]. MNRAS, 2008, 388 (4): 1487-1500.

[111] LIANG E, ZHANG B. Model-independent Multivariable Gamma-Ray Burst Luminosity Indicator and Its Possible Cosmological Implications[J]. The Astrophysical Journal, 2005, 633 (2): 611-623.

[112] LIANG E W, ZHANG B, VIRGILI F, et al. Low-Luminosity Gamma-Ray Bursts as a Unique Population: Luminosity Function, Local Rate, and Beaming Factor [J]. ApJ, 2007, 662 (2): 1111-1118.

[113] LIDDLE A R. Information criteria for astrophysical model selection[J]. MNRAS, 2007, 377 (1): L74- L78.

[114] LLOYD-RONNING N M, FRYER C L, RAMIREZ-RUIZ E. Cosmological Aspects of Gamma-Ray Bursts: Luminosity Evolution and an Estimate of the Star Formation Rate at High Redshifts[J]. ApJ, 2002, 574(2): 554-565.

[115] LYNDEN-BELL D. A method of allowing for known observational selection in small samples applied to 3CR quasars[J]. MNRAS, 1971(155): 95.

[116] MACFADYEN A I, WOOSLEY S E. Collapsars: Gamma-Ray Bursts and Explosions in "Failed Supernovae"[J]. ApJ, 1999, 524 (1): 262-289.

[117] MACFADYEN A I, WOOSLEY S E, HEGER A. Supernovae, Jets, and Collapsars[J]. ApJ, 2001, 550 (1): 410-425.

[118] MAJUMDAR A K, GAMO H. Statisitcal measurements of irradiance fluctuations of a multipass laser beam propagated through laboratory-simulated atmospheric turbulence[J]. Applied Optics, 1982(21): 2229M.

[119] MALONEY A, PETROSIAN V. The Evolution and Luminosity Function of Quasars from Complete Optical Surveys[J]. ApJ, 1999, 518 (1): 32-43.

[120] MANNUCCI F, BUTTERY H, MAIOLINO R, et al. Evidence for strong evolution of the cosmic star formation density at high redshifts [J]. Astronomy and Astrophysics, 2007, 461 (2): 423-431.

[121] MAZETS E P, GOLENETSKII S V, ILINSKII V N, et al. Catalog of Cosmic Gamma-Ray Bursts from the KONUS Experiment Data[J]. Ap&SS, 1981, 80 (1): 3-83.

[122] MAZZALI P A, DENG JINSONG, NOMOTO K, et al. A neutron-star-driven X-ray flash associated with supernova SN 2006aj[J]. Nature, 442 (7106): 1018-1020.

[123] MCBREEN B, HURLEY K J, LONG R, et al. Lognormal distributions in gamma-ray bursts and cosmic lightning[J]. MNRAS, 1994(271): 662-666.

[124] MCQQINN M, LIDZADAM, ZALDARRIAGA M, et al. Probing the neutral fraction of the IGM with GRBs during the epoch of reionizatio[J]. MNRAS, 2008, 388 (3): 1101-1110.

[125] MEEGAN C A, FISHMAN G J, WILSON R B, et al. Spatial distribution of γ-ray bursts observed by BATSE[J]. Nature, 1992, 355 (6356): 143-145.

[126] MERIGHI R, FOCARDI P, MARANO B, et al. Redshifts of galaxies in the south west region of the Perseus supercluster[J]. A&A, 1986(160): 398-401.

[127] MESZAROS P, REES M J. Optical and Long-Wavelength Afterglow from Gamma-Ray Bursts[J]. ApJ, 1997, 476 (1): 232-237.

[128] METZGER M R, DJORGOVSKI S G, KULKARNI S R, et al. Spectral constraints on the redshift of the optical counterpart to the γ-ray burst of 8 May 1997 [J]. Nature, 1997, 387 (6636): 878-880.

[129] MODERSKI R, SIKORA M, BULIK T. On Beaming Effects in Afterglow Light Curves[J]. APJ, 2000, 529(1): 151-156.

[130] MUKHERJEE S, FEIGELSON E, JOGESH B G, et al. Three Types of Gamma-Ray Bursts[J]. ApJ, 1998, 508 (1): 314-327.

[131] MURAKAMI T, FUJII M, HAYASHIDA K, et al. Evidence for cyclotron absorption from spectral features in gamma-ray bursts seen with Ginga[J]. Nature, 1988, 335 (6187): 234-235.

[132] NAKAMURA T. Zeros and the functional equation of the quadrilateral zeta function[J]. arXiv e-prints, 2017, arXiv: 1712. 05169.

[133] NAKAR E. Short-hard gamma-ray bursts[J]. Physics Reports, 2007, 442 (1-6): 166-236.

[134] NARAYAN R, PACZYNSKI B, PIRAN T. Gamma-Ray Bursts as the Death Throes of Massive Binary Stars[J]. ApJ, 1992(395): L83.

[135] NORRIS J P, BONNELL J T. Short Gamma-Ray Bursts with Extended Emission[J]. ApJ, 2006, 643 (1): 266-275.

[136] NORRIS J P, GEHRELS N, SCARGLE J D. Threshold for Extended Emission in Short Gamma-ray Bursts[J]. ApJ, 2010, 717 (1): 411-419.

[137] OHMORI N, YAMAOKA K, OHNO M, et al. Suzaku Wide-band All-sky Monitor measurements of duration distributions of gamma-ray bursts[J]. PASJ, 2016 (68): S30.

[138] OTA K, IYE M, KASHIKAWA N I, et al. Reionization and Galaxy Evolution Probed by z=7 Lyα Emitters[J]. ApJ, 2008, 677 (1): 12-26.

[139] ÖZEL M E, Mayer-Hassel wander H. Proceedings of the 1st Workshop held in Erice, January, 1984[C]. New York: Plenum Press, 1985.

[140] PACIESAS W S, MEEGAN C A, PENDLETON G N, et al. The Fourth BATSE Gamma-Ray Burst Catalog (Revised)[J]. ApJS, 1999, 122 (2): 465-495.

[141] PACZYŃSKI B. Cosmological gamma-ray bursts[J]. Acta Astron, 1991(41): 257-267.

[142] PACZYŃSKI B. Are Gamma-Ray Bursts in Star-Forming Regions? [J].

ApJ,1998,494 (1):L45-L48.

[143] PACZYŃSKI B, Rhoads James E. Radio Transients from Gamma-Ray Bursters[J]. ApJ,1993(418):L5.

[144] PANAITESCU A, MÉSZÁROS P. Rings in Fireball Afterglows[J]. ApJ, 1998,493 (1):L31-L34.

[145] PANAITESCU A, VESTRAND W T. Taxonomy of gamma-ray burst optical light curves: identification of a salient class of early afterglows[J]. MNRAS, 2008, 387 (2):497-504.

[146] PEDREGOSA F, VAROQUAUX G, GRAMFORT A, et al. Scikit-learn: Machine Learning in Python[J]. JMLR,2011(12):2825-2830.

[147] PÉLANGEON A, ATTEIA J L, NAKAGAWA Y E, et al. Intrinsic properties of a complete sample of HETE-2 gamma-ray bursts. A measure of the GRB rate in the Local Universe[J]. A&A,2008,491(1):157-171.

[148] PERLEY D A, KRÜHLER T, SCHULZE S, et al. The Swift Gamma-Ray Burst Host Galaxy Legacy Survey. I. Sample Selection and Redshift Distribution[J]. ApJ,2016,817 (1):7.

[149] PERLEY D A, LEVAN A J, TANVIR N R, et al. A Population of Massive, Luminous Galaxies Hosting Heavily Dust-obscured Gamma-Ray Bursts: Implications for the Use of GRBs as Tracers of Cosmic Star Formation[J]. ApJ,2013,778(2):128.

[150] PERNA R, LAZZATI D, CANTIELLO M. Ultra-long Gamma-Ray Bursts from the Collapse of Blue Supergiant Stars: An End-to-end Simulation[J]. ApJ, 2018, 859 (1):48.

[151] PESCALLI A, GHIRLANDA G, SALVATERRA R, et al. The rate and luminosity function of long gammaray bursts[J]. A&A,2016(587):A40.

[152] PETERSON B A, ELLIS R S, EFSTAHIOU G, et al. A complete galaxy redshift sample - III. Methods and catalogue[J]. MNRAS,1986(221):233-255.

[153] PETROSIAN V. Interpretation of Gamma-Ray Burst Source Count Statistics [J]. ApJ,1993(402):L33.

[154] PETROSIAN V, BOUVIER A, RYDE F. Gamma-Ray Bursts as Cosmological Tools[J]. eprint arXiv,2009,arXiv:0909.5051.

[155] PETROSIAN V, KITANIDIS E, KOCEVSKI D. Cosmological Evolution of Long Gamma-Ray Bursts and the Star Formation Rate[J]. ApJ,2015,806 (1):44.

[156] PIAN E, MAZZALI P A, MASETTI N. An optical supernova associated with the X-ray flash XRF 060218[J]. Nature,2006,442 (7106):1011-1013.

[157] PIRAN T. The physics of gamma-ray bursts[J]. RvMP,2004,76 (4):1143-1210.

[158] PIRAN T. Gamma-ray bursts and the fireball model[J]. PhR,1999,314 (6): 575-667.

[159] PORCIANI C,MADAU P. On the Association of Gamma-Ray Bursts with Massive Stars:Implications for Number Counts and Lensing Statistics[J]. ApJ,2001,548 (2):522-531.

[160] PRATES M O,LACHOS V H,BARBOSA CABRAL C B. mixsmsn:Fitting Finite Mixture of Scale Mixture of Skew-Normal Distributions[J]. Journal of Statistical Software,2013,54(12):1-20.

[161] PREECE R D,BRIGGS M S,MALLOZZI R S,et al. The BATSE Gamma-Ray Burst Spectral Catalog. I. High Time Resolution Spectroscopy of Bright Bursts Using High Energy Resolution Data[J]. ApJS,2000,126 (1):19-36.

[162] VEDRENNE G, ATTEIA J, COMINSKY L. Gamma-Ray Bursts: The Brightest Explosions in the Universe[J]. Physics Today,2010,63(3):56.

[163] QIN SHU-FU,LIANG EN-WEI,LU RUI-JING. Simulations on high-z long gamma-ray burst rate[J]. MNRAS,2010,406 (1):558-565.

[164] QIN YI-PING,CHEN ZHI-FU. Statistical classification of gamma-ray bursts based on the Amati relation[J]. MNRAS,2013,430 (1):163-173.

[165] QIN YING,LIANG NN-WEI,LIANG YUN-FENG,et al. A Comprehensive Analysis of Fermi Gamma-Ray Burst Data. III. Energy-dependent T 90 Distributions of GBM GRBs and Instrumental Selection Effect on Duration Classification[J]. ApJ,2013,763 (1):15.

[166] RAJANIEMI H J, MÄHÖNEN P. Classifying Gamma-Ray Bursts using Self-organizing Maps[J]. ApJ,2002,566 (1):202-209.

[167] REICHART D E. GRB 970228 Revisited:Evidence for a Supernova in the Light Curve and Late Spectral Energy Distribution of the Afterglow [J]. The Astrophysical Journal,1999,521 (2):L111-L115.

[168] RHOADS J E. How to Tell a Jet from a Balloon: A Proposed Test for Beaming in Gamma-Ray Bursts[J]. ApJ,1997,487 (1):L1-L4.

[169] ŘÍPA J,MÉSZÁROS A. On the connection of gamma-ray bursts and X-ray flashes in the BATSE and RHESSI databases[J]. Ap&SS,2016,361 (12):370.

[170] ŘÍPA J, MÉSZÁROS A, VERES P, et al. On the Spectral Lags and Peak Counts of the Gamma-Ray Bursts Detected by the RHESSI Satellite[J]. ApJ,2012,756 (1):44.

[171] ŘÍPA J, MÉSAÁROS A, WIGGER C, et al. Search for gamma-ray burst classes with the RHESSI satellite[J]. A&A,2009,498 (2):399-406.

[172] ROIGER R J,HAKKILA J,HAGLIN D J,et al. Unsupervised induction and gamma-ray burst classification[J]. American Institute of Physics,2000(526):38-42.

[173] ROSSWOG S,LIEBENDÖRFER M. High-resolution calculations of merging neutron stars - II. Neutrino emission[J]. MNRAS,2003,342 (3):673-689.

[174] RUFFINI R,RUEDA J A,Muccino M,et al. On the Classification of GRBs

and Their Occurrence Rates[J]. ApJ,2016,832 (2):136.

[175] RYBICKI G B,LIGHTMAN A P. Radiative Processes in Astrophysics[M]. New York:John Wiley and Sons,1979[2024-05-05]. https://opac. las. ac. cn/F/? func=item-global&doc_library=CAS09&doc_number=000149547.

[176] SAKAMOTO T,BARTHELMY S D,BARBIER L,et al. The First Swift BAT Gamma-Ray Burst Catalog[J]. The Astrophysical Journal Supplement Series, 2008,175 (1):179-190.

[177] SAKAMOTO T,BARTHELMY S D,BAUMGARTNER W H. The Second Swift Burst Alert Telescope Gamma-Ray Burst Catalog[J]. The Astrophysical Journal Supplement,2011,195 (1):27.

[178] SALVATERRA R, CAMPLANA S, VERGANI S D, et al. A Complete Sample of Bright Swift Long Gamma-Ray Bursts. I. Sample Presentation, Luminosity Function and Evolution[J]. ApJ,2012,749 (1):68.

[179] SALVATERRA R,DELLA VALLE M,CAMPANA S,et al. GRB090423 at a redshift of z~8[J]. Nature,2009,461 (7268):1258-1260.

[180] SARI R,PIRAN T. Hydrodynamic Timescales and Temporal Structure of Gamma-Ray Bursts[J]. ApJ,1995(455):L143.

[181] SARI R,PIRAN T,NARAYAN R. Spectra and Light Curves of Gamma-Ray Burst Afterglows[J]. ApJ,1998,497 (1):L17-L20.

[182] SCHAEFER B E. The Hubble Diagram to Redshift>6 from 69 Gamma-Ray Bursts[J]. ApJ,2007,660 (1):16-46.

[183] SCHWARZ G. Estimating the Dimension of a Model[J]. Annals of Statistics,1978(5):461.

[184] SODERBERG A M,KULKARNI S R,Nakar E,et al. Relativistic ejecta from X-ray flash XRF 060218 and the rate of cosmic explosions[J]. Nature,2006,442 (7106): 1014-1017.

[185] STANEK K Z,MATHESON T,GARNAVICH P M,et al. Spectroscopic Discovery of the Supernova 2003dh Associated with GRB 030329[J]. ApJL,2003,591 (1):L17-L20.

[186] TANVIR N R,FOX D B,LEVAN A J,et al. A γ-ray burst at a redshift of z~8. 2[J]. Nature,2009,461 (7268):1254-1257.

[187] TANVIR N R, LEVAN A J, FRUCHTER A S, et al. A 'kilonova' associated with the short-duration γ-ray burst GRB 130603B[J]. Nature, 2013, 500 (7464):547-549.

[188] TAVANI M. X-Ray Afterglows from Gamma-Ray Bursts[J]. The Astrophysical Journal,1997,483 (2):L87-L90.

[189] TARNOPOLSKI M. Analysis of Fermi gamma-ray burst duration distribution[J]. A&A,2015a(581):A29.

[190] TARNOPOLSKI, M. On the limit between short and long GRBs[J].

Ap&SS,2015b,359:20.

[191] TARNOPOLSKI,M. Distinguishing short and long Fermi gamma-ray bursts [J]. MNRAS,2015c,454 (1):1132-1139

[192] TARNOPOLSKI M. Analysis of the observed and intrinsic durations of Swift/BAT gamma-ray bursts[J]. New Astronomy,2016a,46:54-59.

[193] TARNOPOLSKI M. Analysis of gamma-ray burst duration distribution using mixtures of skewed distributions[J]. MNRAS,2016b,458 (2):2024-2031.

[194] TARNOPOLSKI M. Analysis of the observed and intrinsic durations of gamma-ray bursts withknown redshift[J]. Ap&SS,2016c,361:125.

[195] TARNOPOLSKI M. Analysis of the duration-hardness ratio plane of gamma-ray bursts with skewed distributions[J]. MmSAI,2019a,90:45.

[196] TARNOPOLSKI M. Analysis of the Duration-Hardness Ratio Plane of Gamma-Ray Bursts Using Skewed Distributions[J]. ApJ,2019b,870 (2):105.

[197] THOMPSON R I,EISENSTEIN D,FAN X H,et al. Star Formation History of the Hubble Ultra Deep Field:Comparison with the Hubble Deep Field-North[J]. ApJ,2006,647 (2):787-798.

[198] TOTANI T. Cosmological Gamma-Ray Bursts and Evolution of Galaxies[J]. ApJL,1997,486 (2):L71-L74.

[199] TSUTSUI R,SHIGEYAMA T. On the subclasses in Swift long gamma-ray bursts:A clue to different central engines[J]. PASP,2014,66 (2):42.

[200] TSUTSUI R,YONETOKU D,NAKAMURA T,et al. Possible existence of the Ep-Lp and Ep-Eiso correlations for short gamma-ray bursts with a factor 5-100 dimmer than those for long gamma-ray bursts[J]. MNRAS,2013,431 (2):1398-1404.

[201] TSVETKOVA A, FREDERIKS D, GOLENETSKII S, et al. The Konus-Wind Catalog of Gamma-Ray Bursts with Known Redshifts. I. Bursts Detected in the Triggered Mode[J]. ApJ,2017,850 (2):161.

[202] TSVETKOVA A, FREDERIKS D, SVINKIN D, et al. The Konus-Wind Catalog of Gamma-Ray Bursts with Known Redshifts. II. Waiting-Mode Bursts Simultaneously Detected by Swift/BAT[J]. ApJ,2021,908 (1):83.

[203] USOV V V. Millisecond pulsars with extremely strong magnetic fields as a cosmological source of γ-ray bursts[J]. Nature,1992,357 (6378):472-474.

[204] VAN P J,GROOT P J,GALAMA T,et al. Transient optical emission from the error box of the γ-ray burst of 28 February 1997[J]. Nature,1997(386):686-689.

[205] VIETRI M,STELLA L. A Gamma-Ray Burst Model with Small Baryon Contamination[J]. The Astrophysical Journal,1998,507 (1):L45-L48.

[206] VIRGILI F J,ZHANG BING,NAGAMINE K,et al. Gamma-ray burst rate: high-redshift excess and its possible origins[J] MNRAS,2011,417 (4):3025-3034.

[207] VON KIENLIN A,MEEGAN C A,PACIESAS W S,et al. The Second Fermi GBM Gamma-Ray Burst Catalog:The First Four Years[J]. ApJS,2014(211):13.

[208] VON KIENLIN A, MEEGAN C A, PACIESAS W S, et al. The Fourth Fermi-GBM Gamma-Ray Burst Catalog: A Decade of Data[J]. ApJ, 2020(893): 46.

[209] WANDERMAN D, PIRAN T. The luminosity function and the rate of Swift's gamma-ray bursts [J]. MNRAS, 2010, 406 (3): 1944-1958.

[210] WANG F Y. The high-redshift star formation rate derived from gamma-ray bursts: possible origin and cosmic reionization[J]. A&A, 2013(556): A90.

[211] WANG F Y, BROMM V, GREIF T H, et al. Probing Pre-galactic Metal Enrichment with High-redshift Gamma-Ray Bursts[J]. ApJ, 2012, 760 (1): 27.

[212] WANG F Y, DAI Z G. High-redshift star formation rate up to z ~ 8.3 derived from gamma-ray bursts and influence of background cosmology[J]. MNRAS, 2009, 400 (1): L10-L14.

[213] WANG F Y, DAI Z G. Long GRBs are Metallicity-biased Tracers of Star Formation: Evidence from Host Galaxies and Redshift Distribution[J]. ApJS, 2014, 213 (1): 15.

[214] WANG F Y, Qi S, Dai Z G. The updated luminosity correlations of gamma-ray bursts and cosmological implications[J]. MNRAS, 2011, 415 (4): 3423-3433.

[215] WAXMAN E. Angular Size and Emission Timescales of Relativistic Fireballs [J]. ApJ, 1997, 491 (1): L19-L22.

[216] WIJERS R A M, BLOOM J S, BAGLA J S, et al. Gamma-ray bursts from stellar remnants: probing the Universe at high redshift[J]. MNRAS, 1998, 294 (1): L13-L17.

[217] WIJERS R A M J, REES M J, MÉSZÁROS P. Shocked by GRB 970228: the afterglow of a cosmological fireball[J]. MNRAS, 1997, 288 (4): L51-L56.

[218] WOOSLEY S E. Gamma-Ray Bursts from Stellar Mass Accretion Disks around Black Holes[J]. ApJ, 1993(405): 273-277.

[219] WOOSLEY S E, Bloom J S. The Supernova Gamma-Ray Burst Connection [J]. ARA&A, 2006, 44 (1): 507-556.

[220] WU S W, XU D, ZHANG F W, et al. Gamma-ray bursts: the isotropic-equivalent-energy function and the cosmic formation rate[J]. MNRAS, 2012, 423 (3): 2627-2632.

[221] XU F, GENG J J, WANG X, et al. Is the birth of PSR J0538 + 2817 accompanied by a gamma-ray burst[J]? MNRAS, 2022, 509 (4): 4916-4922.

[222] XU F, TANG C H, GENG J J, et al. X-Ray Plateaus in Gamma-Ray Burst Afterglows and Their Application in Cosmology[J]. ApJ, 2021, 920 (2): 135.

[223] YONETOKU D, MURAKAMI T, NAKAMURA T, et al. Gamma-Ray Burst Formation Rate Inferred from the Spectral Peak Energy-Peak Luminosity Relation[J]. ApJ, 2004, 609 (2): 935-951.

[224] YONETOKU D, MURAKAMI T, TSUTSUI R, et al. Possible Origins of Dispersion of the Peak Energy-Brightness Correlations of Gamma-Ray Bursts[J]. PASJ,

2010,62:1495-1507.

[225] YONETOKU D,NAKAMURA T,SAWANO T,et al. Short Gamma-Ray Burst Formation Rate from BATSE Data Using Ep -Lp Correlation and the Minimum Gravitational-wave Event Rate of a Coalescing Compact Binary[J]. ApJ, 2014, 789 (1):65.

[226] YU H,WANG F Y,DAI Z G,et al. An Unexpectedly Low-redshift Excess of Swift Gamma-ray Burst Rate[J]. ApJS,2015,218 (1):13.

[227] YÜKSEL H, KISTLER M D, BEACOM J F, et al. Revealing the High-Redshift Star Formation Rate with Gamma-Ray Bursts[J]. ApJ,2008,683 (1):L5.

[228] YUNGELSON L,PORTEGIES Z,SIMON F. Evolution of Close Binaries: Formation and Merger of Neutron Star Binaries[J]. eprint arXiv, 1998, arXiv: astro-ph/9801127.

[229] ZHANG B. Astrophysics: A burst of new ideas[J]. Nature, 2006, 444 (7122):1010-1011.

[230] ZHANG B. Gamma-Ray Bursts in the Swift Era[J]. Chin. J. Astron. Astrophys. ,2007,7 (1):1-50.

[231] ZHANG B. Open questions in GRB physics[J]. C. R. Phys. ,2011,12 (3): 206-225.

[232] ZHANG B,FAN Y Z,DYKS JAROSLAW,et al. Physical Processes Shaping Gamma-Ray Burst X-Ray Afterglow Light Curves: Theoretical Implications from the Swift X-Ray Telescope Observations[J]. The Astrophysical Journal, 2006a, 642 (1): 354-370.

[233] ZHANG B, MÉSZÁROS P. Gamma-Ray Bursts: progress, problems & prospects[J]. Int. J. Mod. Phys. A,2004,19 (15):2385-2472.

[234] ZHANG B,ZHANG B B,VIRGILI F J,et al. Discerning the Physical Origins of Cosmological Gamma-ray Bursts Based on Multiple Observational Criteria:The Cases of z = 6.7 GRB 080913,z = 8.2 GRB 090423,and Some Short/Hard GRBs[J]. ApJ, 2009,703 (2):1696-1724.

[235] ZHANG G Q,WANG F Y. The Formation Rate of Short Gamma-Ray Bursts and Gravitational Waves[J]. ApJ,2018,852 (1):7-37.

[236] ZHANG L,CHENG K S. X-ray and gamma-ray emission from millisecond pulsars[J]. Astronomy and Astrophysics,2003(398):639-646.

[237] ZHANG L,LUO J J,HUANG Y F,et al. Distribution of gamma-ray bursts on the T90-*HR* plane and their classification revisited[J]. Monthly Notices of the Royal Astronomical Society,2022,517 (4):5770-5779.

[238] ZHANG Z B,CHEN D Y,HUANG Y F. Correlation between Peak Energy and Peak Luminosity in Short Gamma-Ray Bursts[J]. ApJ,2012,755 (1):55.

[239] ZHANG Z B,CHOI C S. An analysis of the durations of Swift gamma-ray bursts[J]. A&A,2008,484 (2):293-297.

[240] ZHANG Z B,JIANG M,ZHANG Y,et al. On the Spectral Peak Energy of Swift Gamma-Ray Bursts[J]. ApJ,2020,902 (1):40.

[241] ZHANG Z B,XIE G Z. A comparison of temporal properties of short and long gamma-ray bursts[J]. Ap&SS,2007,310 (1-2):19-23.

[242] ZHANG Z B,XIE G Z,Deng J G,et al. Revisiting the characteristics of the spectral lags in short gamma-ray bursts[J]. MNRAS,2006b,373 (2):729-732.

[243] ZHANG Z B,XIE G Z,Deng J G,et al. Inferring the emission regions for different kinds of gamma-ray bursts[J]. Astron. Nachr. ,2007,328 (1):99-104.

[244] ZHANG Z B,YANG E B,CHOI C S,et al. Classifying gamma-ray bursts with Gaussian Mixture Model[J]. MNRAS,2016a,462 (3):3243-3254.

[245] ZHANG Z B,ZHANG C T,ZHAO Y X,et al. Spectrum-energy Correlations in GRBs: Update, Reliability, and the Long/Short Dichotomy[J]. PASP, 2018, 130 (987):054202.

[246] ZITOUNI H, GUESSOUM N, ALQASSIMI K M, et al. Distributions of pseudo-redshifts and durations (observed and intrinsic) of Fermi GRBs[J]. Ap&SS, 2018,363 (11):223.

[247] ZITOUNI H, GUESSOUM N, AZZAM W J. Revisiting the Amati and Yonetoku correlations with Swift GRBs[J]. Ap&SS,2014,351 (1):267-279.

[248] ZITOUNI H, GUESSOUM N, AZZAM W J, et al. Statistical study of observed and intrinsic durations among BATSE and Swift/BAT GRBs[J]. Ap&SS, 2015,357 (1):7.

后　　记

在本书即将出版之际,我怀着无比感恩的心情,向所有为这项研究工作提供支持与帮助的老师、同仁和家人致以最诚挚的谢意。

首先,我要特别感谢 Swift、Fermi 和 BATSE 等国际卫星项目组提供的宝贵观测数据。这些高质量的数据是本研究得以开展的重要基础。同时,衷心感谢张立云教授、黄永锋教授在本书撰写过程中给予的悉心指导,他们的真知灼见为我的研究工作指明了方向。贵州经贸职业技术学院的张亮老师在数据处理、程序编写方面提供的技术支持,极大地提高了我的研究效率,在此深表谢意。

在学术研究方面,我要特别致谢 Zhang 等人(2016)关于单变量分类的开创性研究,以及 Tarnopolski 等人(2019a,2019b)在双变量分类方法上的重要贡献。这些先驱性的工作为本研究提供了坚实的理论基础。Yu 等人(2015)和 Zhang 等人(2022)在长暴与恒星形成率关系方面的研究成果,也为 GRB 物理起源研究提供了重要启示。

作为黔南民族师范学院物理与天文系的客座教授,我深切感受到国家天文台武向平院士、贵州大学张立云教授、张志彬教授、张利教授等专家学者对地方院校天文学科建设的大力支持。他们不仅在学科规划、平台建设等方面给予专业指导,更以实际行动推动了西部地区天文人才培养和科学研究的发展。

最后,我要将最深的谢意献给我的家人。是你们在我的科研道路上给予我默默的支持与理解,让我能够心无旁骛地投入研究工作。此外,特别感谢黔南民族师范学院物理与电子科学学院的领导和同事们,你们营造的和谐奋进的学术氛围,为本书的完成提供了重要保障。

本书的出版得到了贵州省教育厅青年科技人才成长项目(项目编号:黔教合 KY 字[2022]098 号,黔教合 KY 字[2018]421 号)和黔南州理论物理重点实验室(项目编号:黔南科合[2021]13 号)的资助,在此一并致谢。

科学探索的道路从来都不是一帆风顺的。正如 FAST 工程的建设者们所展现的那样——凭着对科学真理的执着追求和永不言弃的精神,不断突破认知的边界。希望本书能为伽玛射线暴研究领域贡献绵薄之力,也期待更多年轻学者加入这一充满挑战与机遇的研究领域,共同探索宇宙的奥秘。

骆娟娟

2024 年 10 月